중학 수학 내신 대비 기출문제집

2-1 중간고사

 정답과 풀이는 EBS 중학사이트(mid.ebs.co.kr)에서 다운로드 받으실 수 있습니다.

교재 내용 문의	교재 내용 문의는 EBS 중학사이트 (mid.ebs.co.kr)의 교재 Q&A 서비스를 활용하시기 바랍니다.	교재 정오표 공지	발행 이후 발견된 정오 사항을 EBS 중학사이트 정오표 코너에서 알려 드립니다. **교재 검색 → 교재 선택 → 정오표**	교재 정정 신청	공지된 정오 내용 외에 발견된 정오 사항이 있다면 EBS 중학사이트를 통해 알려 주세요. **교재 검색 → 교재 선택 → 교재 Q&A**

중학 수학 내신 대비 기출문제집

2-1 중간고사

Structure

구성 및 특징

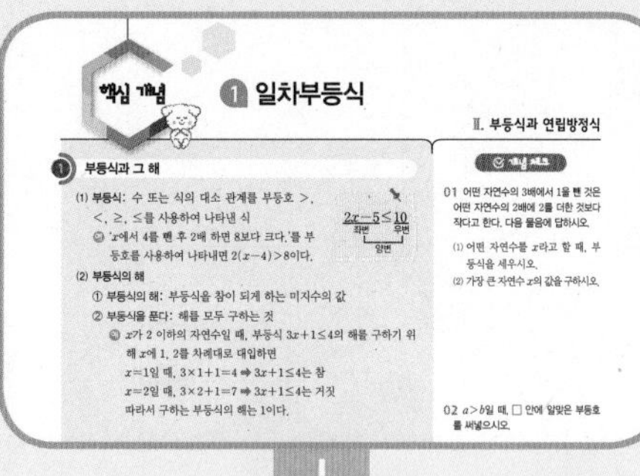

핵심 개념 + 개념 체크

체계적으로 정리된 교과서 개념을 통해 학습한 내용을 복습하고, 개념 체크 문제를 통해 자신의 실력을 점검할 수 있습니다.

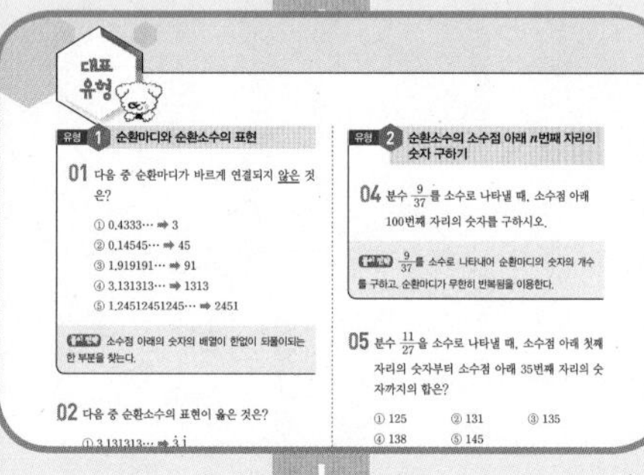

대표 유형 학습

중단원별 출제 빈도가 높은 대표 유형을 선별하여 유형별 유제와 함께 제시하였습니다.
대표 유형별 풀이 전략을 함께 파악하며 문제 해결 능력을 기를 수 있습니다.

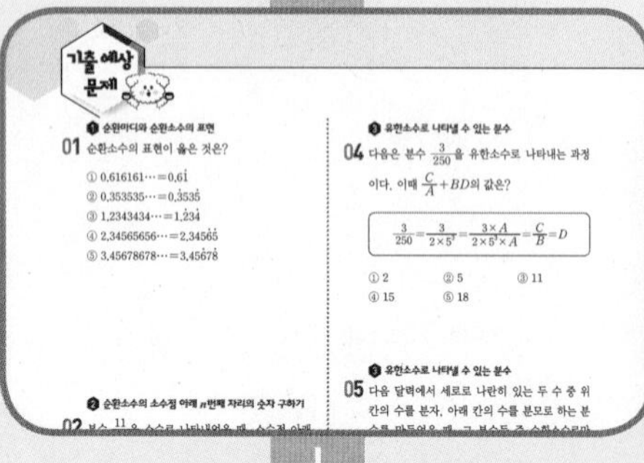

기출 예상 문제

학교 시험을 분석하여 기출 예상 문제를 구성하였습니다. 학교 선생님이 직접 출제하신 적중률 높은 문제들로 대표 유형을 복습할 수 있습니다.

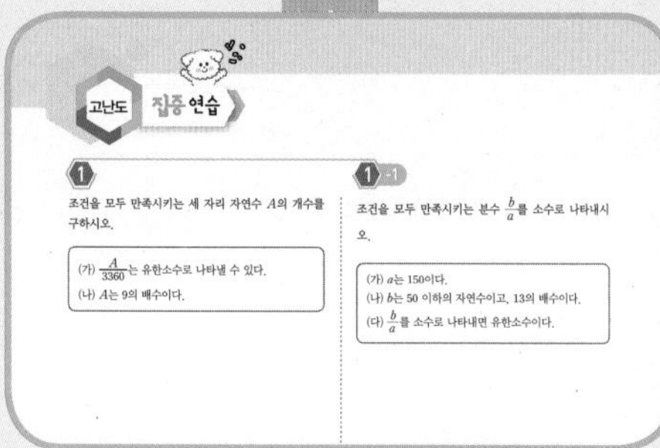

고난도 집중 연습

중단원별 틀리기 쉬운 유형을 선별하여 구성하였습니다. 쌍둥이 문제를 다시 한 번 풀어보며 고난도 문제에 대한 자신감을 키울 수 있습니다.

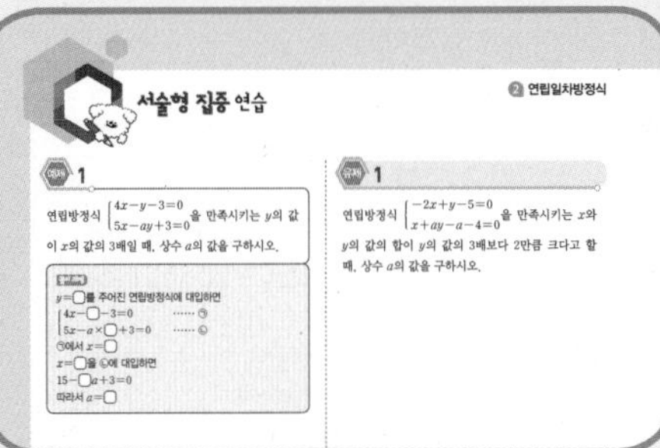

서술형 집중 연습

서술형으로 자주 출제되는 문제를 제시하였습니다. 예제의 빈칸을 채우며 풀이 과정을 서술하는 방법을 연습하고, 유제와 해설의 채점 기준표를 통해 서술형 문제에 완벽하게 대비할 수 있습니다.

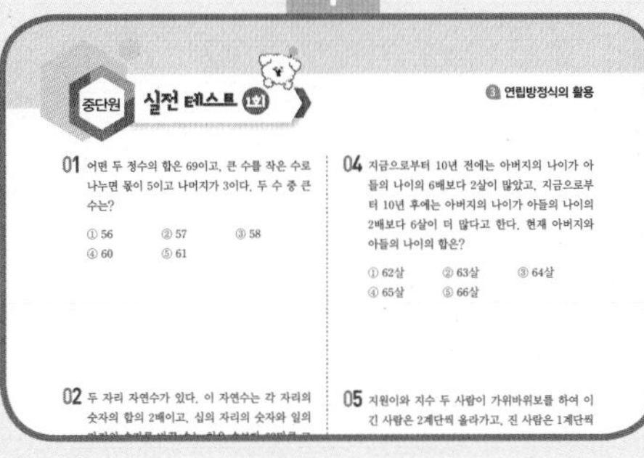

중단원 실전 테스트(2회)

고난도와 서술형 문제를 포함한 실전 형식 테스트를 2회 구성했습니다. 중단원 학습을 마무리하며 자신이 보완해야 할 부분을 파악할 수 있습니다.

부록

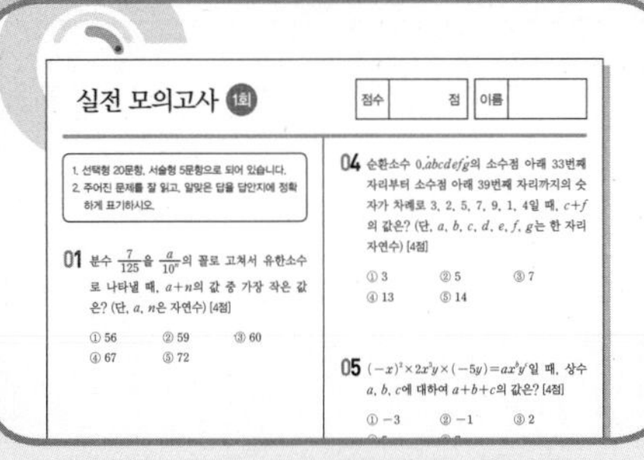

실전 모의고사(3회)

실제 학교 시험과 동일한 형식으로 구성한 3회분의 모의고사를 통해, 충분한 실전 연습으로 시험에 대비할 수 있습니다.

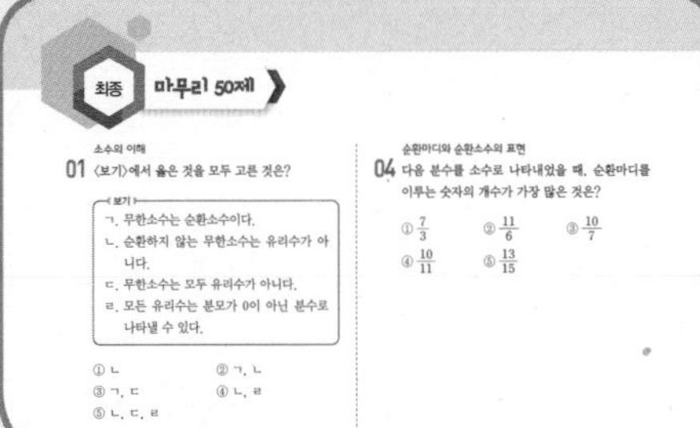

최종 마무리 50제

시험 직전, 최종 실력 점검을 위해 50문제를 선별했습니다. 유형별 문항으로 부족한 개념을 바로 확인하고 학교 시험 준비를 완벽하게 마무리할 수 있습니다.

Contents

이 책의 차례

학습 계획표

매일 일정한 분량을 계획적으로 학습하고, 공부한 후 '학습한 날짜'를 기록하며 체크해 보세요.

	대표 유형 학습	기출 예상 문제	고난도 집중 연습	서술형 집중 연습	중단원 실전 테스트 1회	중단원 실전 테스트 2회
유리수와 순환소수	/	/	/	/	/	/
단항식과 다항식의 계산	/	/	/	/	/	/
일차부등식	/	/	/	/	/	/
연립일차방정식	/	/	/	/	/	/
연립방정식의 활용	/	/	/	/	/	/

	실전 모의고사 1회	실전 모의고사 2회	실전 모의고사 3회	최종 마무리 50제
부록	/	/	/	/

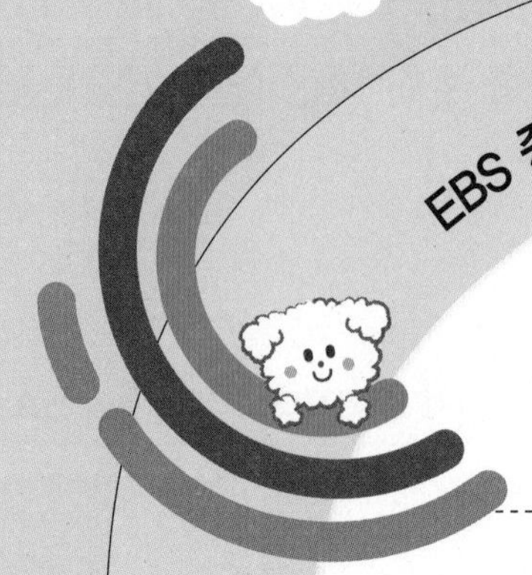

I. 수와 식의 계산

1

유리수와 순환소수

대표 유형

1. 순환마디와 순환소수의 표현
2. 순환소수의 소수점 아래 n번째 자리의 숫자 구하기
3. 유한소수로 나타낼 수 있는 분수
4. 유한소수가 되도록 하는 x의 값 구하기
5. 순환소수를 분수로 나타내기
6. 순환소수를 포함한 식의 계산
7. 소수의 이해

핵심 개념

1 유리수와 순환소수

1 유리수의 소수 표현

(1) **유한소수:** 소수점 아래의 0이 아닌 숫자가 유한 번 나타나는 소수

예 0.7, −2.563, 12.25

(2) **무한소수:** 소수점 아래의 0이 아닌 숫자가 무한 번 나타나는 소수

예 0.333⋯, −2.525252⋯, 4.956⋯

2 순환소수와 순환마디

(1) **순환소수:** 소수점 아래의 어떤 자리부터 일정한 숫자의 배열이 끝없이 되풀이되는 무한소수

예 0.222⋯, 1.313131⋯, 6.4871871871⋯

(2) **순환마디:** 순환소수에서 되풀이되는 한 부분

예 0.222⋯ ➡ 순환마디: 2

1.313131⋯ ➡ 순환마디: 31

6.4871871871⋯ ➡ 순환마디: 871

(3) **순환소수의 표현:** 첫 번째 순환마디의 양 끝 숫자 위에 점을 찍어 나타낸다.

예 $0.222\cdots=0.\dot{2}$, $1.313131\cdots=1.\dot{3}\dot{1}$, $6.4871871871\cdots=6.4\dot{8}7\dot{1}$

3 유한소수 또는 순환소수로 나타낼 수 있는 유리수

(1) **유한소수로 나타낼 수 있는 분수**

① 모든 유한소수는 분모가 10의 거듭제곱의 꼴인 분수로 나타낼 수 있다.

예 $0.15=\frac{15}{100}=\frac{3\times5}{2^2\times5^2}$

② 분모의 소인수가 2 또는 5뿐인 기약분수는 유한소수로 나타낼 수 있다.

예 $\frac{9}{60}=\frac{3^2}{2^2\times3\times5}=\frac{3}{2^2\times5}=\frac{3\times5}{2^2\times5^2}=\frac{15}{100}=0.15$

➡ 분모의 소인수가 2나 5뿐인 기약분수이므로 유한소수로 나타낼 수 있다.

(2) **순환소수로만 나타낼 수 있는 분수**

① 분모가 2와 5 이외의 소인수를 갖는 기약분수는 분모를 10의 거듭제곱의 꼴로 고칠 수 없으므로 유한소수로 나타낼 수 없다.

② 정수가 아닌 유리수 중 유한소수로 나타낼 수 없는 유리수는 반드시 순환소수로 나타내어진다.

예 $\frac{5}{12}=\frac{5}{2^2\times3}$ ➡ 분모의 소인수 중에 2와 5 이외의 소인수 3이 있으므로 순환소수로만 나타내어진다.

개념 체크

01 다음 분수를 소수로 나타내고, 유한소수와 무한소수로 구분하여 ( ) 안에 써넣으시오.

(1) $\frac{1}{4}=$ (   )

(2) $\frac{5}{6}=$ (   )

(3) $\frac{5}{8}=$ (   )

(4) $\frac{6}{30}=$ (   )

02 다음 순환소수의 순환마디를 말하고, 점을 찍어 간단히 나타내시오.

(1) 0.333⋯

(2) 1.372372372⋯

(3) 0.9212121⋯

(4) 1.234123412341⋯

03 다음 분수를 순환소수로 나타내고, 순환마디를 구하시오.

(1) $\frac{4}{9}$

(2) $\frac{8}{11}$

(3) $-\frac{7}{30}$

(4) $-\frac{11}{18}$

04 다음 분수 중 유한소수로 나타낼 수 있는 것은 '유'를, 순환소수로만 나타내어지는 것은 '순'을 ( ) 안에 써넣으시오.

(1) $\frac{2\times3^3}{3^3\times7}$ (   )

(2) $\frac{3^3\times7}{2^2\times3\times5^4}$ (   )

(3) $\frac{14}{280}$ (   )

(4) $\frac{39}{48}$ (   )

4 순환소수를 분수로 나타내기

(1) 주어진 순환소수를 x로 놓는다.

(2) 양변에 10의 거듭제곱을 곱하여 소수점 아래의 부분이 같은 두 식을 만든다.

(3) 두 식을 변끼리 빼서 x를 구한다.

예 순환소수 $0.\dot{7}$을 x로 나타내면

$x=0.777\cdots$ …… ㉠

이고, ㉠의 양변에 10을 곱하면

$10x=7.777\cdots$ …… ㉡

이다. ㉡에서 ㉠을 변끼리 빼면

$9x=7$

$x=\frac{7}{9}$

예 순환소수 $0.5\dot{6}$을 x로 나타내면

$x=0.5666\cdots$ …… ㉠

㉠의 양변에 10, 100을 각각 곱하면

$10x=5.666\cdots$ …… ㉡

$100x=56.666\cdots$ …… ㉢

㉢에서 ㉡을 변끼리 빼면

$90x=51$

$x=\frac{51}{90}=\frac{17}{30}$

참고 간편하게 순환소수를 분수로 나타내기

a, b, c가 0 또는 한 자리 자연수일 때

① $0.\dot{a}=\frac{a}{9}$ ② $0.\dot{a}\dot{b}=\frac{ab}{99}$

③ $0.\dot{a}b\dot{c}=\frac{abc}{999}$ ④ $0.a\dot{b}=\frac{ab-a}{90}$

⑤ $0.ab\dot{c}=\frac{abc-ab}{900}$

5 유리수와 순환소수의 관계

(1) 정수가 아닌 유리수는 유한소수 또는 순환소수로 나타낼 수 있다.

(2) 유한소수와 순환소수는 모두 유리수이다.

- 소수
  - 유한소수 → 유리수
  - 무한소수
    - 순환소수 → 유리수
    - 순환소수가 아닌 무한소수

참고 원주율 $\pi=3.141592\cdots$와 같이 순환하지 않는 무한소수는 유리수가 아니다.

개념 체크

05 다음 순환소수를 분수로 나타내시오.

(1) $0.\dot{2}$

(2) $0.\dot{3}\dot{7}$

(3) $1.5\dot{8}$

(4) $0.\dot{4}2\dot{3}$

06 다음 중 유리수인 것은 ○표를, 유리수가 아닌 것은 ×표를 ( ) 안에 써넣으시오.

(1) 1.22 ( )

(2) $\frac{7}{22}$ ( )

(3) $\pi=3.141592\cdots$ ( )

(4) $1.4\dot{3}$ ( )

07 다음 중 옳은 것은 ○표를, 옳지 않은 것은 ×표를 ( ) 안에 써넣으시오.

(1) 순환소수는 유리수이다. ( )

(2) 순환소수는 무한소수이다. ( )

(3) 정수가 아닌 유리수는 모두 유한소수로 나타낼 수 있다. ( )

(4) 모든 무한소수는 순환소수이다. ( )

대표 유형

유형 1 순환마디와 순환소수의 표현

01 다음 중 순환마디가 바르게 연결되지 <u>않은</u> 것은?

① 0.4333⋯ ➡ 3
② 0.14545⋯ ➡ 45
③ 1.919191⋯ ➡ 91
④ 3.131313⋯ ➡ 1313
⑤ 1.24512451245⋯ ➡ 2451

풀이 전략 소수점 아래의 숫자의 배열이 한없이 되풀이되는 한 부분을 찾는다.

02 다음 중 순환소수의 표현이 옳은 것은?

① 3.131313⋯ ➡ $\dot{3}.\dot{1}$
② 0.525252⋯ ➡ $0.\dot{5}2\dot{5}$
③ 1.3424242⋯ ➡ $1.\dot{3}4\dot{2}$
④ 5.012012012⋯ ➡ $5.\dot{0}\dot{1}\dot{2}$
⑤ 2.34523452345⋯ ➡ $2.\dot{3}45\dot{2}$

03 다음 분수를 순환소수로 나타내었을 때, 순환마디를 이루는 숫자의 개수가 가장 많은 것은?

① $\frac{1}{3}$　② $\frac{3}{11}$　③ $\frac{7}{6}$
④ $\frac{8}{15}$　⑤ $\frac{17}{30}$

유형 2 순환소수의 소수점 아래 n번째 자리의 숫자 구하기

04 분수 $\frac{9}{37}$를 소수로 나타낼 때, 소수점 아래 100번째 자리의 숫자를 구하시오.

풀이 전략 $\frac{9}{37}$를 소수로 나타내어 순환마디의 숫자의 개수를 구하고, 순환마디가 무한히 반복됨을 이용한다.

05 분수 $\frac{11}{27}$을 소수로 나타낼 때, 소수점 아래 첫째 자리의 숫자부터 소수점 아래 35번째 자리의 숫자까지의 합은?

① 125　② 131　③ 135
④ 138　⑤ 145

06 [A의 소수점 아래 20번째 자리의 숫자는 B이다]에서 A와 B가 옳게 짝지어진 것이 <u>아닌</u> 것은?

	A	B
①	$2.\dot{3}$	3
②	$3.\dot{6}\dot{5}$	5
③	$0.5\dot{3}$	3
④	$0.2\dot{6}\dot{1}$	6
⑤	$1.\dot{3}6\dot{1}$	1

유형 3 유한소수로 나타낼 수 있는 분수

07 다음 분수 중 유한소수로 나타낼 수 있는 것은?

① $\frac{5}{12}$ ② $\frac{25}{60}$ ③ $\frac{21}{2\times3^2\times5}$
④ $\frac{2\times3\times11}{55}$ ⑤ $\frac{28}{48}$

풀이 전략 분수를 기약분수로 고친 후 분모의 소인수가 2나 5뿐인지 확인한다.

08 두 분수 $\frac{1}{4}$과 $\frac{7}{9}$ 사이에 있는 분모가 36인 분수 중에서 유한소수로 나타낼 수 있는 분수의 합을 구하시오.

09 19개의 분수 $\frac{1}{2}$, $\frac{1}{3}$, $\frac{1}{4}$, $\cdots$, $\frac{1}{20}$ 중에서 유한소수로 나타낼 수 있는 수는 모두 몇 개인지 구하시오.

유형 4 유한소수가 되도록 하는 x의 값 구하기

10 $\frac{x}{480}$를 유한소수로 나타낼 수 있을 때 x의 값이 될 수 있는 가장 작은 두 자리 자연수는?

① 11 ② 12 ③ 13
④ 14 ⑤ 15

풀이 전략 480을 소인수분해한 후 분모의 소인수가 2나 5만 남도록 약분시켜주는 x를 구한다.

11 분수 $\frac{42}{a}$를 유한소수로 나타낼 수 있을 때, 다음에서 a의 값이 될 수 없는 것은?

① 5 ② 12 ③ 16
④ 18 ⑤ 28

12 $\frac{21}{72}\times x$를 소수로 나타내었을 때, 유한소수가 되게 하는 한 자리 자연수들의 합은?

① 9 ② 14 ③ 15
④ 17 ⑤ 18

13 두 분수 $\frac{11}{28}$와 $\frac{14}{110}$에 각각 자연수 a를 곱한 후 소수로 나타내면 모두 유한소수가 된다고 할 때, a의 값이 될 수 있는 가장 작은 자연수는?

① 21 ② 35 ③ 63
④ 77 ⑤ 84

14 자연수 x에 대하여 분수 $\frac{x}{420}$를 소수로 나타내면 유한소수가 되고, 기약분수로 나타내면 $\frac{2}{y}$가 된다. x가 200 이하의 자연수일 때, $x-y$의 값은?

① 163 ② 164 ③ 165
④ 166 ⑤ 167

15 분수 $\frac{21}{25\times x}$이 순환소수로만 나타내어질 때, 한 자리 자연수 x의 개수는?

① 1개 ② 2개 ③ 3개
④ 4개 ⑤ 5개

유형 5 순환소수를 분수로 나타내기

16 다음 중 순환소수 $x=0.1\dot{2}\dot{3}$을 분수로 나타낼 때, 가장 편리한 식은?

① $1000x$ ② $100x-x$
③ $100x-10x$ ④ $1000x-x$
⑤ $1000x-10x$

풀이 전략 순환소수를 분수로 나타낼 때에는 10의 거듭제곱을 곱하여 소수 부분이 같은 두 식을 만들어 변끼리 뺀다.

17 다음은 순환소수 $0.1\dot{5}$를 분수로 나타내는 과정이다.

> $x=0.1\dot{5}$라고 하면 $x=0.1555\cdots$ ······ ㉠
> ㉠의 양변에 [①]을/를 곱하면
> [①] $x=15.555\cdots$ ······ ㉡
> ㉠의 양변에 [②]을/를 곱하면
> [②] $x=1.555\cdots$ ······ ㉢
> ㉡에서 ㉢을 변끼리 빼면
> [③] $x=$ [④], $x=$ [⑤]
> 따라서 $0.1\dot{5}=$ [⑤]

[ ]에 들어갈 값으로 옳지 않은 것은?

① 100 ② 10 ③ 90
④ 14 ⑤ $\frac{14}{99}$

18 서로소인 두 자연수 a, b에 대하여 $\frac{b}{a}$를 소수로 나타내면 $1.\dot{6}$일 때, $\frac{a}{b}$를 소수로 나타내시오.

유형 6 순환소수를 포함한 식의 계산

19 방정식 $\frac{7}{15}=2x+0.\dot{2}$의 해를 순환소수로 나타내면?

① $0.\dot{0}\dot{2}$ ② $0.1\dot{2}$ ③ $0.\dot{2}\dot{3}$
④ $0.\dot{3}$ ⑤ $0.3\dot{5}$

풀이 전략 순환소수를 분수로 나타낸 후 일차방정식을 푼다.

20 순환소수 $0.2\dot{4}$에 a를 곱한 결과가 자연수일 때, 두 자리 자연수 a의 개수는?

① 1개 ② 2개 ③ 3개
④ 4개 ⑤ 5개

21 순환소수 $1.2\dot{3}\dot{4}$에 어떤 자연수를 곱하여 유한소수가 되도록 할 때, 곱할 수 있는 가장 작은 자연수는?

① 45 ② 55 ③ 99
④ 125 ⑤ 176

유형 7 소수의 이해

22 다음 중 옳은 것은?

① $\frac{5}{28}$는 유한소수로 나타낼 수 있다.
② 원주율 π는 무한소수이므로 유리수이다.
③ 유한소수와 무한소수는 모두 유리수이다.
④ 순환소수 중에는 유리수가 아닌 것도 있다.
⑤ 정수가 아닌 유리수는 유한소수 또는 순환소수로 나타낼 수 있다.

풀이 전략

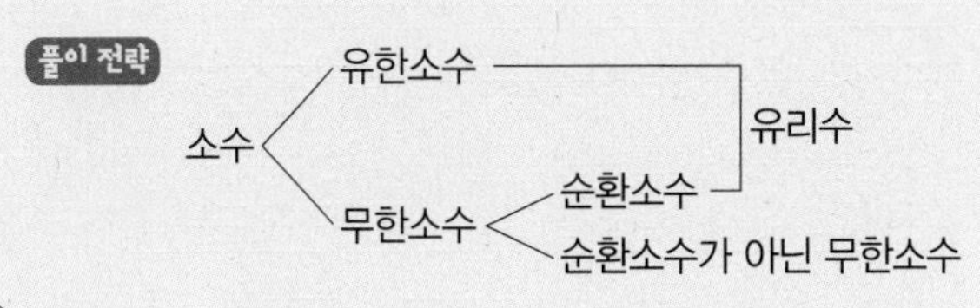

23 다음 주어진 수에서 유리수의 개수는?

π, $-0.\dot{2}\dot{1}$, 3.14, $-\frac{5}{9}$, 5.314851684⋯

① 1개 ② 2개 ③ 3개
④ 4개 ⑤ 5개

24 다음 〈보기〉에서 옳은 것을 모두 고른 것은?

보기
ㄱ. 유한소수로 나타낼 수 없는 수는 유리수가 아니다.
ㄴ. 무한소수 중에는 유리수가 아닌 것도 있다.
ㄷ. 모든 순환소수는 분수로 나타낼 수 있다.
ㄹ. 분모를 10의 거듭제곱 꼴로 고칠 수 있는 분수는 유한소수로 나타낼 수 있다.

① ㄱ, ㄷ ② ㄱ, ㄹ ③ ㄴ, ㄷ
④ ㄱ, ㄴ, ㄷ ⑤ ㄴ, ㄷ, ㄹ

❶ 순환마디와 순환소수의 표현

01 순환소수의 표현이 옳은 것은?

① $0.616161\cdots=0.6\dot{1}$
② $0.353535\cdots=0.\dot{3}53\dot{5}$
③ $1.2343434\cdots=1.\dot{2}3\dot{4}$
④ $2.34565656\cdots=2.345\dot{6}\dot{5}$
⑤ $3.45678678\cdots=3.45\dot{6}7\dot{8}$

❷ 순환소수의 소수점 아래 n번째 자리의 숫자 구하기

02 분수 $\frac{11}{37}$을 소수로 나타내었을 때, 소수점 아래 200번째 자리의 숫자는?

① 2 ② 6 ③ 7
④ 8 ⑤ 9

❷ 순환소수의 소수점 아래 n번째 자리의 숫자 구하기

03 한 자리의 자연수 x_1, x_2, x_3, $\cdots$, x_n에 대하여

$$\frac{3}{11}=\frac{x_1}{10}+\frac{x_2}{10^2}+\frac{x_3}{10^3}+\cdots+\frac{x_n}{10^n}+\cdots$$

이라고 할 때, $x_1+x_2+x_3+\cdots+x_{50}$의 값은?

① 200 ② 225 ③ 300
④ 375 ⑤ 450

❸ 유한소수로 나타낼 수 있는 분수

04 다음은 분수 $\frac{3}{250}$을 유한소수로 나타내는 과정이다. 이때 $\frac{C}{A}+BD$의 값은?

$$\frac{3}{250}=\frac{3}{2\times5^3}=\frac{3\times A}{2\times5^3\times A}=\frac{C}{B}=D$$

① 2 ② 5 ③ 11
④ 15 ⑤ 18

❸ 유한소수로 나타낼 수 있는 분수

05 다음 달력에서 세로로 나란히 있는 두 수 중 위 칸의 수를 분자, 아래 칸의 수를 분모로 하는 분수를 만들었을 때, 그 분수들 중 순환소수로만 나타낼 수 있는 수의 개수는?

일	월	화	수	목	금	토
1	2	3	4	5	6	7
8	9	10	11	12	13	14
15	16	17	18	19	20	21
22	23	24	25	26	27	28
29	30	31				

① 12개 ② 14개 ③ 15개
④ 17개 ⑤ 20개

❸ 유한소수로 나타낼 수 있는 분수

06 $\frac{1}{7}$보다 크고 $\frac{4}{5}$보다 작은 분수 중에서 분모가 35이고 유한소수로 나타낼 수 <u>없는</u> 분수의 개수는?

① 17개 ② 18개 ③ 19개
④ 20개 ⑤ 21개

❹ 유한소수가 되도록 하는 x의 값 구하기

07 분수 $\frac{7}{294}$에 어떤 자연수 a를 곱하면 유한소수로 나타낼 수 있다고 한다. 이때 a의 값이 될 수 있는 가장 작은 자연수는?

① 3　② 7　③ 9
④ 17　⑤ 21

❺ 순환소수를 분수로 나타내기

08 분수 $\frac{x}{15}$를 소수로 나타내면 0.2666⋯일 때, 자연수 x는?

① 2　② 4　③ 7
④ 8　⑤ 11

❺ 순환소수를 분수로 나타내기

09 어떤 기약분수를 순환소수로 나타내는데, A학생은 분모를 잘못 보아서 $0.\dot{6}\dot{3}$이라고 하였고, B학생은 분자를 잘못 보아서 $0.0\dot{4}\dot{7}$이라고 하였다. 처음의 기약분수를 순환소수로 바르게 나타낸 것은?

① $0.0\dot{0}\dot{7}$　② $0.0\dot{1}\dot{6}$　③ $0.\dot{1}\dot{3}$
④ $0.1\dot{4}\dot{9}$　⑤ $0.2\dot{6}$

❻ 순환소수를 포함한 식의 계산

10 어떤 양수 x에 $0.\dot{5}$를 곱해야 할 것을 잘못하여 0.5를 곱하였더니 바르게 계산한 값과의 차가 2일 때, x의 값은?

① 12　② 19　③ 24
④ 30　⑤ 36

❻ 순환소수를 포함한 식의 계산

11 기약분수 $\frac{b}{a}$가 방정식 $0.\dot{3}\dot{2}=(0.\dot{2})^2\times\frac{b}{a}$를 만족시킬 때, $a+b$의 값은?

① 55　② 72　③ 83
④ 93　⑤ 105

❼ 소수의 이해

12 다음 중 옳지 <u>않은</u> 것은?

① 유한소수는 유리수이다.
② 순환소수는 유리수이다.
③ 모든 소수는 분수로 나타낼 수 있다.
④ 순환하지 않는 무한소수는 유리수가 아니다.
⑤ 정수가 아닌 유리수를 소수로 나타내면 유한소수 또는 순환소수이다.

조건을 모두 만족시키는 세 자리 자연수 A의 개수를 구하시오.

(가) $\frac{A}{3360}$는 유한소수로 나타낼 수 있다.
(나) A는 9의 배수이다.

조건을 모두 만족시키는 분수 $\frac{b}{a}$를 소수로 나타내시오.

(가) a는 150이다.
(나) b는 50 이하의 자연수이고, 13의 배수이다.
(다) $\frac{b}{a}$를 소수로 나타내면 유한소수이다.

$\frac{1}{4}\left(2+\frac{50}{10^2}+\frac{50}{10^4}+\frac{50}{10^6}+\cdots\right)$을 간단히 하면 기약분수 $\frac{62}{a}$가 될 때, 자연수 a를 구하시오.

$\frac{1}{2}\left(\frac{4}{5}+\frac{3}{2^2\times5^3}+\frac{3}{2^4\times5^5}+\frac{3}{2^6\times5^7}+\cdots\right)$을 기약분수로 나타내시오.

정답과 풀이 5쪽

분수 $\frac{x}{9}$를 소수로 나타내면 순환마디가 2인 순환소수이다. 이를 만족시키는 세 자리 자연수 x의 개수를 구하시오.

분수 $\frac{x}{11}$를 소수로 나타내면 순환마디가 45인 순환소수이다. 이를 만족시키는 두 자리 자연수 x의 개수를 구하시오.

x에 대한 일차방정식 $30x+2=16a$의 해를 소수로 나타내면 1보다 큰 유한소수일 때, 가장 작은 자연수 a의 값을 구하시오.

x에 대한 일차방정식 $2ax=-4x+8b$의 해를 소수로 나타내면 순환소수로만 나타내어지게 하는 a, b의 순서쌍 (a, b)의 개수를 구하시오.

(단, a, b는 5 이하의 자연수)

서술형 집중 연습

예제 1

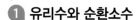

분수 $\frac{7}{80}$을 $\frac{a}{10^n}$의 꼴로 고쳐서 유한소수로 나타낼 때, $a+n$의 값 중 가장 작은 값을 구하시오.

풀이 과정

$\frac{7}{80}=\frac{7}{2^4\times5}=\frac{7\times\square}{2^4\times5\times\square}$

$=\frac{\square}{2^4\times5^{\square}}=\frac{\square}{10^{\square}}=\cdots$

따라서 $a=\square$, $n=\square$일 때, $a+n$의 값이 가장 작으므로 구하는 값은 $\square$이다.

유제 1

분수 $\frac{3}{250}$을 $\frac{a}{10^n}$의 꼴로 고쳐서 유한소수로 나타낼 때, $a+n$의 값 중 가장 작은 값을 구하시오.

예제 2

분수 $\frac{1}{22}$을 소수로 나타낼 때, 순환마디 숫자의 개수를 a개, 소수점 아래 80번째 자리의 숫자를 b라고 할 때, a와 b의 값을 각각 구하시오.

풀이 과정

$\frac{1}{22}=\square$이므로 순환마디 숫자 $\square$개가 반복된다.
이때 소수점 아래 $\square$자리부터 순환마디 숫자가 반복되므로 소수점 아래 80번째 자리의 숫자는 순환마디 숫자 중 $\square$번째 숫자인 $\square$이다. 따라서 $a=\square$, $b=\square$이다.

유제 2

분수 $\frac{26}{55}$을 소수로 나타낼 때, 순환마디 숫자의 개수를 a개, 소수점 아래 101번째 자리의 숫자를 b라고 할 때, a와 b의 값을 각각 구하시오.

정답과 풀이 6쪽

순환소수 $0.\dot{a}\dot{b}$를 기약분수로 나타내면 $\frac{7}{11}$일 때, 순환소수 $0.\dot{b}\dot{a}$를 기약분수로 나타내시오.

풀이 과정

$\frac{7}{11}=\square$이므로 $a=\square$, $b=\square$

따라서 $0.\dot{b}\dot{a}=\square$이므로

이 순환소수를 기약분수로 나타내면

$0.\dot{b}\dot{a}=\frac{\square}{\square}$

순환소수 $0.\dot{a}\dot{b}$를 기약분수로 나타내면 $\frac{5}{33}$일 때, 순환소수 $0.\dot{b}\dot{a}$를 기약분수로 나타내시오.

순환소수 $0.7\dot{a}$에 대하여 $0.7\dot{a}=\frac{a+11}{18}$을 만족시키는 한 자리 자연수 a의 값을 구하시오.

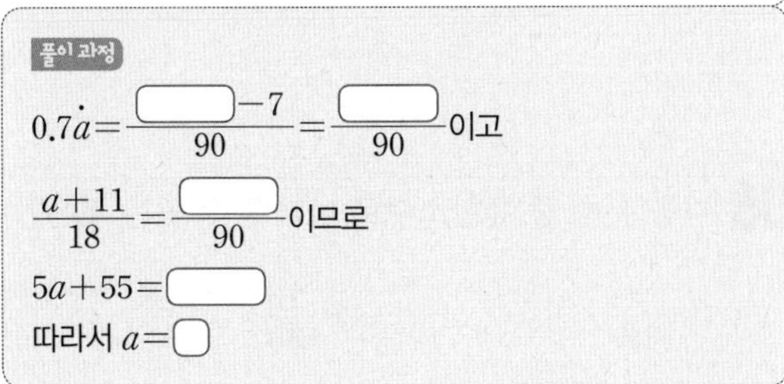

풀이 과정

$0.7\dot{a}=\frac{\square-7}{90}=\frac{\square}{90}$이고

$\frac{a+11}{18}=\frac{\square}{90}$이므로

$5a+55=\square$

따라서 $a=\square$

순환소수 $0.4\dot{b}$에 대하여 $0.4\dot{b}=\frac{b+1}{15}$을 만족시키는 한 자리 자연수 b의 값을 구하시오.

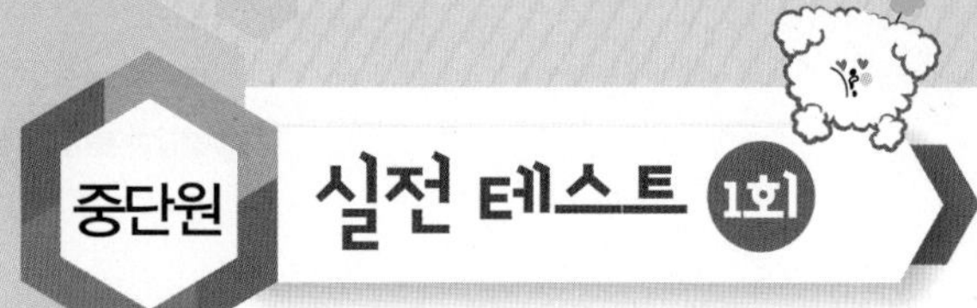

01 다음 중 순환소수로 옳게 나타낸 것은?

① $2.525252\cdots=2.\dot{5}\dot{2}$
② $0.747474\cdots=\dot{0}.7\dot{4}$
③ $0.2545454\cdots=0.\dot{2}\dot{5}\dot{4}$
④ $-1.4888\cdots=-1.4\dot{8}\dot{8}$
⑤ $0.369369369\cdots=0.\dot{3}\dot{6}\dot{9}$

02 다음 중 옳지 <u>않은</u> 것은?

① 유한소수는 유리수이다.
② 무한소수는 유리수가 아니다.
③ 무한소수 중에는 순환하지 않는 무한소수도 있다.
④ 정수가 아닌 유리수는 유한소수 또는 순환소수로 나타낼 수 있다.
⑤ 분모의 소인수가 2나 5뿐인 기약분수는 유한소수로 나타낼 수 있다.

03 다음 주어진 수들의 순환마디를 이루는 숫자의 개수 중 가장 큰 것을 a, 가장 작은 것을 b라고 한다. $a+b$의 값은?

$0.1232323\cdots$	$1.1428514285\cdots$	$3.2111\cdots$
$12.49282828\cdots$	$-2.458458\cdots$	

① 2 ② 3 ③ 4
④ 5 ⑤ 6

04 순환소수 $x=0.1666\cdots$에 대한 설명으로 옳은 것은?

① 유리수가 아니다.
② 순환마디는 16이다.
③ $100x-x$의 값은 정수이다.
④ x는 $0.\dot{1}\dot{6}$으로 나타낼 수 있다.
⑤ x를 기약분수로 나타내면 $\frac{1}{6}$이다.

05 분수 $\frac{1}{27}$을 소수로 나타내었을 때, 소수점 아래 n번째 자리의 숫자를 $A(n)$이라고 할 때, $A(1)+A(2)+A(3)+\cdots+A(40)$의 값은?

① 130 ② 133 ③ 135
④ 137 ⑤ 140

06 다음 분수 중 유한소수로 나타낼 수 있는 것은?

① $\frac{1}{12}$ ② $\frac{16}{30}$
③ $\frac{51}{2\times3^2\times5}$ ④ $\frac{45}{120}$
⑤ $\frac{111}{2^3\times3\times11}$

07 길이가 1인 실을 남김없이 사용하여 정n각형을 만들려고 할 때, 한 변의 길이를 유한소수로 나타낼 수 있는 것의 개수는? (단, n은 10 이하의 자연수)

① 1개 ② 2개 ③ 3개
④ 4개 ⑤ 5개

08 다음 중 두 수의 대소 관계가 옳은 것은?

① $0.\dot{2}<0.\dot{2}\dot{1}$ ② $0.\dot{5}6\dot{5}<0.\dot{5}\dot{6}$
③ $0.3\dot{4}<0.\dot{3}\dot{4}$ ④ $3.1\dot{4}\dot{1}<3.\dot{1}4\dot{1}$
⑤ $1.\dot{5}\dot{0}=1.5$

09 두 분수 $\frac{11}{96}$과 $\frac{1}{105}$에 어떤 수 a를 각각 곱하면 모두 유한소수로 나타낼 수 있다. 이때 $60<a<70$인 자연수 a의 값은?

① 62 ② 63 ③ 64
④ 65 ⑤ 66

10 일차방정식 $0.\dot{7}x+0.\dot{3}=1.0\dot{5}+0.\dot{2}x$를 풀면?

① 1.1 ② $1.\dot{2}$ ③ 1.3
④ $1.\dot{4}$ ⑤ $1.\dot{5}$

고난도

11 $\frac{11}{12}=\frac{a_1}{10}+\frac{a_2}{10^2}+\frac{a_3}{10^3}+\cdots+\frac{a_n}{10^n}+\cdots$
에서 $a_1+a_2+a_3+\cdots+a_{50}$의 값은?
(단, a_1, a_2, a_3, $\cdots$, a_n, $\cdots$은 한 자리 자연수)

① 252 ② 268 ③ 280
④ 298 ⑤ 315

고난도

12 분수 $\frac{a}{130}$를 기약분수로 고치면 $\frac{2}{b}$가 되고, 이것은 유한소수로 나타낼 수 있다고 한다. 이때 자연수 a, b에 대하여 $a-b$의 값은?
(단, $50<a<60$)

① 25 ② 31 ③ 37
④ 38 ⑤ 47

서술형

13 분수 $\frac{3}{7}$을 소수로 나타낼 때, 소수점 아래 50번째 자리의 숫자를 구하시오.

14 정수가 아닌 유리수 $\frac{a}{28}$, $\frac{a}{55}$를 모두 유한소수로 나타낼 수 있을 때, 1000 이하의 자연수 중 가장 큰 a의 값을 구하시오.

15 도현이는 친구들과 방탈출카페에 갔다. 모든 미션을 통과하고 방을 탈출하려는 마지막 순간 잠겨있는 방문의 자물쇠에는 아래와 같은 힌트가 적혀 있었다.

> [힌트 1] 비밀번호는 두 자연수 a, b의 합의 3배이다.
> [힌트 2] a는 2200이다.
> [힌트 3] $\frac{b}{a}$는 유한소수로 나타낼 수 있다.
> [힌트 4] b는 50보다 작은 3의 배수이다.

자물쇠의 비밀번호를 구하시오.

고난도

16 분수 $\frac{33}{200 \times x}$이 유한소수가 되도록 하는 두 자리의 홀수 x의 개수를 구하시오.

중단원 실전 테스트 2회

01 순환마디가 바르게 연결된 것은?

① 0.131313⋯ ➡ 131
② 0.2545454⋯ ➡ 254
③ 2.762762762⋯ ➡ 276
④ 0.581581581⋯ ➡ 5815
⑤ 19.419419419⋯ ➡ 419

02 다음은 분수의 분모, 분자에 가장 작은 자연수를 곱하여 분모를 10의 거듭제곱으로 만들어 유한소수로 나타내는 과정이다.

$$\frac{9}{40}=\frac{9\times\boxed{A}}{40\times\boxed{A}}=\frac{\boxed{B}}{10^{\boxed{C}}}=\boxed{D}$$

이때 $A+B+C-1000D$의 값은?

① 28 ② 31 ③ 38.5
④ 40 ⑤ 46

03 다음은 순환소수 $0.3\dot{2}\dot{5}$를 분수로 나타내는 과정이다. ☐에 들어갈 값으로 옳지 않은 것은?

> $x=0.3\dot{2}\dot{5}$라고 하면
> $x=0.3252525\cdots$ ⋯⋯ ㉠
> ㉠의 양변에 ① 을/를 곱하면
> ① $x=325.2525\cdots$ ⋯⋯ ㉡
> ㉠의 양변에 ② 을/를 곱하면
> ② $x=3.2525\cdots$ ⋯⋯ ㉢
> ㉡에서 ㉢을 변끼리 빼면
> ③ $x=$ ④ , $x=$ ⑤
> 따라서 $0.3\dot{2}\dot{5}=$ ⑤

① 1000 ② 10 ③ 990
④ 322 ⑤ $\frac{65}{198}$

04 순환소수 $0.57\dot{8}1\dot{2}$의 소수점 아래 1000번째 자리의 숫자는?

① 1 ② 2 ③ 5
④ 7 ⑤ 8

05 분수 $\frac{17\times a}{5\times35\times15}$를 소수로 나타내면 유한소수가 될 때, 이를 만족시키는 자연수 중 가장 작은 a의 값은?

① 2 ② 5 ③ 16
④ 21 ⑤ 28

06 $0.0\dot{2}\dot{3}=23\times A$일 때, A의 값은?

① 0.001 ② $0.0\dot{0}\dot{1}$ ③ $0.\dot{0}0\dot{1}$
④ $0.00\dot{1}$ ⑤ $0.\dot{0}01\dot{0}$

07 기약분수 $\frac{b}{a}$가 등식 $0.\dot{4}\dot{5}=(0.\dot{3})^2\times\frac{b}{a}$를 만족시킬 때, $a+b$의 값은?

① 54 ② 56 ③ 58
④ 60 ⑤ 62

08 다음은 학생들의 소수에 대한 설명이다. 옳은 설명을 한 학생의 이름을 모두 고른 것은?

> 연경: 순환소수로 나타낼 수 있는 수 중에는 유리수가 아닌 것도 있어.
> 효진: 모든 유한소수는 유리수야.
> 소영: 분모의 소인수가 2나 5로만 이루어진 기약분수를 소수로 나타내면 유한소수가 돼.

① 효진 ② 소영
③ 연경, 효진 ④ 효진, 소영
⑤ 연경, 효진, 소영

09 어떤 자연수 a를 $\frac{5}{72}$에 곱하면 유한소수로 나타낼 수 있지만 $\frac{9}{88}$에 곱하면 유한소수로 나타낼 수 없다. 이 조건을 만족시키는 a의 값이 아닌 것은?

① 18 ② 36 ③ 54
④ 81 ⑤ 99

10 순환소수 $1.\dot{2}$의 역수를 순환소수로 나타낸 것은?

① $0.\dot{8}\dot{1}$ ② $0.\dot{8}\dot{3}$ ③ $0.8\dot{4}$
④ $0.8\dot{5}$ ⑤ $0.\dot{8}$

고난도

11 분수 $\frac{6}{11}$을 소수로 나타낼 때, 소수점 아래 n번째 자리의 숫자를 x_n이라고 하자.
$\frac{x_1-x_2+x_3-x_4+\cdots+x_{999}-x_{1000}}{100}$의 값은?

① 3 ② 4 ③ 5
④ 6 ⑤ 7

고난도

12 조건을 만족시키는 자연수 n의 개수는?

> (가) n은 1000보다 작다.
> (나) $\frac{n}{88}$은 자연수가 아니며 유한소수로 나타낼 수 있다.

① 66개 ② 72개 ③ 79개
④ 82개 ⑤ 90개

정답과 풀이 9쪽

서술형

13 서이는 0부터 9까지의 소수점 아래의 숫자를 10개의 음에 각각 대응시켜 피아노를 연주하려고 한다.

예를 들어, 0.375는

와 같이 나타내고, $0.\dot{1}\dot{3}$은

로 나타내기로 하자.
위의 규칙에 따라 서이가 아래의 악보를 따라 연주하였을 때, 아래 음에 대응되는 소수를 분수로 나타내시오.

14 어떤 기약분수를 소수로 나타내는데 보람이는 분자를 잘못 보고 계산하여 $0.\dot{3}\dot{6}$이 되었고, 소담이는 분모를 잘못 보고 계산하여 $0.2\dot{7}$이 되었다. 처음 기약분수를 순환소수로 나타내시오.

15 조건을 만족시키는 분수 a의 합을 구하시오.

> (가) a의 분모는 70이다.
> (나) a는 $\frac{1}{7}$보다 크고 $\frac{2}{5}$보다 작다.
> (다) a는 유한소수로 나타낼 수 있다.

고난도

16 한 자리 자연수 m, n에 대하여 분수 $\frac{7}{10m+n}$을 소수로 나타내면 유한소수가 되는 분수의 개수를 구하시오.

EBS 중학 수학 내신 대비 기출문제집

Ⅰ. 수와 식의 계산

2

단항식과 다항식의 계산

대표 유형

핵심 개념

2 단항식과 다항식의 계산

1 지수법칙

m, n이 자연수일 때

(1) $a^m \times a^n = a^{m+n}$ 예 $a^3 \times a^2 = a^{3+2} = a^5$

(2) $(a^m)^n = a^{mn}$ 예 $(a^2)^4 = a^{2\times4} = a^8$

(3) $a \neq 0$일 때

① $m > n$이면 $a^m \div a^n = a^{m-n}$

② $m = n$이면 $a^m \div a^n = 1$

③ $m < n$이면 $a^m \div a^n = \dfrac{1}{a^{n-m}}$

예 $a^5 \div a^3 = a^{5-3} = a^2$, $a^4 \div a^4 = 1$, $a^3 \div a^5 = \dfrac{1}{a^{5-3}} = \dfrac{1}{a^2}$

(4) ① $(ab)^m = a^m b^m$ ② $\left(\dfrac{a}{b}\right)^m = \dfrac{a^m}{b^m}$

예 $(ab)^3 = a^3b^3$, $(a^2b^4)^3 = a^6b^{12}$, $\left(\dfrac{a}{b}\right)^4 = \dfrac{a^4}{b^4}$, $\left(\dfrac{a^4}{b^3}\right)^2 = \dfrac{a^8}{b^6}$

2 단항식의 곱셈과 나눗셈

(1) 단항식의 곱셈

① 계수는 계수끼리, 문자는 문자끼리 곱한다.

② 같은 문자의 곱은 지수법칙을 이용하여 간단히 한다.

예

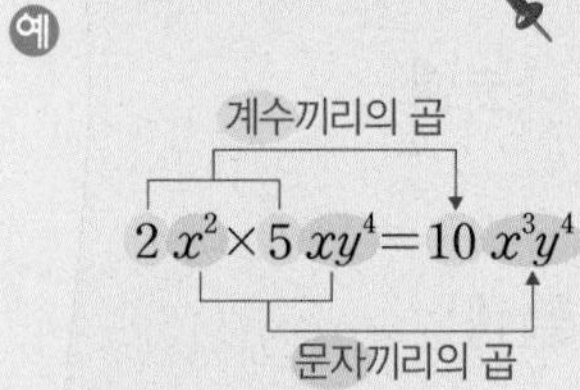

(2) 단항식의 나눗셈

나눗셈을 곱셈으로 바꾼 후 계수는 계수끼리, 문자는 문자끼리 곱하여 계산한다.

[방법 1]

나누는 식의 역수를 곱하여 계산한다.

예 $8x^5y^3 \div \dfrac{2}{3}x^2y$

$= 8x^5y^3 \times \dfrac{3}{2x^2y}$

$= 8 \times \dfrac{3}{2} \times x^5 \times \dfrac{1}{x^2} \times y^3 \times \dfrac{1}{y}$

$= 12x^3y^2$

[방법 2]

분수 꼴로 바꾸어 계산한다.

예 $15a^4b^4 \div 3a^2b^3$

$= \dfrac{15a^4b^4}{3a^2b^3}$

$= \dfrac{15}{3} \times \dfrac{a^4}{a^2} \times \dfrac{b^4}{b^3}$

$= 5a^2b$

개념 체크

01 다음 식을 간단히 하시오.

(1) $x^2 \times x^4$

(2) $a^3 \times a^4 \times a^5$

(3) $x^2 \times y \times x^3 \times y^5$

02 다음 식을 간단히 하시오.

(1) $(a^3)^2$

(2) $(x^3)^3 \times (x^4)^2$

(3) $(a^4)^2 \times (b^3)^3 \times a^5 \times (b^2)^4$

03 다음 식을 간단히 하시오.

(1) $x^5 \div x^2$

(2) $a^6 \div (a^4)^2$

(3) $(b^6)^3 \div (b^2)^9$

(4) $(x^4)^7 \div (x^3)^5 \div x^6$

04 다음 식을 간단히 하시오.

(1) $(a^3b)^2$

(2) $(2x^2)^4$

(3) $\left(\dfrac{2x^3}{5y^4}\right)^2$

05 다음을 계산하시오.

(1) $3a^4 \times 5a^2$

(2) $2x^2 \times (-5xy)$

(3) $\dfrac{1}{2}x^4y^2 \times (-6x^3y^6)$

06 다음을 계산하시오.

(1) $4a^4b^3 \div 2ab$

(2) $15a^3b^2 \div (-5a^5b)$

(3) $(-2x^5y)^3 \div \dfrac{4}{7}x^8y^3$

3 다항식의 덧셈과 뺄셈

괄호를 풀고 동류항끼리 모아서 계산한다.

예 $(4a+2b)+(-3a+5b)=4a+2b-3a+5b$
$=4a-3a+2b+5b$
$=a+7b$

예 $(x-3y+1)-(3x-4y+2)=x-3y+1-3x+4y-2$
$=x-3x-3y+4y+1-2$
$=-2x+y-1$

4 이차식의 덧셈과 뺄셈

(1) **이차식**: 다항식의 각 항의 차수 중에서 가장 큰 차수가 2인 다항식
예 $2x^2$, x^2+3x+2, $-x^2+4$는 이차식이다.

(2) **이차식의 덧셈과 뺄셈**: 괄호를 풀고 동류항끼리 모아서 계산한다.
예 $(2x^2+4x-5)+(x^2-4x+3)=2x^2+4x-5+x^2-4x+3$
$=2x^2+x^2+4x-4x-5+3$
$=3x^2-2$

예 $(3x^2-2x+1)-(5x^2+3x-2)=3x^2-2x+1-5x^2-3x+2$
$=3x^2-5x^2-2x-3x+1+2$
$=-2x^2-5x+3$

5 단항식과 다항식의 곱셈

(1) 분배법칙을 이용하여 단항식을 다항식의 각 항에 곱하여 계산한다.
(2) **전개**: 다항식의 곱을 분배법칙을 이용하여 괄호를 풀어 하나의 다항식으로 나타내는 것

예 $3a(4a-2b)=12a^2-6ab$
전개

6 다항식과 단항식의 나눗셈

[방법 1]
단항식의 역수를 곱하여 분배법칙을 이용한다.

예 $(12a^2+6a)\div 3a$
$=(12a^2+6a)\times\frac{1}{3a}$
$=12a^2\times\frac{1}{3a}+6a\times\frac{1}{3a}$
$=4a+2$

[방법 2]
분수 꼴로 바꾼 후 분자의 각 항을 분모로 나눈다.

예 $(6x^2+10x)\div 2x$
$=\frac{6x^2+10x}{2x}$
$=\frac{6x^2}{2x}+\frac{10x}{2x}$
$=3x+5$

개념 체크

07 다음을 계산하시오.

(1) $(2a-5b)+(-3a+6b)$
(2) $(3x-y+1)-(x-5y+2)$

08 다음을 계산하시오.

(1) $(3a^2-4a+2)+(a^2+3a-8)$
(2) $(2x^2+3x-4)-(3x^2-2x+7)$

09 다음을 계산하시오.

(1) $2a-\{4b+(-3a+b)\}$
(2) $x^2-\{2x^2+(4x-5)+3x\}-x$

10 다음 식을 간단히 하시오.

(1) $3a(4a-b)$
(2) $(a-4b)\times(-2a)$
(3) $2x(-3x+y-5)$

11 다음 식을 간단히 하시오.

(1) $a(a-3)+7a(2a+1)$
(2) $4x(x+2)-5x(x+2)$
(3) $2a(3a+2)-a(-a+5)$

12 다음 식을 간단히 하시오.

(1) $(8a^3b^2-6ab)\div 2a$
(2) $(3x^3y^4+12x^2y)\div\left(-\frac{3}{2}xy\right)$

대표 유형

유형 1 지수법칙 (1) $a^m \times a^n$, (2) $(a^m)^n$

01 $3^2 \times 27 = 3^x$을 만족시키는 자연수 x의 값은?

① 5 ② 6 ③ 7 ④ 8 ⑤ 9

풀이 전략 $27=3^3$이므로 주어진 식에 지수법칙(1)을 적용한다.

02 $x^3 \times x^6 \times x^{\square} = x^{12}$일 때, □ 안에 알맞은 수는?

① 1 ② 2 ③ 3 ④ 4 ⑤ 5

03 $9 \times 10 \times 12 \times 14 = 2^a \times 3^b \times 5^c \times 7^d$일 때, 자연수 a, b, c, d에 대하여 $abcd$의 값은?

① 6 ② 10 ③ 12 ④ 24 ⑤ 48

04 $2^3 = A$라고 할 때, 16^{12}을 A를 사용하여 나타내면?

① A^8 ② A^{10} ③ A^{12} ④ A^{14} ⑤ A^{16}

유형 2 지수법칙 (3) $a^m \div a^n$, (4) $(ab)^m$, $\left(\frac{a}{b}\right)^m$

05 다음 중 옳지 않은 것은?

① $a^5 \div a^2 = a^3$

② $(2a^2b)^3 = 6a^6b^3$

③ $a^7 \div a^7 = 1$

④ $(a^2)^4 \div (a^3)^2 = a^2$

⑤ $\left(-\frac{c^3}{a^4b}\right)^3 = -\frac{c^9}{a^{12}b^3}$

풀이 전략 m이 자연수일 때 $(ab)^m = a^mb^m$, $\left(\frac{a}{b}\right)^m = \frac{a^m}{b^m}$이다.

06 다음 식을 만족시키는 자연수 x, y에 대하여 $x+y$의 값을 구하시오.

• $3^x \div 3^5 = \frac{1}{27}$ • $7^{3y} \div 7^2 = 7^{10}$

07 $\left(-\dfrac{x^2y^B}{Az^3}\right)^5=-\dfrac{x^{10}y^{20}}{32z^C}$일 때, 자연수 A, B, C에 대하여 A^B-C의 값을 구하시오.

08 $(5x^a)^b=625x^8$일 때, 자연수 a, b에 대하여 $a-b$의 값은?

① -2 ② -1 ③ 0
④ 1 ⑤ 2

유형 3 지수법칙의 종합과 응용

09 식을 간단히 한 결과가 옳은 것은?

① $(x^3)^2=x^9$
② $\left(\dfrac{y^4}{x^2}\right)^3=\dfrac{y^7}{x^5}$
③ $(2x^2)^3\div x^3=8x^2$
④ $(-2x^3y^2)^3=-6x^{27}y^8$
⑤ $\left(\dfrac{3xy^2}{2}\right)^3=\dfrac{27}{8}x^3y^6$

풀이 전략 m이 자연수일 때 $\left(\dfrac{a}{b}\right)^m=\dfrac{a^m}{b^m}$이다.

10 $2^{13}\times5^{11}$이 n자리 자연수일 때, n의 값은?

① 10 ② 11 ③ 12
④ 13 ⑤ 14

11 $2^2=A$, $3^3=B$, $5=C$라고 할 때, 60^3을 A, B, C를 사용하여 나타내시오.

12 식 $(-1)^{2n+1}\times(-1)^n\times(-1)^{5n-1}$을 간단히 하면? (단, n은 자연수)

① $-n$ ② -1 ③ 0
④ 1 ⑤ 8

유형 4 단항식의 곱셈과 나눗셈

13 다음 중 옳지 않은 것은?

① $2a^3 \times 3a^2 = 6a^5$

② $-\frac{1}{6}x^2y^3 \div (-3x) = \frac{1}{18}xy^3$

③ $\left(-\frac{2}{3}x^3\right)^3 \times (3x)^2 = -\frac{8}{3}x^{11}$

④ $\left(-\frac{b}{2a}\right)^2 \div \frac{b^3}{12a} = \frac{3}{ab}$

⑤ $x^2 \div 4xy^3 \times 8x^2y = \frac{2x}{y^2}$

풀이 전략 단항식의 나눗셈은 역수를 이용하여 곱셈으로 고친다.

14 어떤 식에 $-\frac{y}{5x}$를 곱했더니 $-2y^3$이 되었을 때, 어떤 식을 구하시오.

15 밑변의 길이가 $8ab^3$, 높이가 $4a^3b$인 삼각형과 넓이가 같은 정사각형의 한 변의 길이를 구하시오.

유형 5 다항식의 덧셈과 뺄셈

16 $\frac{x-y}{3} - \frac{3x+4y}{5} = \frac{ax-by}{15}$일 때, 상수 a, b에 대하여 $a+b$의 값을 구하시오.

풀이 전략 분모를 통분한 후 동류항끼리 모아서 간단히 한다.

17 $2(3x^2-x+1)-(5x^2-4x-1)$을 간단히 하였을 때, x^2의 계수와 x의 계수의 합은?

① 2 ② 3 ③ 4 ④ 5 ⑤ 6

18 $-4x-[3x-2y-\{5y-(x+y)+2x\}]$를 간단히 하시오.

유형 6 단항식과 다항식의 곱셈

19 $4x\left(\frac{3}{2}x-1\right)-\frac{2}{3}(6x-3)=ax^2+bx+c$일 때, 상수 a, b, c에 대하여 $a+b+c$의 값은?

① 0 ② 1 ③ 2
④ 3 ⑤ 4

풀이 전략 괄호를 풀고 동류항끼리 모아서 계산한다.

20 $\frac{4xy+A}{5y}=3x-2y$일 때, 다항식 A를 구하시오.

21 그림과 같이 가로의 길이가 $4y$, 세로의 길이가 $3x$인 직사각형에서 색칠한 부분의 넓이를 구하시오.

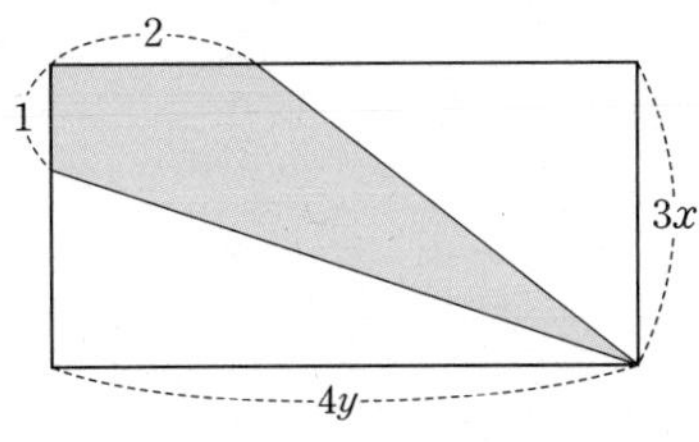

유형 7 다항식과 단항식의 나눗셈

22 $(6x^2y-3x^4y^3)\div\left(-\frac{3}{2}xy\right)=ax^3y^b+cx$일 때, 상수 a, b, c에 대하여 $a+b+c$의 값은?

① -3 ② -2 ③ -1
④ 0 ⑤ 1

풀이 전략 나눗셈은 역수를 이용하여 곱셈으로 고친다.

23 $\square\div a^2xy^3=4a^2-y$일 때, $\square$ 안에 알맞은 식을 쓰시오.

24 $x=\frac{1}{2}$, $y=-\frac{1}{3}$일 때, $\frac{8x^2-12xy}{2x}$의 값은?

① -2 ② 0 ③ 2
④ 4 ⑤ 5

기출 예상 문제

❶ 지수법칙 (1) $a^m \times a^n$, (2) $(a^m)^n$

01 자연수 x, y가 다음 조건을 만족시킬 때, $x+y$의 값은?

- $2^2 \times 2^2 \times 2^2 \times 2^2 = 2^x$
- $(2^2)^y = 2^x$

① 5　② 7　③ 9
④ 10　⑤ 12

❶ 지수법칙 (1) $a^m \times a^n$, (2) $(a^m)^n$

02 $x^2 \times (y^3)^2 \times x^4 \times y = x^a y^b$일 때, $a-b$의 값은?

① -2　② -1　③ 0
④ 1　⑤ 2

❷ 지수법칙 (3) $a^m \div a^n$, (4) $(ab)^m$, $\left(\frac{a}{b}\right)^m$

03 $32 \div 2^x \div 2 = 1$일 때, x의 값은?

① 1　② 2　③ 3
④ 4　⑤ 5

❷ 지수법칙 (3) $a^m \div a^n$, (4) $(ab)^m$, $\left(\frac{a}{b}\right)^m$

04 $3^{x+1} = a$라고 할 때, 27^x을 a를 사용한 식으로 나타낸 것은?

① $\frac{a^2}{9}$　② $27a^2$　③ $\frac{a^3}{27}$
④ $9a^3$　⑤ $\frac{a^4}{9}$

❸ 지수법칙의 종합과 응용

05 다음 중 $\square$ 안에 들어갈 수가 가장 큰 것은?

① $a \times a^3 = a^{\square}$　② $(a^3)^{\square} = a^{15}$
③ $a^4 \div a^{\square} = \frac{1}{a^2}$　④ $(-2a^2)^{\square} = 16a^8$
⑤ $a^3 \times (a^{\square})^2 \div a^8 = a^5$

❸ 지수법칙의 종합과 응용

06 〈보기〉에서 계산 결과가 큰 값부터 작은 값 순으로 바르게 나열한 것은?

보기
ㄱ. $(5^3)^3$
ㄴ. $5^{15} \div 5^7$
ㄷ. $(2 \times 5^4)^2$
ㄹ. $5^9 + 5^9 + 5^9 + 5^9 + 5^9$

① ㄱ－ㄹ－ㄷ－ㄴ
② ㄱ－ㄹ－ㄴ－ㄷ
③ ㄴ－ㄷ－ㄹ－ㄱ
④ ㄹ－ㄱ－ㄴ－ㄷ
⑤ ㄹ－ㄱ－ㄷ－ㄴ

3 지수법칙의 종합과 응용

07 다음 표는 컴퓨터가 처리하는 정보의 양을 나타내는 단위 사이의 관계를 나타낸 것이다.

1 KB	1 MB	1 GB	1 TB
2^{10} B	2^{10} KB	2^{10} MB	2^{10} GB

용량이 128 MB인 파일 32개의 전체 용량은 몇 GB인지 구하면?

① 0.25 GB ② 0.5 GB
③ 1 GB ④ 2 GB
⑤ 4 GB

4 단항식의 곱셈과 나눗셈

08 다음 중 옳지 않은 것은?

① $2a^2\times3a^5=6a^7$
② $\left(-\frac{b}{2a}\right)^2\times\frac{12a^3}{b}=6ab$
③ $\left(-\frac{2}{3}x^2\right)^2\times(9x)^2=36x^6$
④ $-4x^2\times(-6x^4y^5)=24x^6y^5$
⑤ $(5xy)^2\times\left(-\frac{2}{5}xy^2\right)^3=-\frac{8}{5}x^5y^8$

4 단항식의 곱셈과 나눗셈

09 □ 안에 알맞은 식은?

$$-6a^3b^5\div\square\times4ab^2=2a^3b^4$$

① $-12ab^3$ ② $-9ab^3$ ③ $-6ab^2$
④ $-6ab^3$ ⑤ $6ab^2$

4 단항식의 곱셈과 나눗셈

10 어떤 식에 $4x^3y^2$을 곱해야 할 것을 잘못하여 나누었더니 $\frac{6}{xy}$이 되었다. 바르게 계산한 식은?

① $12x^2y$ ② $24xy^2$ ③ $24x^4y$
④ $96x^3y^2$ ⑤ $96x^5y^3$

4 단항식의 곱셈과 나눗셈

11 밑면의 반지름의 길이가 $4a$인 원뿔의 부피가 $\frac{10}{3}\pi a^4$일 때, 이 원뿔의 높이는?

① $\frac{10}{3}a$ ② $\frac{1}{3}a^2$ ③ $\frac{5}{8}a^2$
④ $10a^2$ ⑤ $\frac{10}{3}a^3$

4 단항식의 곱셈과 나눗셈

12 오른쪽 원기둥의 높이는 왼쪽 원기둥 높이의 4배이고, 밑면의 반지름의 길이는 $\frac{1}{2}$배이다. 오른쪽 원기둥의 부피는 왼쪽 원기둥 부피의 몇 배인가?

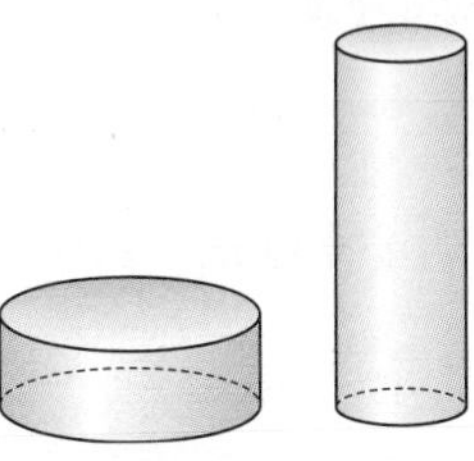

① 1배 ② $\frac{5}{4}$배 ③ $\frac{3}{2}$배
④ $\frac{7}{4}$배 ⑤ 2배

5 다항식의 덧셈과 뺄셈

13 주어진 식을 바르게 계산한 것은?

$$-(-x^2+x-3)+2(2x^2-x+1)$$

① $3x^2-3x+5$　② $3x^2+5x-3$
③ $5x^2-3x+5$　④ $5x^2+3x+1$
⑤ $5x^2+3x+5$

5 다항식의 덧셈과 뺄셈

14 어떤 식에서 $-2a^2+4a-3$을 빼야할 것을 잘못 하여 더하였더니 a^2-2a가 되었다. 이때 바르게 계산한 식은?

① $-5a^2-9a+1$　② $-a^2+8a-3$
③ $a^2-10a+7$　④ $3a^2-a+6$
⑤ $5a^2-10a+6$

5 다항식의 덧셈과 뺄셈

15 $\frac{x^2+2x-3}{2}+\frac{4x^2-x+1}{3}=ax^2+bx+c$일 때, 상수 a, b, c에 대하여 $a-b+c$의 값은?

① $-\frac{7}{6}$　② $-\frac{2}{3}$　③ 0
④ $\frac{4}{3}$　⑤ $\frac{11}{6}$

5 다항식의 덧셈과 뺄셈

16 두 다항식 $A=x^2-4x-3$, $B=\frac{1}{2}x^2+3x-1$에 대하여 $2(A+3B)-A-4B$를 간단히 하면?

① $-4x^2-x+5$　② $-4x^2+4x-1$
③ $2x^2-3x+2$　④ $2x^2+2x-5$
⑤ $2x^2+4x-5$

6 단항식과 다항식의 곱셈

17 $4a(2a+1)-2a(a+4)$를 간단히 한 것은?

① $-4a^2-4a$　② a^2+a
③ a^2+6a　④ $6a^2-8a$
⑤ $6a^2-4a$

6 단항식과 다항식의 곱셈

18 □ 안에 알맞은 식은? (단, $a\neq0$)

$$-3a(2a+1)+5a\times\square=-11a^2+12a$$

① $-a+3$　② $-a+5$
③ $3a-2$　④ $3a+3$
⑤ $5a+7$

❼ 다항식과 단항식의 나눗셈

19 $-\frac{9a^3b^5+6a^2b^4-12ab^3}{3ab^3}$을 간단히 하면?

① $-3a^2b^2-2ab+4$ ② $-2a^2-4ab+b$
③ $-a^2b^2+2ab-4$ ④ $2a^3b^2-2ab-4$
⑤ $-3a^2b^2-2a^2b-4$

❼ 다항식과 단항식의 나눗셈

20 $(2a^2-ab)\div\frac{1}{2}a-(3ab+9b^2)\div(-3b)$를 간단히 하면?

① $5a-b$ ② $5a+b$
③ $8a-2b$ ④ $8a+4b$
⑤ $10a-5b$

❼ 다항식과 단항식의 나눗셈

21 다음 직육면체의 밑면의 가로의 길이는 x, 세로의 길이는 $2y$이다. 이 직육면체의 부피가 $2x^2y-6xy^2$일 때, 겉넓이를 구하면?

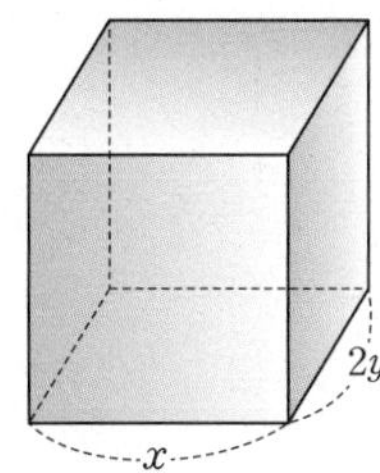

① $-4x^2+12y^2$ ② $-2x^2+2xy-6y^2$
③ $2x^2+2xy-12y^2$ ④ $3x^2+2xy+6$
⑤ $5x^2+4xy-10y^2$

❼ 다항식과 단항식의 나눗셈

22 집에서 편의점까지의 거리는 $(3x^2y+4xy^3)$m이고, 편의점으로부터 학교까지의 거리는 $(2x+5x^2y)$m이다. 이때 집에서 출발하여 편의점을 거쳐 학교까지 분속 x m로 걸어가는 데 걸리는 시간은?

① $(4x^2y^2-5xy^3+2)$분
② $(4x^2y-8xy+2x)$분
③ $(8xy^2-4y^3+2x)$분
④ $(10x^2y+4y^3+2)$분
⑤ $(8xy+4y^3+2)$분

❼ 다항식과 단항식의 나눗셈

23 $x=1$, $y=-2$일 때,
$-x(5x-9y)+(2x^2y-10xy)\div\frac{2}{3}x$의 값은?

① $-\frac{3}{2}$ ② $-\frac{3}{4}$ ③ 1
④ $\frac{8}{5}$ ⑤ 3

❼ 다항식과 단항식의 나눗셈

24 그림과 같이 밑면의 가로의 길이가 $3a$, 세로의 길이가 1인 큰 직육면체 위에 밑면의 가로의 길이가 $2a$, 세로의 길이가 1인 작은 직육면체를 쌓았다. 큰 직육면체의 부피가 $9a^2+6ab$, 작은 직육면체의 부피가 $6a^2-4ab$일 때, 두 직육면체의 높이의 차를 구하시오. (단, a, b는 양수)

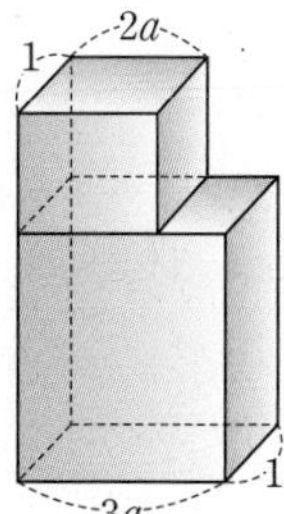

고난도 집중 연습

1

$3\times(2^5+2^5)\times(5^4+5^4+5^4+5^4+5^4)$은 n자리 수이고 각 자리의 숫자의 합은 m이다. 이때 $m-n$의 값을 구하시오.

1-1

$(4^7+4^7)\times(5^5+5^5+5^5+5^5)=2^m\times5^n$일 때, 두 자연수 m, n의 값을 각각 구하시오.

2

$a=\frac{1}{5^4}$, $b=\frac{1}{2^6}$에 대하여 $x=10a^3b^3$일 때, $\frac{1}{x}$은 몇 자리 자연수인지 구하시오.

2-1

$2^x\times5^{32}\times11$이 34자리 자연수가 되도록 하는 모든 자연수 x의 합을 구하시오.

그림과 같은 전개도를 이용하여 정육면체를 만들었을 때, 마주 보는 두 면에 있는 두 식의 곱이 모두 같다고 한다. 이때 A, B에 들어갈 식을 각각 구하시오.

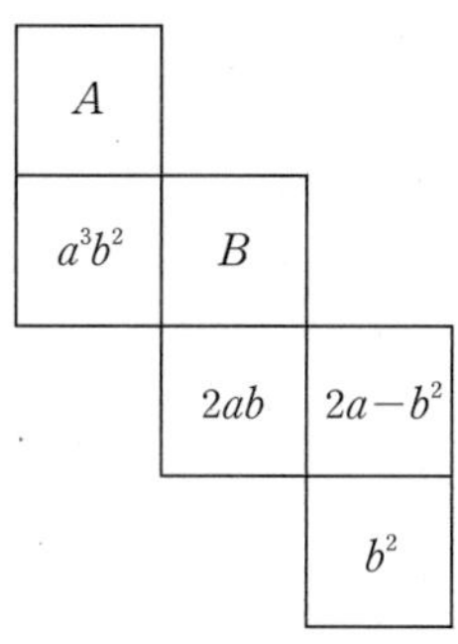

그림과 같은 전개도를 이용하여 직육면체를 만들었을 때, 마주 보는 두 면에 있는 다항식의 합이 모두 같다고 한다. 이때 A, B에 들어갈 식을 각각 구하시오.

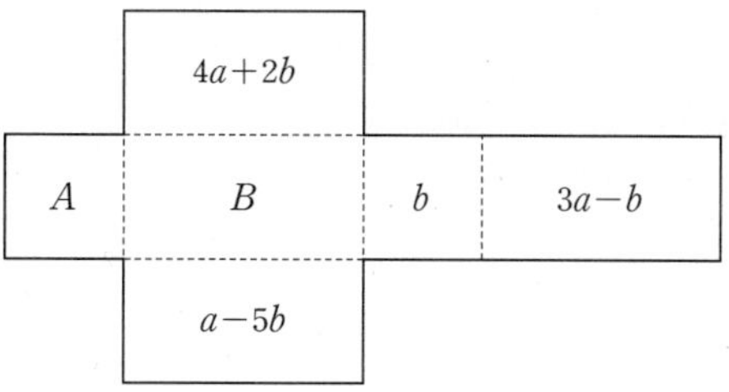

그림과 같이 빗변의 길이가 $4a^3b$이고, 밑변의 길이가 ab^3인 직각삼각형을 직선 l을 축으로 하여 1회전시킬 때 생기는 입체도형의 옆넓이를 구하시오.

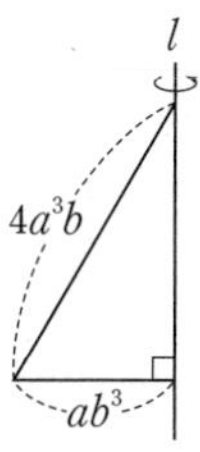

그림과 같이 삼각형 AOB에서 $\overline{\mathrm{OA}}=3a$, $\overline{\mathrm{OB}}=4a$이다. $\overline{\mathrm{OA}}$를 축으로 1회전시켜서 생긴 회전체의 부피를 V_1, $\overline{\mathrm{OB}}$를 축으로 1회전시켜서 생긴 회전체의 부피를 V_2라고 할 때, $V_1 \div V_2$의 값을 구하시오.

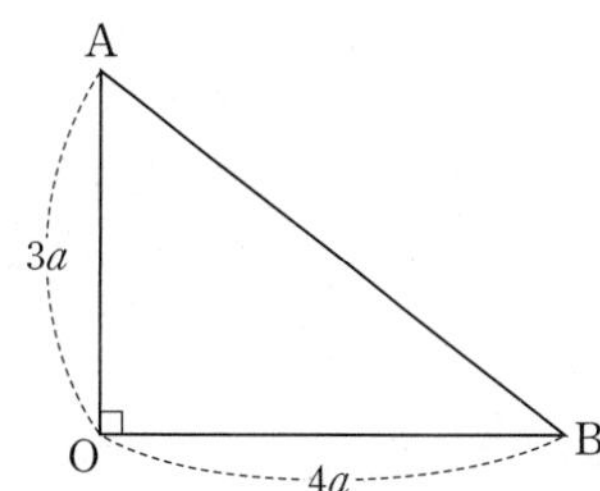

서술형 집중 연습

예제 1

자연수 x, y에 대하여 $x+y=4$이고, $a=2^x$, $b=2^y$일 때, ab의 값을 구하시오.

풀이 과정

$ab=2^x\times2^y=2^{\square}$로 나타낼 수 있다.

$x+y=4$이므로 위 식에 대입하면

$2^{\square}$, 즉 $\square$이다.

유제 1

둘레의 길이가 10인 직사각형의 가로의 길이가 $2x$, 세로의 길이가 y일 때, $4^x\times2^y$의 값을 구하시오.

(단, x, y는 자연수)

예제 2

어떤 식에 $-x+3$을 더해야 할 것을 잘못해서 뺐더니 $2x^2-4x+1$이 되었다. 바르게 계산한 결과를 구하시오.

풀이 과정

어떤 식을 A라고 하자.

$A-(-x+3)=2x^2-4x+1$이므로

$A=\square$이다.

바르게 계산하면

$\square+(-x+3)=\square$이다.

유제 2

어떤 식에서 x^2+2x-1을 빼야 할 것을 잘못하여 더했더니 $4x^2-3x+2$가 되었다. 바르게 계산한 결과를 구하시오.

예제 3

$(-2x^{a})^{b}=16x^{8}$을 만족시키는 자연수 a, b에 대하여 $(4a^{3}b^{2})^{2}\div 2a^{2}b^{3}\div(-2a)^{3}$의 값을 구하시오.

풀이 과정

$(-2x^{a})^{b}=(-2)^{b}x^{\square}=16x^{8}$이므로

$a=\square$, $b=\square$이다.

주어진 식 $(4a^{3}b^{2})^{2}\div 2a^{2}b^{3}\div(-2a)^{3}$을 간단히 하면

$16a^{6}b^{4}\times\square\times\square=\square$

a, b의 값을 이 식에 대입하면 $\square$이다.

유제 3

$(-3x^{a})^{b}=-27x^{15}$을 만족시키는 자연수 a, b에 대하여 $\left(-\frac{1}{3}a^{4}b^{3}\right)^{2}\div\left(\frac{1}{2}ab^{2}\right)^{2}\div a^{5}b$의 값을 구하시오.

예제 4

직사각형 ABCD에서 색칠한 부분의 넓이를 a, b에 대한 식으로 나타내시오. (단, 점 F는 $\overline{BC}$의 중점)

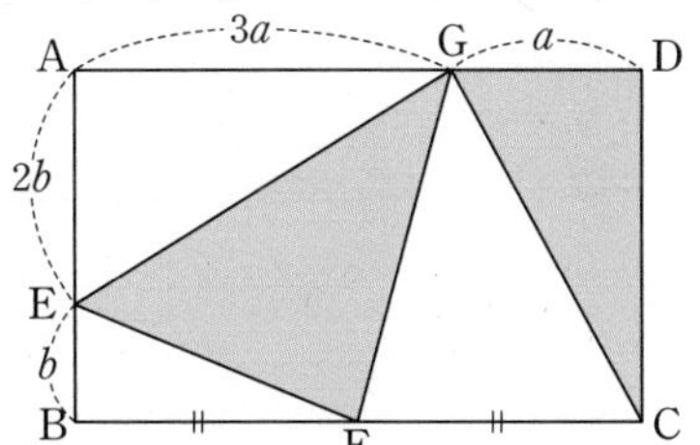

풀이 과정

색칠한 부분의 넓이는 전체 직사각형에서 세 삼각형을 뺀 부분의 넓이를 구하면 된다.

$\square\text{ABCD}=4a\times 3b=12ab$

$\triangle\text{AEG}=\square$

$\triangle\text{BFE}=\square$

$\triangle\text{FCG}=\square$

따라서 색칠한 부분의 넓이는

$\square\text{ABCD}-(\triangle\text{AEG}+\triangle\text{BFE}+\triangle\text{FCG})$

$=12ab-(\square+\square+\square)$

$=12ab-\square$

$=\square$

유제 4

직사각형 ABCD에서 색칠한 부분의 넓이를 a, b에 대한 식으로 나타내시오. (단, 점 E는 $\overline{AB}$의 중점)

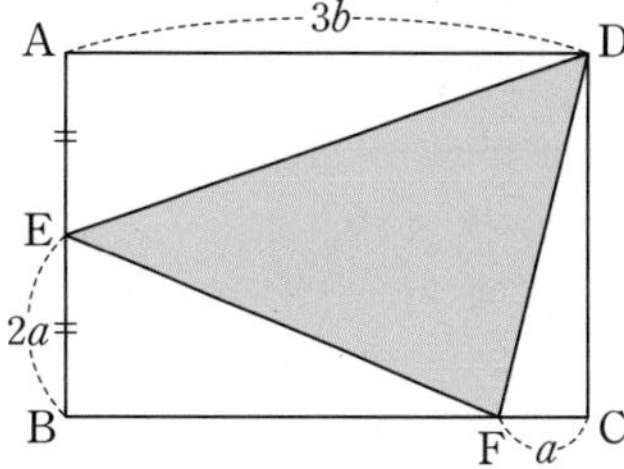

01 $2^3\times8^2\div16=2^x$일 때, x의 값은?

① 3 ② 4 ③ 5
④ 6 ⑤ 7

02 자연수 x, y에 대하여 $5^x\div5^y=\frac{1}{125}$일 때, $y-x$의 값은?

① -3 ② -1 ③ 1
④ 2 ⑤ 3

03 다음 중 옳지 않은 것은?

① $x^2\times x^3=x^5$
② $a^3\times a^2\div a^5=0$
③ $2^2\times32\times16=2^{11}$
④ $x^4\times y^3\times x^3=x^7y^3$
⑤ $5^2+5^2+5^2+5^2+5^2=5^3$

04 한 변의 길이가 $\frac{3b}{a}$인 정사각형을 밑면으로 하고 높이가 $\frac{a^2}{b}$인 사각기둥의 부피는?

① a^2 ② $3ab$ ③ $\frac{5a}{b}$
④ $9b$ ⑤ $10ab^2$

05 $(-x^2y^3)^3\div4x^5y^7\times8xy^2=ax^by^c$에서 $a+b+c$의 값은? (단, a, b, c는 상수)

① -2 ② -1 ③ 2
④ 3 ⑤ 4

06 $4x-[x+2y-\{y-(5x-4y)\}]=ax+by$일 때, 상수 a, b에 대하여 $a+b$의 값은?

① -4 ② -2 ③ 0
④ 1 ⑤ 3

07 밑면의 반지름의 길이가 $2a$이고 높이가 $a+b$인 원기둥의 겉넓이는?

① $12\pi a^2+4\pi ab$　② $12\pi a^2+8\pi ab$
③ $16\pi a^2+4\pi ab$　④ $16\pi a^2+8\pi ab$
⑤ $18\pi a^2+8\pi ab$

08 그림의 원뿔의 부피는 원기둥의 부피의 몇 배인가?

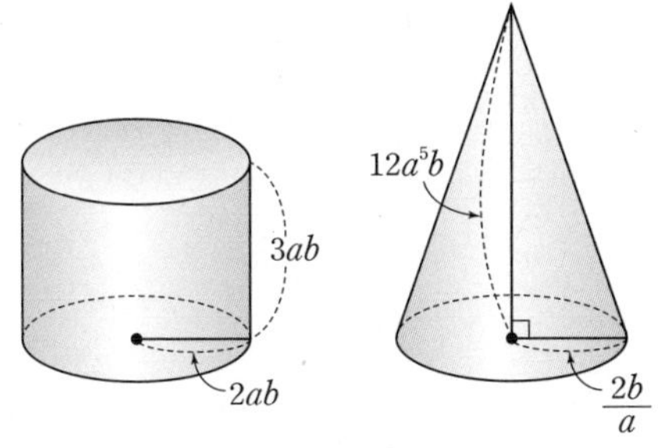

① $\frac{5}{4}$배　② $\frac{4}{3}$배　③ $\frac{3}{2}$배
④ 2배　⑤ $\frac{5}{2}$배

09 아래 그림과 같은 전개도를 이용하여 밑면이 정사각형인 직육면체 모양이고 뚜껑이 없는 상자를 만들었다. 색칠한 면의 넓이가 $2a^3b^2$일 때, 이 상자의 부피는?

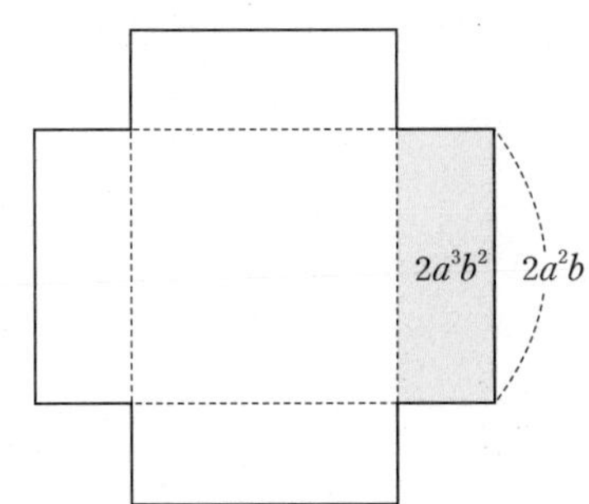

① $2a^4b^4$　② $2a^5b^3$　③ $3a^4b^5$
④ $4a^5b^3$　⑤ $4a^6b^2$

10 $\frac{2x^2+3x-1}{3}-\frac{3x^2+x-4}{5}=ax^2+bx+c$일 때, 상수 a, b, c에 대하여 $15(a+b-c)$의 값은?

① 0　② 3　③ 6
④ 10　⑤ 13

고난도

11 자연수 n에 대하여 $2^n=a$, $3^n=b$라고 하자. $12^{n+1}(2\times 9^n-9^{n+2})=Pa^Qb^R$일 때, $P+Q+R$의 값은? (단, P, Q, R는 상수)

① -943　② -479　③ -257
④ 1　⑤ 1865

고난도

12 2^{10}을 1000으로 계산할 때, 0.8^{20}의 값은?

① $\frac{1}{1000}$　② $\frac{1}{100}$　③ $\frac{1}{50}$
④ $\frac{1}{25}$　⑤ $\frac{1}{8}$

서술형

고난도

13 $2^{11}\times3^2\times5^{15}\times12^2$이 n자리 자연수일 때, n의 값을 구하시오.

14 $a=2^2$일 때, $\left(\frac{1}{64}\right)^4$을 a를 사용하여 나타내시오.

15 $A=3x-2y$, $B=-x+3y$일 때,

$$2A-\{4A-2B-3(A-B)\}=px+qy$$

가 성립한다. 이때 $p+q$의 값을 구하시오.

(단, p, q는 상수)

고난도

16 다음 표는 작년 여름 성수기에 김포에서 출발하여 제주도로 가는 A항공 여객기의 1인당 요금과 탑승객 수이다.

구분	성인	소아	유아
요금(원)	a	$\frac{3}{4}a$	$\frac{1}{10}a$
탑승객(명)	$4n$	$2n$	n

이때 작년 여름 성수기에 A항공사를 이용한 승객 1인당 평균 요금을 구하시오.

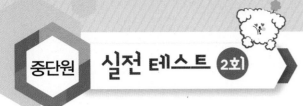

중단원 실전 테스트 2회

01 $\left(\frac{1}{4}\right)^a \times 8^{a+1}=2^6$을 만족시키는 자연수 a의 값은?

① 1　② 2　③ 3
④ 4　⑤ 5

02 $2^2=A$라고 할 때, $32^2=A^x$이다. 이때 자연수 x의 값은?

① 4　② 5　③ 6
④ 7　⑤ 8

03 $\left(-\frac{2x^a}{5y}\right)^3=-\frac{8x^{12}}{125y^b}$일 때, 두 자연수 a, b에 대하여 $a+b$의 값은?

① 3　② 4　③ 5
④ 6　⑤ 7

04 다음 식을 간단히 한 결과가 $\frac{1}{a^2}$인 것은?

① $\frac{1}{a^3}\times a^2$　② $\frac{1}{a}\div\frac{1}{a}$
③ $(-2a)^2\div a^4$　④ $3a^3\div(-a^2)^2$
⑤ $(-a)^3\div(-a^2)^3\times a$

05 $(2x^3y)^3\div\square=2x^5y^2$일 때, $\square$에 알맞은 식은?

① $4x^4y$　② $4x^4y^3$　③ $6x^3y^4$
④ $6x^5y^3$　⑤ $8x^3y^5$

06 $xy=-1$일 때, $x^2\times(-3xy^2)\times 4y$의 값은?

① 8　② 9　③ 10
④ 12　⑤ 15

07 어떤 다항식에 $-\frac{3}{2}xy$를 곱해야 할 것을 $\frac{3}{2}xy$로 나누었더니 $\frac{12x^3}{y}$이 되었다. 이때 바르게 계산한 식은?

① $-27x^5y$ ② $-18x^4y^2$ ③ $3x^5y^2$
④ $9x^4y$ ⑤ $18x^5y^3$

08 $4x-[5y+2x-\{2y-(3x+y)\}]=ax+by$일 때, 상수 a, b에 대하여 $a+b$의 값은?

① -5 ② -2 ③ 0
④ 2 ⑤ 3

09 다음 중 옳지 않은 것은?

① $3x(x-y)=3x^2-3xy$
② $-2a(a-b+5)=-2a^2+2ab-10a$
③ $(6x^2y^4-3xy)\div 3xy=2xy^3-1$
④ $(12x^3y^4-8y^5)\div(-4y^2)=-3x^3y+2y^2$
⑤ $(4a^2b^6-2a^5b^7)\div\left(-\frac{1}{2}ab\right)=-8ab^5+4a^4b^6$

10 $(-2ab+b^2)\div\left(-\frac{1}{3}b\right)+(6ab^2-4a^2b)\div 2ab$를 간단히 나타낸 것은?

① $2b$ ② $4a$ ③ $6a+2b$
④ $8a-5b$ ⑤ $10a+b$

고난도

11 $4^5\times5^{11}\times7^a$이 12자리 자연수일 때, 자연수 a의 값은?

① 1 ② 2 ③ 3
④ 4 ⑤ 5

고난도

12 지희는 학교 축제에서 수학 퀴즈 정답을 맞추는 학생에게 음료수 한 잔씩을 주는 역할을 맡았다. 마트에서 음료수가 가득 담긴 그림과 같은 원기둥 모양의 음료수 다섯 통과 원뿔 모양의 컵을 구입하였다. 정답을 맞춘 학생에게 원뿔 모양의 컵에 음료수를 가득 담아주려고 할 때 지희가 음료수를 나누어 줄 수 있는 최대 학생 수는? (단, 통에 든 음료수를 컵으로 옮길 때 흘리는 음료수는 없다.)

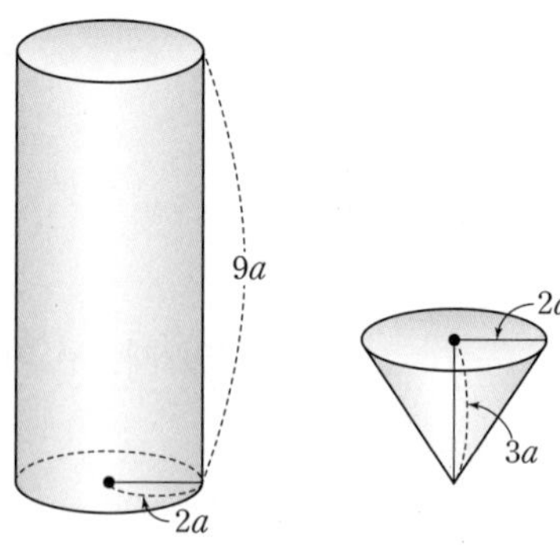

① 30명 ② 35명 ③ 42명
④ 45명 ⑤ 50명

고난도

13 어느 시에서는 '칭찬의 달'을 맞이해 다음 규칙에 따라 「칭찬릴레이 이벤트」를 운영하였다.

- 첫날 시장이 2명의 시민을 칭찬하는 글을 시청 SNS에 작성한다.
- 칭찬을 받은 시민은 다음날 2명의 시민을 칭찬하는 글을 시청 SNS에 작성한다.

이때 이벤트 운영 21일째 되는 날 칭찬을 받은 시민 수는 15일째 되는 날 칭찬을 받은 시민 수의 몇 배인지 구하시오. (단, 이미 칭찬을 받은 시민은 중복하여 칭찬 받을 수 없다.)

14 그림과 같이 밑면의 가로의 길이가 $2ab$, 세로의 길이가 b인 직육면체의 부피가 $3ab^3$일 때, 이 직육면체의 겉넓이를 구하시오.

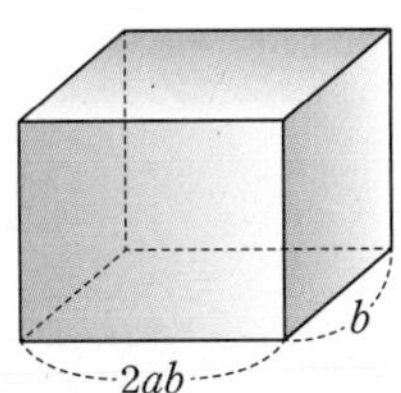

15 $\frac{1}{2}(x^2+4x+2)-\frac{2}{3}\left(-x^2+\frac{1}{2}x-1\right)$을 간단히 하시오.

고난도

16 $\frac{9^{11}+9^{11}+9^{11}+9^{11}}{5^6+5^6+5^6}\times\frac{5^9+5^9+5^9+5^9}{3^{18}+3^{18}+3^{18}}$의 값을 구하시오.

Ⅱ. 부등식과 연립방정식

1

일차부등식

대표 유형

1 부등식으로 나타내기

2 부등식의 해

3 부등식의 성질

4 식의 값의 범위

5 일차부등식의 풀이

6 해가 서로 같은 일차부등식

7 해의 조건이 주어진 경우

8 일차부등식의 활용

9 유리한 방법을 선택하는 문제

10 거리, 농도에 대한 문제

핵심 개념 1 일차부등식

1 부등식과 그 해

(1) **부등식**: 수 또는 식의 대소 관계를 부등호 $>$, $<$, $\geq$, $\leq$를 사용하여 나타낸 식

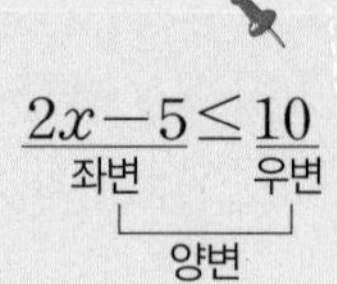

예 'x에서 4를 뺀 후 2배 하면 8보다 크다.'를 부등호를 사용하여 나타내면 $2(x-4)>8$이다.

(2) **부등식의 해**

① **부등식의 해**: 부등식을 참이 되게 하는 미지수의 값

② **부등식을 푼다**: 해를 모두 구하는 것

예 x가 2 이하의 자연수일 때, 부등식 $3x+1\leq4$의 해를 구하기 위해 x에 1, 2를 차례대로 대입하면

$x=1$일 때, $3\times1+1=4$ ➡ $3x+1\leq4$는 참

$x=2$일 때, $3\times2+1=7$ ➡ $3x+1\leq4$는 거짓

따라서 구하는 부등식의 해는 1이다.

2 부등식의 성질

(1) **부등식의 성질**

① 부등식의 양변에 같은 수를 더하거나 빼도 부등호의 방향은 바뀌지 않는다. ➡ $a<b$이면 $a+c<b+c$, $a-c<b-c$

② 부등식의 양변에 같은 양수를 곱하거나 나누어도 부등호의 방향은 바뀌지 않는다. ➡ $a<b$, $c>0$이면 $ac<bc$, $\frac{a}{c}<\frac{b}{c}$

③ 부등식의 양변에 같은 음수를 곱하거나 나누면 부등호의 방향이 바뀐다. ➡ $a<b$, $c<0$이면 $ac>bc$, $\frac{a}{c}>\frac{b}{c}$

예 $a<b$일 때, $3a-2$ □ $3b-2$에 알맞은 부등호를 구하면

$a<b$ ➡ $3a<3b$ ➡ $3a-2<3b-2$

3 일차부등식

(1) **이항**: 등식과 마찬가지로 부등식에서 어느 한 쪽 변에 있는 항의 그 부호를 바꾸어 다른 변으로 옮기는 것

$5x>3$
이항
$5x-3>0$

(2) **일차부등식**: 우변에 있는 모든 항을 좌변으로 이항하여 정리한 식이 (일차식)>0, (일차식)<0, (일차식)≥0, (일차식)≤0 중 어느 하나의 꼴인 부등식

예 부등식 $2x+1<-x$에서 우변의 $-x$를 좌변으로 이항하여 정리하면 $3x+1<0$이므로 이 부등식은 일차부등식이다.

개념 체크

01 어떤 자연수의 3배에서 1을 뺀 것은 어떤 자연수의 2배에 2를 더한 것보다 작다고 한다. 다음 물음에 답하시오.

(1) 어떤 자연수를 x라고 할 때, 부등식을 세우시오.

(2) 가장 큰 자연수 x의 값을 구하시오.

02 $a>b$일 때, □ 안에 알맞은 부등호를 써넣으시오.

(1) $-\frac{a}{3}$ □ $-\frac{b}{3}$

(2) $a-5$ □ $b-5$

03 $-1<x\leq2$일 때, $2x-1$의 값의 범위를 구하시오.

04 다음 부등식이 일차부등식인지 아닌지를 구하시오.

(1) $4x+1>1$

(2) $3x-1\leq3x+3$

4 일차부등식의 풀이

(1) 부등식의 풀이

① x의 항은 좌변으로, 상수항은 우변으로 이항한다.

② 양변을 간단히 하여 다음과 같은 꼴로 만든다.

$ax>b$, $ax<b$, $ax\geq b$, $ax\leq b$ $(a\neq 0)$

③ x의 계수로 양변을 나누어

$x>$(수), $x<$(수), $x\geq$(수), $x\leq$(수)의 하나의 꼴로 나타낸다.

이때 x의 계수가 음수이면 부등호의 방향이 바뀐다.

예 일차부등식 $-2x-4\geq -2$에서

-4를 우변으로 이항하면

➡ $-2x\geq -2+4$

우변을 정리하면

➡ $-2x\geq 2$

양변을 음수 -2로 나누면

➡ $x\leq -1$

따라서 부등식의 해는 $x\leq -1$이다.

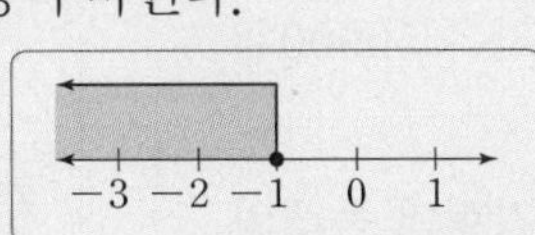

수직선에서 '○'에 대응하는 수는 부등식의 해에 포함되지 않고, '●'에 대응하는 수는 부등식의 해에 포함된다.

(2) 복잡한 일차부등식의 풀이

① 괄호가 있으면 분배법칙을 이용하여 괄호를 풀어 정리하고 푼다.

예 $2(x+1)>3x-5$에서 괄호를 풀면 ➡ $2x+2>3x-5$

② 계수가 분수이면 양변에 분모의 최소공배수를 곱하여 계수와 상수항을 정수로 고쳐서 푼다.

예 $\frac{1}{6}x-\frac{2}{3}\leq -\frac{1}{2}x$에서 양변에 분모의 최소공배수인 6을 곱하면

➡ $x-4\leq -3x$

③ 계수가 소수일 때 양변에 10, 100, 1000, …의 알맞은 수를 곱하여 계수를 정수로 고쳐서 푼다.

예 $0.3x-2\geq 0.1x+0.5$에서 양변에 10을 곱하면

➡ $3x-20\geq x+5$

5 일차부등식의 활용

(1) 일차부등식의 활용 문제 풀이

① 문제의 뜻을 이해하고, 구하는 것을 미지수 x로 놓는다.

② 문제의 뜻에 따라 부등식을 세운다.

③ 이 부등식을 푼다.

④ 구한 해가 문제의 뜻에 맞는지 확인한다.

(2) 활용에 사용되는 공식

① (거리)=(속력)×(시간), (시간)=$\frac{(\text{거리})}{(\text{속력})}$, (속력)=$\frac{(\text{거리})}{(\text{시간})}$

② (소금물의 농도)=$\frac{(\text{소금의 양})}{(\text{소금물의 양})}\times 100$

(소금의 양)=$\frac{(\text{소금물의 농도})}{100}\times$(소금물의 양)

개념 체크

05 다음 일차부등식의 해를 구하시오.

(1) $x-2>1$

(2) $-\frac{x}{2}>-1$

(3) $3x>-x+8$

06 일차부등식 $x-2>-3x+2$의 해를 수직선 위에 나타내시오.

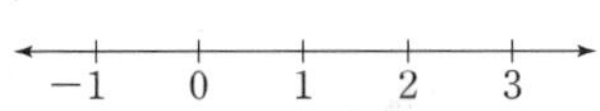

07 다음 부등식의 해를 구하시오.

(1) $\frac{3}{2}-\frac{1}{4}x\geq\frac{3}{4}$

(2) $1-0.3x<0.1x+0.2$

08 한 개에 200원인 봉투 3개에 한 개에 1000원인 빵을 똑같이 나누어 담아서 전체 가격이 20000원 이하가 되게 하려고 한다. 한 개의 봉투에 빵을 최대 몇 개까지 담을 수 있는지 구하시오.

대표 유형

유형 1 부등식으로 나타내기

01 다음 중 문장을 부등식으로 나타낸 것으로 옳지 않은 것은?

① 어떤 수 x의 3배에 2를 더하면 10보다 작지 않다. ➡ $3x+2>10$

② 한 권에 x원인 책 5권의 가격은 50000원 이하이다. ➡ $5x\le 50000$

③ 한 변의 길이가 x cm인 정사각형의 둘레의 길이는 40 cm 이상이다. ➡ $4x\ge 40$

④ 3 kg인 상자에 5 kg짜리 물건 x개를 넣은 무게는 70 kg을 초과한다. ➡ $3+5x>70$

⑤ 2500원인 사과 한 개와 한 개에 3000원인 배 x개의 총 가격은 15000원을 넘지 않는다. ➡ $2500+3000x\le 15000$

풀이 전략 주어진 식을 x에 대한 다항식으로 나타낸 후 부등식으로 나타낸다.

02 다음 중 문장을 부등식으로 나타낸 것으로 옳지 않은 것은?

① a의 $\frac{1}{3}$배에 2를 더한 수는 a보다 크지 않다. ➡ $\frac{1}{3}a+2\le a$

② 기내에 반입할 수 있는 물건의 무게 x kg은 20 kg 이하이다. ➡ $x\le 20$

③ 시속 5 km의 속력으로 x시간 동안 간 거리는 50 km 미만이다. ➡ $5x>50$

④ 길이가 x m인 끈에서 4 m를 잘라 내면 나머지 끈의 길이는 3 m보다 짧다. ➡ $x-4<3$

⑤ 10명이 1인당 x원씩 내면 총 금액이 50000원 이상이다. ➡ $10x\ge 50000$

03 다음을 부등호를 사용하여 나타내시오.

연속한 세 짝수 x, $x+2$, $x+4$의 합이 40보다 작지 않고 50보다 작다.

유형 2 부등식의 해

04 다음 중 $2x-1=7$을 만족시키는 x의 값을 해로 갖지 않는 부등식은?

① $x+2>5$　② $x>-2x+5$
③ $4-3x<1$　④ $-2x+4\ge 3$
⑤ $2x-4\le x$

풀이 전략 $x=a$를 부등식에 대입했을 때 참이면 $x=a$는 부등식의 해이다.

05 다음 부등식 중 [ ] 안의 수가 해가 되는 것은? (정답 2개)

① $x+5<3$ [-2]　② $2x+2\ge 6$ [2]
③ $5-x\le 3x$ [2]　④ $x-5\ge 3x+2$ [-2]
⑤ $x-1>2-2x$ [0]

06 x가 10 이하의 소수일 때, 부등식 $5x-1\le 14$의 해를 구하시오.

유형 3 부등식의 성질

07 $a<b<0$일 때, 다음 중 옳은 것은?

① $a-2>b-2$　② $4a>4b$
③ $3-a>3-b$　④ $\frac{a}{3}-1>\frac{b}{3}-1$
⑤ $ab<b^2$

풀이 전략 부등식의 성질을 이용하여 주어진 식의 형태를 만들어 낸다.

08 $x>y$일 때, 다음 중 항상 성립하는 것은?

① $3-x>3-y$　② $x+2<y+2$
③ $\frac{x}{4}<\frac{y}{4}$　④ $1-\frac{x}{3}<1-\frac{y}{3}$
⑤ $2x<2y$

09 $a-3<-b+1$일 때, 다음 □에 알맞은 부등호를 넣으시오.

$-2a+5$ □ $2b-3$

유형 4 식의 값의 범위

10 $-1<x\le3$일 때, $-2x+3$의 값의 범위를 구하시오.

풀이 전략 $a<x\le b$일 때
(1) $a+c<x+c\le b+c$
(2) $c>0$일 때 $a\times c<x\times c\le b\times c$
$c<0$일 때 $a\times c>x\times c\ge b\times c$

11 $-3\le x<6$이고 $A=\frac{x+6}{3}$일 때, A의 값의 범위는?

① $-1\le A<2$　② $-1<A\le2$
③ $1\le A<4$　④ $1<A\le4$
⑤ $2\le A\le4$

12 $A=2x+1$, $B=5-3x$에 대하여 $-3\le A<5$일 때, B의 값의 범위를 구하시오.

유형 5 일차부등식의 풀이

13 다음 일차부등식의 해를 수직선 위에 바르게 나타내시오.

(1) $-2x+8>3x-2$
(2) $3(1-x)\ge15+x$
(3) $\frac{2-x}{3}\le\frac{x}{6}-1$
(4) $0.5x-1\le\frac{1}{5}(x+1)$

풀이 전략 주어진 부등식을
(1) $x>$(수), $x<$(수), $x\ge$(수), $x\le$(수)의 하나의 꼴로 나타낸다.
(2) 수직선에서 '○'에 대응하는 수는 부등식의 해에 포함되지 않는다.

14 다음 그림과 같은 해를 가지는 일차부등식은?

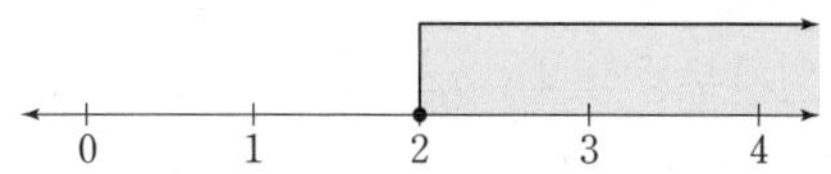

① $-2x+8\le x+11$　② $3x+3\le5x-1$
③ $-x+3\ge x+5$　④ $2x+1\le x+3$
⑤ $6x+1<3x+7$

15 다음 〈보기〉의 일차부등식 ㄱ을 만족시키는 가장 큰 정수를 a, ㄴ을 만족시키는 가장 큰 정수를 b라고 할 때, $a+b$의 값을 구하시오.

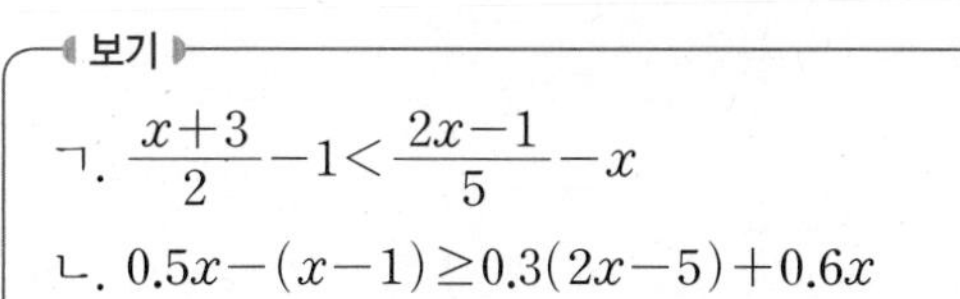

보기
ㄱ. $\frac{x+3}{2}-1<\frac{2x-1}{5}-x$
ㄴ. $0.5x-(x-1)\ge0.3(2x-5)+0.6x$

유형 6 해가 서로 같은 일차부등식

16 일차부등식 $2-3x \le a$의 해를 수직선에 나타내면 다음 그림과 같을 때, 상수 a의 값을 구하시오.

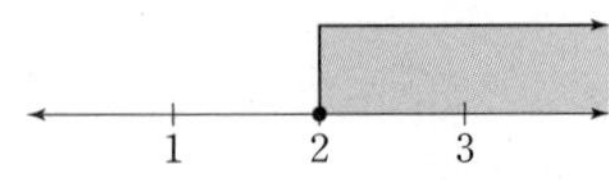

풀이 전략 주어진 부등식의 해를 먼저 구하고, 수직선의 영역을 해로 나타낸다.

17 일차부등식 $1-\frac{x-a}{4} > \frac{a+x}{2}$의 해가 $x<-3$일 때, 상수 a의 값을 구하시오.

18 일차부등식 $4+ax<2(ax+1)$의 해가 $x>1$일 때, 상수 a의 값을 구하시오.

유형 7 해의 조건이 주어진 경우

19 부등식 $-3x+4 \ge 3x+k$를 만족시키는 자연수 x가 존재하지 않을 때, 상수 k의 값의 범위를 구하시오.

풀이 전략 부등식을 만족시키는 자연수 x가 존재하지 않을 때

(1) $x<k$인 경우: ➡ $k \le 1$

(2) $x \le k$인 경우: ➡ $k<1$

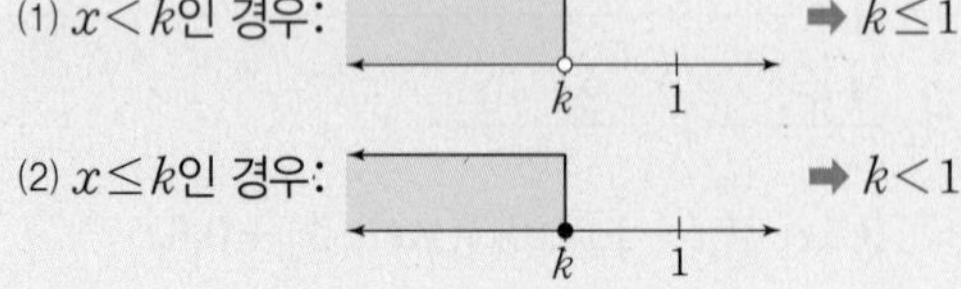

20 일차부등식 $3x-a<2$를 만족시키는 자연수 x가 4개일 때, 상수 a의 값의 범위는?

① $-13 \le a < -10$ ② $-10 < a \le 13$
③ $10 \le a < 13$ ④ $10 < a \le 13$
⑤ $10 \le a \le 13$

21 일차부등식 $-2x-4 \le -3x+a$의 해 중에서 가장 큰 정수가 -1일 때, 상수 a의 값의 범위는?

① $-5 \le a \le -4$ ② $-5 \le a < -4$
③ $-5 < a \le -4$ ④ $4 \le a < 5$
⑤ $4 < a \le 5$

유형 8 일차부등식의 활용

22 연속하는 두 홀수가 있다. 작은 수의 5배에서 9를 뺀 수가 큰 수의 4배 이상이 되는 가장 작은 두 홀수의 합은?

① 24 ② 28 ③ 32
④ 36 ⑤ 40

풀이 전략 구하는 수를 x로 놓고 식을 세운다.

23 800원짜리 사과와 600원짜리 자두를 합하여 15개를 사려고 한다. 금액은 10000원 이하로 하여 가능한 한 800원짜리 사과를 많이 사려고 할 때, 800원짜리 사과는 몇 개까지 살 수 있는지 구하시오.

유형 9 유리한 방법을 선택하는 문제

24 어느 공연의 입장료는 10000원이고, 30명 이상의 단체에 대해서는 입장료의 20 %를 할인해 준다고 한다. 30명 미만의 사람들이 입장하려고 할 때, 몇 명부터 30명 단체권을 사는 것이 유리한지 구하시오.

풀이 전략 (1) a명 이상일 때 단체 입장료를 적용하는 경우
(a명 이상일 때 단체 입장료)<(x명의 개인 입장료)
(단, $x<a$)
(2) 원가가 a원인 상품에 x % 이익을 붙인 경우
➡ $a\left(1+\frac{x}{100}\right)$
원가가 a원인 상품에 x % 할인을 한 경우
➡ $a\left(1-\frac{x}{100}\right)$

25 동네에서 장미꽃을 사면 1송이에 1500원, 꽃시장에 가서 사면 1송이에 1000원이고 왕복 교통비가 3000원 들어간다. 장미꽃을 최소 몇 송이를 사야 꽃시장에서 사는 것이 더 싼지 구하시오.

26 어느 쇼핑몰에서는 원가에 25 %의 이익을 붙여 원피스의 정가를 정하였다. 이 원피스의 정가를 할인하여 판매하려고 할 때, 손해를 보지 않으려면 최대 몇 %까지 할인할 수 있는가?

① 5 % ② 10 % ③ 15 %
④ 20 % ⑤ 25 %

유형 10 거리, 농도에 대한 문제

27 A, B 두 지점을 왕복하는 데 갈 때는 시속 30 km로, 올 때는 시속 50 km의 속력으로 1시간 20분 이내에 왕복하려고 한다. 두 지점 A, B 사이의 거리는 몇 km 이내인지 구하시오.

풀이 전략 (1) (왕복하는 데 걸리는 시간)
=(갈 때 걸리는 시간)+(올 때 걸리는 시간)
(2) x g의 물을 증발시켜 농도가 k % 이상인 경우
[a %, Ag] − [0 %, xg] ≥ [k %, $(A-x)$g]
$\frac{a}{100}\times A\geq\frac{k}{100}(A-x)$
(3) x g의 물을 넣어 농도가 k % 이하인 경우
[a %, Ag] + [0 %, xg] ≤ [k %, $(A+x)$g]
$\frac{a}{100}\times A\leq\frac{k}{100}(A+x)$

28 진호는 10 km 오래 달리기대회에 출전하여 처음에는 시속 8 km로 뛰다가 중간에 10분 휴식한 후 다시 시속 5 km로 걸어서 1시간 35분 이내에 결승선에 도착하였다. 진호가 시속 5 km로 걸은 거리는 몇 km 이하인지 구하시오.

29 10 %의 소금물 200 g이 있다. 여기에서 물을 증발시켜 14 % 이상의 소금물을 만들려면 최소 얼마의 물을 증발시켜야 되는지 구하시오.

❶ 부등식으로 나타내기

01 다음 수량 사이의 관계를 부등식으로 나타낼 때 일차부등식이 아닌 것은?

① 명희의 4년 후의 나이는 현재 나이 x살의 2배보다 크지 않다.
② 전체 학생이 500명이고 남학생이 x명일 때, 여학생은 100명보다 많다.
③ 중간고사 점수는 x점이고, 기말고사에서는 15점이 올라서 합이 180점 이상이다.
④ 한 변의 길이가 x cm인 정사각형의 넓이는 80 cm^2 이하이다.
⑤ x의 4배에서 5를 뺀 값은 8보다 작지 않다.

❶ 부등식으로 나타내기

02 다음 중 일차부등식인 것을 모두 고르면? (정답 2개)

① $x^2 \geq x(x-2)$
② $4x-1 \leq 2+4x$
③ $2x+5=x-1$
④ $-(x-1) \leq -x+13$
⑤ $3x < -x+2$

❶ 부등식으로 나타내기

03 부등식 $ax^2+2x+3 > x^2+bx+8$이 일차부등식이 되도록 하는 상수 a, b의 조건은?

① $a=1$, $b \neq 0$ ② $a=1$, $b \neq 2$
③ $a=1$, $b=2$ ④ $a \neq 1$, $b \neq 2$
⑤ $a \neq 1$, $b=2$

❷ 부등식의 해

04 $x=1$일 때 성립하는 부등식을 〈보기〉에서 모두 고른 것은?

보기
ㄱ. $x+1 > -2$ ㄴ. $\frac{x-1}{3} \leq -2$
ㄷ. $4-x < x+2$ ㄹ. $2(3-x) \geq 1$

① ㄱ, ㄴ ② ㄱ, ㄹ ③ ㄴ, ㄷ
④ ㄴ, ㄹ ⑤ ㄷ, ㄹ

❸ 부등식의 성질

05 다음 중 □ 안에 들어갈 부등호의 방향이 나머지 넷과 다른 것은?

① $a+2 \leq b+2$이면 $a \square b$
② $-1+a \geq -1+b$이면 $a \square b$
③ $\frac{a}{2} \leq \frac{b}{2}$이면 $a \square b$
④ $-\frac{a}{3}+1 \geq -\frac{b}{3}+1$이면 $a \square b$
⑤ $6-4a \geq 6-4b$이면 $a \square b$

❹ 식의 값의 범위

06 $-1 \leq 4x-5 < 7$일 때, x의 값의 범위는?

① $-3 \leq x < -2$ ② $-1 \leq x < 3$
③ $-2 < x \leq 3$ ④ $1 \leq x < 3$
⑤ $2 < x \leq 3$

5 일차부등식의 풀이

07 다음 일차부등식을 푸시오.

(1) $4x-30<x+3$

(2) $\frac{5}{2}-\frac{1}{4}x\geq\frac{3}{4}$

(3) $1-0.3x<0.2x+0.5$

(4) $-(2-x)\geq3-x$

(5) $3(x-4)>x$

5 일차부등식의 풀이

08 부등식 $0.\dot{5}(x-1)\leq0.\dot{3}x+5$의 해 중에서 가장 큰 자연수는?

① 20 ② 21 ③ 22
④ 24 ⑤ 25

5 일차부등식의 풀이

09 일차부등식 $1-\frac{x+1}{3}>\frac{1}{4}(2x-5)$를 만족시키는 자연수 x의 개수를 구하시오.

5 일차부등식의 풀이

10 부등식 $0.3(2x-1)\leq0.7x-2(0.4x-1)$의 해를 수직선 위에 바르게 나타낸 것은?

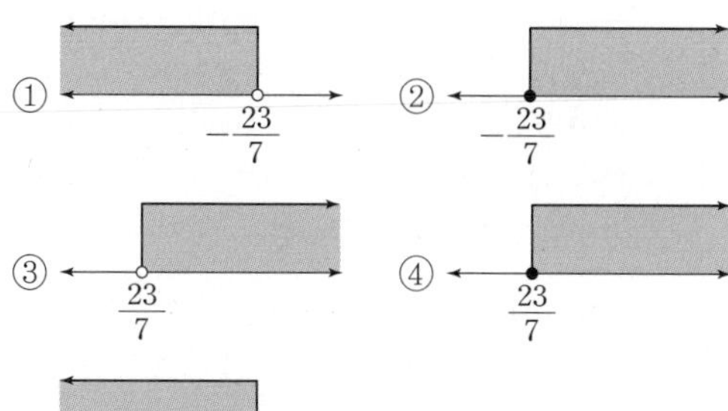

⑤ $\frac{23}{7}$

5 일차부등식의 풀이

11 $a<0$일 때, x에 대한 일차부등식 $2ax>-2$의 해는?

① $x>\frac{1}{a}$ ② $x>-\frac{1}{a}$
③ $x<\frac{1}{a}$ ④ $x<-\frac{1}{a}$
⑤ $x<a$

6 해가 서로 같은 일차부등식

12 다음 두 부등식의 해가 같을 때, 상수 a의 값은?

• $-\frac{x-2}{2}>a+2$
• $0.1(x-2)>0.2(x-1)-0.7$

① $-\frac{9}{2}$ ② -1 ③ 1
④ $\frac{9}{2}$ ⑤ 5

기출 예상 문제

❻ 해가 서로 같은 일차부등식

13 다음 두 일차부등식의 해가 서로 같을 때, 상수 a의 값을 구하시오.

- $-\frac{2}{5}\left(3x-\frac{1}{2}\right)\le 0.2x-\frac{x+1}{2}$
- $4x-a\ge 2(x-1)$

❼ 해의 조건이 주어진 경우

14 부등식 $6-3x\le a+2x$의 해 중 가장 작은 수가 2일 때, 상수 a의 값은?

① -8　② -6　③ -4　④ -2　⑤ 2

❼ 해의 조건이 주어진 경우

15 일차부등식 $\frac{4x+a}{3}>2x$를 만족시키는 자연수 x의 개수가 2일 때, 상수 a의 값의 범위는?

① $-4\le a\le 6$　② $-4<a<6$　③ $4<a\le 6$　④ $4\le a\le 6$　⑤ $4\le a<6$

❼ 해의 조건이 주어진 경우

16 부등식 $\frac{-x+1}{2}+\frac{2x-3}{5}>a$를 만족시키는 자연수 x가 존재하지 않을 때, 상수 a의 값의 범위는?

① $a<-\frac{1}{5}$　② $a>-\frac{1}{5}$　③ $a\ge-\frac{1}{5}$　④ $a<\frac{1}{5}$　⑤ $a>\frac{1}{5}$

❽ 일차부등식의 활용

17 21개의 연속하는 정수의 합이 84보다 크지 않을 때, 이 연속하는 정수 중 가장 작은 정수의 최댓값은?

① -1　② -3　③ -6　④ -9　⑤ -11

❽ 일차부등식의 활용

18 민지는 4회의 수학 시험에서 각각 86점, 89점, 92점, 97점을 받았다. 다음 번 시험에서 몇 점 이상을 받아야 5회에 걸친 평균 성적이 92점 이상이 되는가?

① 76점 이상　② 80점 이상　③ 86점 이상　④ 90점 이상　⑤ 96점 이상

8 일차부등식의 활용

19 3000원짜리 공책과 1500원짜리 볼펜을 합하여 총 15개를 사려고 한다. 전체 금액이 40000원을 넘지 않게 하려면 공책은 최대 몇 권까지 살 수 있는가?

① 7권 ② 8권 ③ 9권
④ 10권 ⑤ 11권

8 일차부등식의 활용

20 현재 통장에 선영이는 30000원, 동생은 50000원이 예금되어 있다. 다음 달부터 매월 선영이는 10000원씩, 동생은 5000원씩 예금을 하려고 한다. 몇 개월이 지나야 동생의 예금액보다 선영이의 예금액이 많아지는가?

① 2개월 후 ② 3개월 후
③ 4개월 후 ④ 5개월 후
⑤ 6개월 후

9 유리한 방법을 선택하는 문제

21 50개가 들어 있는 귤 한 상자의 도매가격은 30000원인데, 이 귤을 10상자 구입하고 운반비로 6000원을 지불하였다. 그런데 한 상자에 5개꼴로 썩은 것이 있어 팔 수 없었다. 귤 구입비와 운반비를 합한 금액의 20 % 이상의 이익을 남기려고 할 때, 귤 한 개의 도매가격에 몇 % 이상의 이익을 붙여서 팔아야 하는가?

① 36 % ② 38 % ③ 40 %
④ 42 % ⑤ 44 %

8 일차부등식의 활용

22 사다리꼴 ABCD에서 점 P가 꼭짓점 B에서 출발하여 꼭짓점 C까지 변 BC를 따라 움직인다. 선분 BP의 길이를 x라고 할 때, 삼각형 APD의 넓이가 사다리꼴 ABCD의 넓이의 $\frac{1}{2}$ 이상이 되도록 하는 x의 값 중 가장 큰 값을 구하시오.

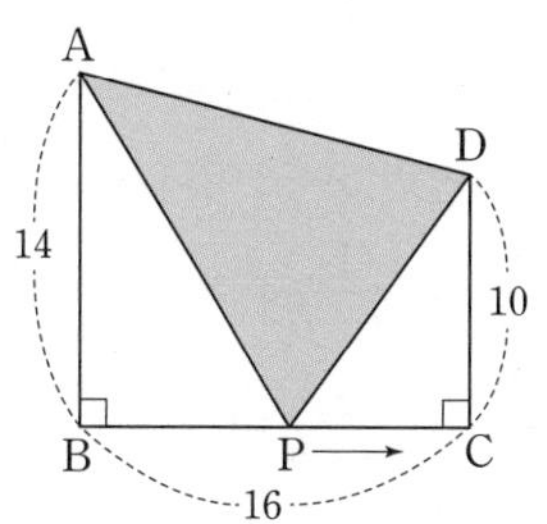

10 거리, 농도에 대한 문제

23 지혜와 호준이가 서로 1 km 떨어진 곳에서 마주 보고 동시에 출발하였다. 지혜는 시속 1.8 km로, 호준이는 시속 2.4 km로 걷는다면 두 사람 사이의 거리가 300 m 이하가 되는 것은 두 사람이 출발한 지 몇 분 후부터인가?

① 6분 후 ② 7분 후 ③ 8분 후
④ 9분 후 ⑤ 10분 후

10 거리, 농도에 대한 문제

24 12 %의 소금물 400 g에 20 %의 소금물을 넣어 농도를 18 % 이상이 되게 하려고 한다. 이때 20 %의 소금물을 몇 g 이상 넣어야 하는가?

① 1200 g ② 1300 g ③ 1400 g
④ 1500 g ⑤ 1600 g

1

부등식 $ax+1>bx+2$의 해에 대한 설명 중 옳지 않은 것은?

① $a=b$이면 해가 없다.

② $a=0$, $b<0$이면 $x>-\frac{1}{b}$이다.

③ $a>0$, $b=0$이면 $x<1$이다.

④ $a<b$이면 $x<\frac{1}{a-b}$이다.

⑤ $a>b$이면 $x>\frac{1}{a-b}$이다.

1-1

$\frac{1}{2}a-\frac{2}{3}>a-\frac{5}{3}$일 때, x에 대한 일차부등식 $ax-3a<2x-6$의 해를 구하시오. (단, a는 상수)

2

네 수 a, b, c, d에 대응하는 점을 수직선 위에 나타내면 다음 그림과 같을 때 부등호의 방향이 나머지 넷과 다른 것은?

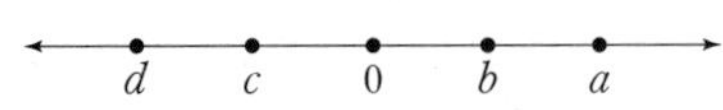

① ac ☐ ab

② $d-a$ ☐ $b-a$

③ $d+a$ ☐ $c+a$

④ $\frac{c}{a}-c$ ☐ $\frac{b}{a}-c$

⑤ $ab-c$ ☐ $cb-c$

2-1

〈보기〉에서 항상 옳은 것은 모두 몇 개인가? (단, $c\neq0$)

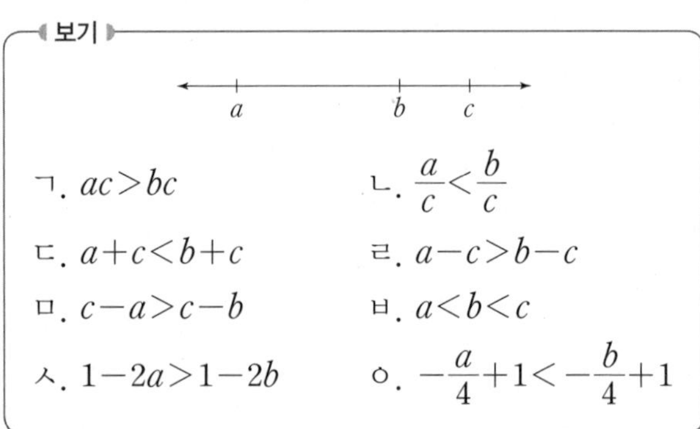

ㄱ. $ac>bc$ ㄴ. $\frac{a}{c}<\frac{b}{c}$

ㄷ. $a+c<b+c$ ㄹ. $a-c>b-c$

ㅁ. $c-a>c-b$ ㅂ. $a<b<c$

ㅅ. $1-2a>1-2b$ ㅇ. $-\frac{a}{4}+1<-\frac{b}{4}+1$

① 없다. ② 2개 ③ 3개 ④ 4개 ⑤ 5개

정답과 풀이 26쪽

일차부등식 $\frac{2x+a}{4} \geq 3x-1$을 만족시키는 자연수 x의 개수가 3개일 때, 상수 a의 값의 범위는?

① $1 < a \leq 18$
② $15 \leq a < 20$
③ $15 < a \leq 20$
④ $26 \leq a < 36$
⑤ $26 < a \leq 36$

3-1

x에 대한 일차부등식 $x > \frac{3a-2}{2}$를 만족시키는 x의 값 중 가장 작은 정수가 2일 때, 상수 a의 값의 범위는?

① $\frac{4}{3} \leq a < 2$
② $\frac{4}{3} < a \leq 2$
③ $\frac{3}{2} \leq a < 3$
④ $\frac{3}{2} < a \leq 3$
⑤ $3 \leq a < 5$

다음은 디지털 사진 출력소 A, B의 사진 출력 요금을 나타낸 표이다. 사진을 몇 장 이상 출력하면 출력소 B를 이용하는 것이 유리한가?

출력소 A		출력소 B	
기본 요금	추가 요금	기본 요금	추가 요금
없음.	한 장당 800원	10000원 (기본 10장 무료 제공)	10장 초과 시 한 장당 300원

① 19장
② 18장
③ 17장
④ 16장
⑤ 15장

한 달 휴대 전화 통화 요금이 다음과 같은 두 요금제가 있다. A요금제를 선택하는 것이 유리하려면 한 달 휴대 전화 통화 시간이 몇 분 미만이어야 하는가?

요금제	기본 요금(원)	10초당 통화 요금(원)
A	18400	30
B	25000	10

① 50분
② 53분
③ 55분
④ 58분
⑤ 60분

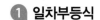

서술형 집중 연습

예제 1

다음 부등식을 만족시키는 해의 범위를 수직선에 나타내고, 가장 작은 정수를 구하시오.

$$-\frac{1}{2}\left(x-\frac{1}{5}\right)\le 0.3x-\frac{x+3}{5}$$

풀이 과정

$-\frac{1}{2}\left(x-\frac{1}{5}\right)\le 0.3x-\frac{x+3}{5}$ 의 괄호를 풀면

$-\frac{1}{2}x+\square<0.3x-\frac{x+3}{5}$

양변에 $\square$을/를 곱하면

$-5x+\square\le 3x-2(x+3)$

$-6x\le\square$

$x\ge\square$

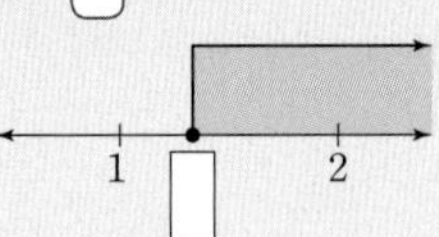

따라서 부등식을 만족시키는 가장 작은 정수는 $\square$이다.

유제 1

일차부등식 $\frac{x+2}{3}+1<x+\frac{1}{4}(x-1)$을 만족시키는 해의 범위를 수직선에 나타내고, 가장 작은 정수를 구하시오.

예제 2

지하철역에서 학교까지 A는 자전거를 타고 분속 200 m로, B는 시속 42 km인 마을버스를 타고 등교한다. 마을버스가 학교에 도착하기까지 정류장마다 멈춰있는 시간의 합이 총 5분일 때, 시간적으로 A가 더 유리하려면 지하철역에서 학교까지는 몇 km 미만이어야 하는지 구하시오.

풀이 과정

A 자전거의 속력은 200 m/분 = 0.2 km/분 = $\square$ km/시

지하철역에서 학교까지의 거리를 x km라고 하면

(시간) = $\frac{(거리)}{(속력)}$이므로 $\frac{x}{\square}<\frac{x}{42}+\square$

$7x<2x+\square$, $x<\frac{\square}{5}$

따라서 지하철역에서 학교까지의 거리는 $\square$ km 미만이어야 한다.

유제 2

오전 9시까지 학교에 가야 하는 민석이가 집에서 오전 8시 40분에 출발하여 분속 40 m로 걷다가 늦을 것 같아서 도중에 분속 240 m로 뛰었더니 늦지 않고 학교에 도착하였다. 집에서 학교까지의 거리가 3 km일 때, 민석이가 걸은 거리는 최대 몇 m인지 구하시오.

예제 3

두 일차부등식 $\frac{2x-4}{5}>x+1$, $x+\frac{1}{2}a<0.7x-1$의 해가 서로 같을 때, 상수 a의 값을 구하시오.

풀이 과정

두 일차부등식의 해를 구하기 위하여

$\frac{2x-4}{5}>x+1$의 양변에 ◯을/를 곱하면

$2x-4>$ ◯ $\times(x+1)$

$-3x>$ ◯

$x<$ ◯ …… ㉠

$x+\frac{1}{2}a<0.7x-1$의 양변에 ◯을/를 곱하면

$10x+5a<7x+$ ◯

$3x<-5a+$ ◯

$x<\frac{-5a+◯}{3}$ …… ㉡

㉠, ㉡이 같으므로

◯ $=\frac{-5a+◯}{3}$

따라서 $a=$ ◯

유제 3

두 일차부등식

$$(a-b)x-2a-b<0,\ \frac{1}{4}(2x-1)<x-\frac{1}{2}$$

의 해가 서로 같을 때, 일차부등식 $(3a-b)x-a+2b>0$의 해를 구하시오.

예제 4

10 %의 소금물 800 g에서 물을 증발시키고 증발시킨 물의 양만큼 소금을 넣어 농도가 20 % 이상이 되게 하려고 한다. 이때 증발시켜야 하는 물은 최소 몇 g인지 구하시오.

풀이 과정

(소금의 양) $=\frac{◯}{100}\times$ (소금물의 양)이므로

증발시켜야 하는 물의 양을 x g이라고 하면 증발할 때 물만 증발하고 소금의 양은 변하지 않으므로

$\frac{◯}{100}\times800+x\geq\frac{◯}{100}\times800$

양변에 100을 곱하면

◯ $\times800+100x\geq$ ◯ $\times800$

$x\geq$ ◯

따라서 최소 ◯ g의 물을 증발시켜야 한다.

유제 4

어느 가게 주인이 달걀 3000개를 구입하여 운반 도중에 200개를 깨뜨렸다. 그 나머지를 팔아서 구입한 가격의 12 % 이상의 이익을 남게 하려면 한 개에 몇 % 이상의 이익을 붙여서 팔아야 되는지 구하시오.

01 〈보기〉에서 일차부등식의 개수는?

보기
ㄱ. $5-3x<4+x^2$　ㄴ. $8\geq 1+6$
ㄷ. $x-3\leq x+1$　ㄹ. $8x+1>5-8x$
ㅁ. $x^2-x>x^2+x+5$

① 1개　② 2개　③ 3개
④ 4개　⑤ 5개

02 $-3a-2>-3b-2$일 때, 다음 중 옳지 않은 것은?

① $a<b$　② $2-a>2-b$
③ $4a-1<4b-1$　④ $\frac{a}{5}<\frac{b}{5}$
⑤ $2-\frac{a}{3}<2-\frac{b}{3}$

03 다음 일차부등식 중 해가 나머지 넷과 다른 것은?

① $4x-1>15$　② $x-4>0$
③ $2x>8$　④ $-\frac{x}{4}>-1$
⑤ $-x<-4$

04 일차부등식 $0.5x-2.6\leq 3\left(0.1x+\frac{1}{5}\right)-0.4$를 만족시키는 가장 큰 정수 x의 값을 구하시오.

고난도

05 $a<4$일 때, x에 대한 일차부등식 $-ax-8>-4x-2a$의 해는?

① $x>-2$　② $x<-2$
③ $x>2$　④ $x<2$
⑤ $x>\frac{1}{2}$

06 일차부등식 $8+ax>5(ax+4)$의 해가 $x<-1$일 때, 상수 a의 값은?

① -3　② -1　③ $\frac{1}{2}$
④ 1　⑤ 3

정답과 풀이 29쪽

07 다음 일차부등식 중 해를 수직선 위에 나타내었을 때, 오른쪽 그림과 같은 것을 모두 고르면? (정답 2개)

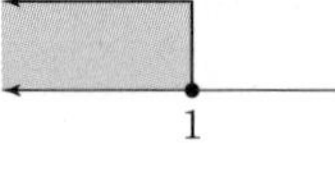

① $-3+4x\le1$
② $5x-9\ge-14$
③ $3x+6\ge2x+7$
④ $5-5x>3x-3$
⑤ $-4x-2\ge x-7$

08 두 일차부등식

$$\frac{x+2}{3}-1>x,\ 0.5+0.3x>\frac{1}{2}x-a$$

의 해가 같을 때, 상수 a의 값을 구하시오.

09 x의 절댓값을 $|x|$로 나타낼 때, $4|x|-5\le3$의 해는?

① $-1\le x\le1$ ② $-1\le x\le2$
③ $-2\le x\le1$ ④ $-2\le x\le2$
⑤ $x\le2$

10 민영이는 갈 때는 분속 50 m, 올 때는 분속 30 m로 걸어서 집에서 편의점에 다녀오려고 한다. 집에서부터 편의점까지의 거리가 아래 그림과 같을 때, 물건을 고르는 데 걸리는 시간 20분을 포함하여 50분 이내에 다녀올 수 있는 편의점 중 가장 먼 곳은?

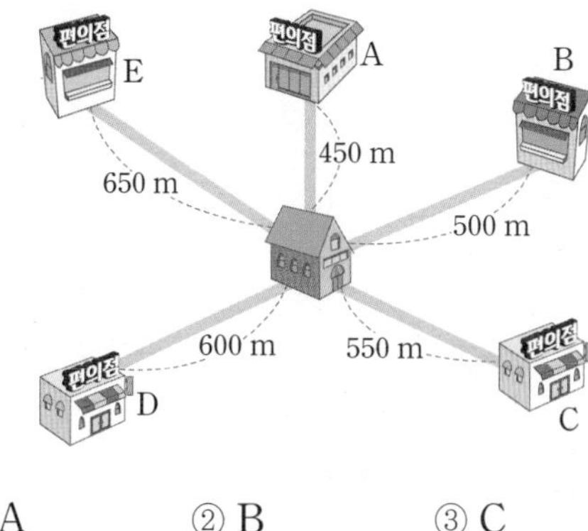

① A ② B ③ C
④ D ⑤ E

11 100원짜리 동전만 200개 들어 있는 저금통 A와 500원짜리 동전만 100개 들어 있는 저금통 B가 있다. 한 번에 저금통 A에서는 동전을 2개씩, 저금통 B에서는 동전을 3개씩 꺼낼 때, 저금통 A에 남아 있는 금액이 저금통 B에 남아 있는 금액보다 많아지는 것은 몇 번 꺼낸 후부터인지 구하시오. (단, 30번까지만 꺼낸다.)

고난도

12 $-6\le x\le8$일 때, $2+ax$의 최댓값은 14, 최솟값은 b이다. $a<0$일 때, 상수 a, b에 대하여 $a+b$의 값은?

① -16 ② -10 ③ 0
④ 10 ⑤ 16

서술형

13 $a<3$일 때, x에 대한 일차부등식 $ax-2a>3(x-2)$를 만족시키는 x의 값 중에서 가장 큰 정수를 구하시오. (단, a는 상수)

14 현재 민재의 통장에는 50000원, 선희의 통장에는 30000원이 있다. 다음 달부터 민재는 매월 4000원씩 선희는 5500원씩 저축한다고 하면 선희의 예금액이 민재의 예금액보다 많아지는 것은 몇 개월 후부터인지 구하시오.

15 형은 냉장고에 있는 이온 음료 전체 양의 $\frac{1}{3}$을 마시고, 동생은 형이 마시고 남아 있는 양의 $\frac{1}{4}$을 마셨다. 동생이 마시고 남아 있는 이온 음료의 $\frac{3}{5}$을 흘리고 남은 양이 300 mL 이상일 때, 처음에 들어 있던 이온 음료의 양은 몇 mL 이상인지 구하시오.

고난도

16 일차부등식 $\frac{x+a}{5} \geq \frac{x}{3}-2$를 만족시키는 자연수 x가 존재하지 않을 때, 상수 a의 값의 범위를 구하시오.

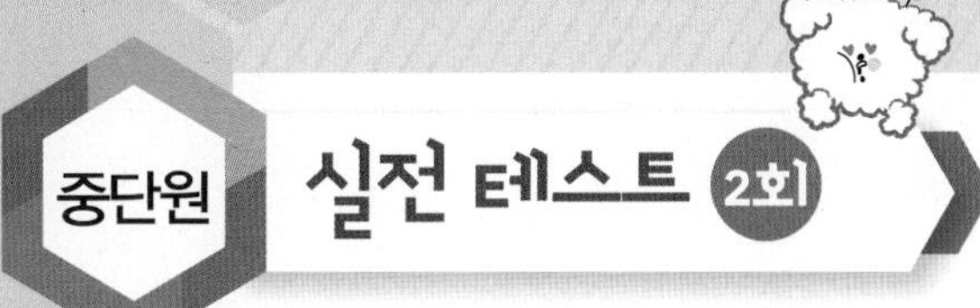

01 〈보기〉의 문장을 부등식으로 나타낸 것 중에서 옳지 않은 것을 모두 고른 것은?

보기

ㄱ. 밑변의 길이가 x cm, 높이가 8 cm인 삼각형의 넓이는 15 cm^2 미만이다.
➡ $4x<15$

ㄴ. 10 %의 소금물 x g에 녹아 있는 소금의 양은 20 g 이하이다. ➡ $\frac{10}{100}x\le 20$

ㄷ. 시속 x km로 5시간 동안 간 거리는 10 km 이상이다. ➡ $\frac{x}{5}\ge 10$

ㄹ. 길이가 x m인 끈을 같은 길이로 3개를 잘라 내면 한 개의 끈의 길이는 3 m보다 짧다. ➡ $\frac{x}{3}<3$

① ㄱ ② ㄴ ③ ㄷ
④ ㄹ ⑤ ㄷ, ㄹ

02 $0<c<d$, $a<b<0$일 때, 다음 중 옳지 않은 것은?

① $a+c<b+c$ ② $a+d>a+c$
③ $b-c>b-d$ ④ $bd>bc$
⑤ $ac<bc$

03 일차부등식 $7-2(x+1)>3(2x-5)$를 만족시키는 자연수 x의 개수를 구하시오.

04 x의 값이 -3, -2, -1, 0, 1, 2, 3일 때, 다음 중 만족시키는 해의 개수가 가장 많은 부등식은?

① $5x-7\ge 3$ ② $8-2x>4$
③ $3x-5<7-3x$ ④ $4x-3\le 3x+2$
⑤ $5-4x\le -7-x$

고난도

05 일차부등식 $(2a-3b)x+a+b<0$의 해가 $x>-\frac{2}{3}$일 때, 부등식 $(a-2b)x+5a-3b<0$의 해를 구하시오. (단, a, b는 상수)

06 부등식 $8-3(x-2)<2x+4$를 만족시키는 x에 대하여 $A=3x-1$일 때, 가장 작은 정수 A의 값을 구하시오.

07 다음 그림은 일차부등식

$$0.4x-1\le 0.6(x+1)+a$$

의 해를 수직선 위에 나타낸 것이다. 상수 a의 값을 구하시오.

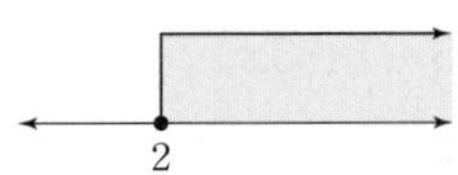

08 부등식 $\frac{x}{2}-1>\frac{6x-1}{5}$을 만족시키는 가장 큰 정수 x의 값은?

① -1　② -2　③ -3　④ -4　⑤ -5

09 일차부등식 $6(x-1)-10\le 2(x+1)+2$를 만족시키는 자연수 x의 값들의 합은?

① 1　② 3　③ 6　④ 10　⑤ 15

10 전자기기 대여점에서 태블릿 PC의 대여료는 80000원이고 10일간 사용할 수 있다. 10일이 지나면 하루에 5000원씩 연체료를 내야 한다. 태블릿 PC를 300000원에 구입하는 것보다 저렴하게 태블릿 PC를 빌려서 사용하려면 최대 며칠 이내에 반납해야 하는가? (단, 태블릿 PC는 10일 이상 빌린다.)

① 51일　② 53일　③ 56일　④ 60일　⑤ 62일

11 동네마트에서는 사과 한 개의 가격이 1500원인데 도매시장에서는 1000원이고, 동네마트에서는 전 품목을 20 % 할인하여 팔고 있다. 도매시장에 갔다 오는 데 드는 교통비가 2800원이라면 사과를 최소 몇 개 이상 사야 도매시장에서 사는 것이 더 유리한가?

① 13개　② 14개　③ 15개　④ 16개　⑤ 17개

고난도

12 일차부등식 $x-\frac{4x-1}{2}<\frac{2-x}{3}+a$의 해 중에서 가장 작은 정수가 3일 때, 상수 a의 값의 범위를 구하시오.

13 $x=3$이 일차부등식 $\frac{x}{2}-\frac{ax-1}{3}>\frac{a}{2}$의 해일 때, 상수 a의 값의 범위를 구하시오.

14 어느 고궁의 1인당 입장료는 4000원이고, 30명 이상 40명 미만이면 10 %를, 40명 이상이면 20 %를 입장료에서 할인해 준다고 한다. 30명 이상 40명 미만인 단체는 몇 명 이상이면 40명의 단체 입장권을 구매하는 것이 유리한지 구하시오.

15 등산을 하는 데 올라갈 때에는 시속 2 km로 올라가서 정상에서 30분 쉬고 내려올 때에는 같은 길을 시속 3 km로 걸어서 전체 걸리는 시간을 4시간 이내로 하려고 한다. 최대 몇 km 지점까지 오르고 내려올 수 있는지 구하시오.

고난도

16 두 수 a, b를 소수 첫째 자리에서 반올림하여 각각 20, 24를 얻었다. 이때 $x=-a+2b$를 만족시키는 정수 x의 값의 합을 구하시오.

Ⅱ. 부등식과 연립방정식

2

연립일차방정식

대표 유형

1. 미지수가 2개인 일차방정식
2. 미지수가 2개인 일차방정식의 해
3. 일차방정식의 해를 알 때 미지수의 값 구하기
4. 연립방정식의 풀이 – 가감법, 대입법
5. 복잡한 연립방정식의 풀이
6. $A=B=C$의 꼴인 방정식
7. 특수한 해를 가지는 연립방정식
8. 잘못 보고 해를 구한 연립방정식

2 연립일차방정식

1 미지수가 2개인 일차방정식

(1) **미지수가 2개이고 차수가 모두 1인 방정식:**
$ax+by+c=0$ ($a\neq0$, $b\neq0$, a, b, c는 상수)

차수 1
$x+5y+13=0$
미지수 2개

(2) **미지수가 2개인 일차방정식의 해:** 두 미지수 x, y에 관한 일차방정식을 참이 되게 하는 x, y의 값 또는 그 순서쌍 (x, y)

예 $x=1$을 $x-2y=5$에 대입하면 $1-2\times y=5$, $-2y=5-1=4$
$y=-2$이므로 $x=1$, $y=-2$ 또는 순서쌍으로 $(1, -2)$가 해이다.

(3) **일차방정식을 푼다:** 일차방정식의 해를 모두 구하는 것

2 미지수가 2개인 연립일차방정식

(1) **미지수가 2개인 연립일차방정식 또는 연립방정식:** 미지수가 2개인 일차방정식 두 개를 한 쌍으로 묶어놓은 것

(2) **연립방정식의 해(또는 근):** 연립방정식에서 두 방정식을 동시에 만족시키는 x, y의 값 또는 그 순서쌍

(3) **연립방정식을 푼다:** 연립방정식의 해를 구한다.

예 두 일차방정식 $\begin{cases} x+y=4 \\ 2x-y=-1 \end{cases}$에서 미지수 x와 y가 자연수일 때,

$(1, 3)$을 대입하면 $\begin{cases} 1+3=4 \\ 2\times1-3=-1 \end{cases}$이므로 $x=1$, $y=3$은 해이다.

3 연립방정식의 풀이

(1) **가감법:** 연립방정식의 두 식을 더하거나 빼서 한 미지수를 없앤 후 해를 구하는 방법

① 없애고자 하는 미지수의 계수의 절댓값이 같을 때
(ⅰ) 부호가 다른 경우: 더한다.
(ⅱ) 부호가 같은 경우: 빼준다.

② 없애고자 하는 미지수의 계수의 절댓값이 다를 때: 양변에 적당한 수를 곱하여 절댓값이 같도록 만든 후 더하거나 빼준다.

예 ① $\begin{array}{r} 2x+y=7 \\ +\underline{)\ 2x-y=5} \\ 4x \quad =12 \end{array}$ ② $\begin{array}{r} x+2y=7 \\ -\underline{)\ x-\ y=5} \\ 3y=2 \end{array}$

(2) **대입법:** 연립방정식의 한 방정식을 어느 한 미지수에 관하여 풀고, 이것을 다른 방정식에 대입하여 해를 구하는 방법

예 $\begin{cases} x=2y & \cdots\cdots ㉠ \\ 2x+3y=500 & \cdots\cdots ㉡ \end{cases}$ ㉠식을 ㉡식에 대입 → $2x+3y=500$ ($x=2y$를 대입) $2\times2y+3y=500$

개념 체크

01 미지수가 2개인 일차방정식에 ○표 하시오.

(1) $x-y=3x^2$ ( )
(2) $2x-3y=5$ ( )
(3) $\frac{x}{2}-\frac{3}{y}=1$ ( )
(4) $xy-3x$ ( )

02 미지수 x, y가 자연수일 때, 일차방정식 $3x+y=6$을 참이 되게 하는 x, y의 값을 구하시오.

x	1	2	3	4	…
y					…

03 연립방정식의 해를 구하시오.

(1) $\begin{cases} 2x-3y=5 \\ x+2y=-1 \end{cases}$

(2) $\begin{cases} 2x-5y=-5 \\ x=3y+1 \end{cases}$

4 복잡한 연립방정식의 풀이

(1) 괄호가 있으면 괄호부터 푼다.

(2) 계수가 분수나 소수이면 양변에 적당한 수를 곱하여 정수로 고쳐서 푼다.

예 ① $\begin{cases} 2x-(x+2y)=1 \\ 2(x-y)=3-4y \end{cases}$ 괄호를 풀면 $\begin{cases} 2x-x-2y=1 \\ 2x-2y=3-4y \end{cases}$

② $\begin{cases} 0.2x-0.3y=4 \cdots\cdots ㉠ \\ \frac{1}{3}x-\frac{3}{2}y=5 \cdots\cdots ㉡ \end{cases}$ ㉠×10 ㉡×6을 하면 $\begin{cases} 2x-3y=40 \\ 2x-9y=30 \end{cases}$

(3) $A=B=C$의 꼴인 방정식은 다음 중 어느 하나로 고쳐서 푼다.

: $\begin{cases} A=B \\ A=C \end{cases}$, $\begin{cases} A=B \\ B=C \end{cases}$, $\begin{cases} A=C \\ B=C \end{cases}$ ➡ 되도록 간단한 식을 택한다.

예 $4x-2y=x-y+3=8$ 간단한 것을 택함. $\begin{cases} 4x-2y=8 \\ x-y+3=8 \end{cases}$

5 특수한 해를 가지는 연립방정식

(1) 해가 무수히 많은 연립방정식

① 한 미지수를 없앴을 때 0=0의 꼴이 되는 연립방정식

② 두 방정식을 변형하여 x, y의 계수와 상수항을 각각 같게 만들 수 있을 때

③ $\begin{cases} ax+by+c=0 \\ a'x+b'y+c'=0 \end{cases}$에서 $\frac{a}{a'}=\frac{b}{b'}=\frac{c}{c'}$이면 해가 무수히 많다.

예 ①, ② $\begin{cases} x+y=2 \cdots ㉠ \\ 3x+3y=6 \cdots ㉡ \end{cases}$ ㉠×3−㉡을 하면 $\begin{array}{r} 3x+3y=6 \\ -)\ 3x+3y=6 \\ \hline 0=0 \end{array}$

따라서 해는 무수히 많다.

③ $\frac{1}{3}=\frac{1}{3}=\frac{2}{6}$이므로 해는 무수히 많다.

(2) 해가 없는 연립방정식

① 한 미지수를 없앴을 때 0=(0이 아닌 수)의 꼴이 되는 연립방정식

② 두 일차방정식을 변형했을 때 x, y계수는 같고 상수항이 다를 때

③ $\begin{cases} ax+by+c=0 \\ a'x+b'y+c'=0 \end{cases}$에서 $\frac{a}{a'}=\frac{b}{b'}\neq\frac{c}{c'}$이면 해가 없다.

예 ①, ② $\begin{cases} 2x-y=2 \cdots ㉠ \\ 4x-2y=6 \cdots ㉡ \end{cases}$ ㉠×2−㉡을 하면 $\begin{array}{r} 4x-2y=4 \\ -)\ 4x-2y=6 \\ \hline 0=-2 \end{array}$

따라서 해가 없다.

③ $\frac{2}{4}=\frac{-1}{-2}\neq\frac{2}{6}$이므로 해가 없다.

개념 체크

04 연립방정식의 해를 구하시오.

(1) $\begin{cases} 2(x-y)=3x-5 \\ x-4(x+y)=1 \end{cases}$

(2) $\begin{cases} 0.2x-0.3y=3 \\ \frac{1}{3}x-\frac{2}{3}y=6 \end{cases}$

05 방정식

$$x+y=2x-y+1=2$$

의 해를 구하시오.

06 연립방정식의 해를 구하시오.

(1) $\begin{cases} x+2y=2 \\ 2x+4y=6 \end{cases}$

(2) $\begin{cases} x-y=2 \\ 2x-2y=4 \end{cases}$

대표 유형

유형 1 미지수가 2개인 일차방정식

01 미지수가 2개인 일차방정식을 〈보기〉에서 모두 고른 것은?

보기
ㄱ. $-2x+y=-3$
ㄴ. $2x^2-y=1$
ㄷ. $x-2y+3=2x+y-1$
ㄹ. $2(x-2y)+1=-4y+2$

① ㄱ, ㄴ ② ㄴ, ㄷ ③ ㄱ, ㄷ
④ ㄷ, ㄹ ⑤ ㄱ, ㄷ, ㄹ

풀이 전략 모든 항을 좌변으로 이항하여 미지수가 2개이고 차수가 모두 1인 방정식을 고른다.

02 다음 중 미지수가 2개인 일차방정식은?

① $3x+2y$
② $4xy=1$
③ $2(x^2-y)-x(2x+1)=0$
④ $3x(1+y)-3xy+1=0$
⑤ $(x-1)x+1=0$

03 다음 중 미지수가 2개인 일차방정식으로 나타낼 수 없는 것은?

① x의 5배는 y의 2배보다 1만큼 더 작다.
② x kg인 민국이의 가방은 y kg인 명선이의 가방보다 3 kg이 더 가볍다.
③ 윗변의 길이가 5, 아랫변의 길이가 x, 높이가 y인 사다리꼴의 넓이는 30이다.
④ 수학시험에서 5점짜리 문제 x개, 4점짜리 문제 y개를 맞춰서 85점을 획득하였다.
⑤ 300원짜리 과자 x개와 500원짜리 과자 y개의 금액의 합은 5000원이다.

유형 2 미지수가 2개인 일차방정식의 해

04 자연수 x, y에 대한 일차방정식 $x+3y=9$를 만족시키는 순서쌍 (x, y)의 개수는?

① 1개 ② 2개 ③ 3개
④ 4개 ⑤ 5개

풀이 전략 순서쌍 (x, y)를 대입하여 일차방정식을 참이 되게 하는 x, y의 값을 구한다.

05 x, y가 10보다 작은 자연수일 때, 일차방정식 $5x-y=1$을 만족시키는 순서쌍 (x, y)는 모두 몇 개인가?

① 1개 ② 2개 ③ 3개
④ 4개 ⑤ 5개

06 다음 중 일차방정식 $x-2y=6$의 해가 아닌 것은?

① $(-4, -5)$ ② $(0, -3)$
③ $(1, -3)$ ④ $(4, -1)$
⑤ $(10, 2)$

유형 3 일차방정식의 해를 알 때 미지수의 값 구하기

07 x, y에 대한 일차방정식 $3x+ay=7$의 하나의 해가 $x=-1$, $y=2$일 때, 상수 a의 값은?

① -1 ② 0 ③ 1
④ 3 ⑤ 5

풀이 전략 $x=-1$, $y=2$를 대입하여 참이 되게 하는 a의 값을 구한다.

08 두 순서쌍 $(-1, 6)$과 $(2, m)$이 모두 일차방정식 $ax+y=10$의 해일 때, m의 값은? (단, a는 상수)

① 16 ② 17 ③ 18
④ 19 ⑤ 20

09 x, y의 순서쌍 $(2, -3)$, $(-1, p)$가 일차방정식 $ax-3y=7$의 해일 때, 상수 a, p에 대하여 $a-p$의 값은?

① -3 ② -2 ③ -1
④ 0 ⑤ 1

유형 4 연립방정식의 풀이 – 가감법, 대입법

10 다음 연립방정식을 푸시오.

(1) $\begin{cases} 3x+2y=6 \\ x=-y-5 \end{cases}$

(2) $\begin{cases} 3x+2y=15 \\ -3x+2y=-7 \end{cases}$

풀이 전략 (1) 한 미지수에 관한 식을 다른 방정식에 대입하여 해를 구한다.
(2) 두 식을 더하거나 빼서 한 미지수를 없애 해를 구한다.

11 연립방정식 $\begin{cases} x+2y=-4 & \cdots\cdots ㉠ \\ 3x-y=2 & \cdots\cdots ㉡ \end{cases}$를 풀기 위한 방법으로 옳지 않은 것은?

① ㉠$\times 3-$㉡을 한다.
② ㉠$+$㉡$\times 2$를 한다.
③ ㉠의 $x=-4-2y$를 ㉡에 대입한다.
④ ㉡의 $y=2-3x$를 ㉠에 대입한다.
⑤ ㉠의 $y=-2-\frac{x}{2}$를 ㉡에 대입한다.

12 연립방정식 $\begin{cases} x=y-2 \\ 4x=y+4 \end{cases}$를 풀면?

① $x=-1$, $y=6$ ② $x=0$, $y=7$
③ $x=1$, $y=8$ ④ $x=2$, $y=4$
⑤ $x=3$, $y=10$

유형 5 복잡한 연립방정식의 풀이

13 다음 연립방정식을 푸시오.

(1) $\begin{cases} 0.3x-y=0.2 \\ 0.5x-1.6y=0.4 \end{cases}$

(2) $\begin{cases} \dfrac{x}{2}-\dfrac{y}{3}-3=0 \\ -\dfrac{x}{4}+\dfrac{y}{5}=-2 \end{cases}$

풀이 전략 계수가 분수나 소수이면 양변에 적당한 수를 곱하여 정수로 고쳐서 푼다.

14 연립방정식 $\begin{cases} \dfrac{x}{2}-\dfrac{y}{4}=\dfrac{1}{2} \\ \dfrac{x}{6}+\dfrac{y}{3}=-\dfrac{1}{4} \end{cases}$ 의 해를 구하시오.

15 연립방정식 $\begin{cases} 0.2x-0.3y=1.4 \\ \dfrac{1}{3}x+\dfrac{y}{2}=1 \end{cases}$ 의 해가 $(a,\ b)$일 때, $a+3b$의 값은?

① 1 ② 2 ③ 3
④ 4 ⑤ 5

유형 6 $A=B=C$의 꼴인 방정식

16 방정식 $-x+3y=2x-y+5=10$을 푸시오.

풀이 전략 $\begin{cases} A=B \\ A=C \end{cases}$, $\begin{cases} A=B \\ B=C \end{cases}$, $\begin{cases} A=C \\ B=C \end{cases}$의 꼴로 고쳐서 푼다.

17 방정식

$$x+y-1=-2x+3y-5=-4x+2y-3$$

의 해를 $(a,\ b)$라고 할 때, $a+b$의 값은?

① -2 ② -1 ③ 1
④ 2 ⑤ 3

18 다음 방정식의 해가 $x=\dfrac{1}{2}$, $y=1$일 때, 상수 a, b에 대하여 ab의 값은?

$$6ax-by=2ax+by=10x-y$$

① 1 ② 2 ③ 3
④ 4 ⑤ 5

유형 7 특수한 해를 가지는 연립방정식

19 다음 연립방정식 중 해가 무수히 많은 것은?

① $\begin{cases} x+2y=5 \\ 5x+10y=-10 \end{cases}$ ② $\begin{cases} 2x-2y=1 \\ 2x+2y=1 \end{cases}$

③ $\begin{cases} x=3y-2 \\ 2x+3y=5 \end{cases}$ ④ $\begin{cases} 2x-3y=1 \\ 4x-6y=2 \end{cases}$

⑤ $\begin{cases} 2x+3y=1 \\ 4x+6y=-2 \end{cases}$

풀이 전략 $\begin{cases} ax+by+c=0 \\ a'x+b'y+c'=0 \end{cases}$에서 $\frac{a}{a'}=\frac{b}{b'}=\frac{c}{c'}$이면 해가 무수히 많다.

20 연립방정식 $\begin{cases} 2x-y=3 \\ 3y=ax+b \end{cases}$의 해가 무수히 많을 때, 두 상수 a, b에 대하여 $a+b$의 값은?

① -3 ② -2 ③ -1
④ 2 ⑤ 3

21 다음 연립방정식 중 해가 없는 것은?

① $\begin{cases} x-y=2 \\ -x+y=-3 \end{cases}$ ② $\begin{cases} 4x-2y=2 \\ 2x+y=1 \end{cases}$

③ $\begin{cases} 2x-y=3 \\ -2x+y=-3 \end{cases}$ ④ $\begin{cases} 5x+y=5 \\ 5x-y=5 \end{cases}$

⑤ $\begin{cases} -2x+8y=-2 \\ x-4y=1 \end{cases}$

유형 8 잘못 보고 해를 구한 연립방정식

22 연립방정식 $\begin{cases} 2x-y=4 \\ x+3y=-6 \end{cases}$을 푸는 데 $2x-y=4$의 4를 잘못 보고 풀어서 $x=3$이 되었다. 4를 무엇으로 잘못 보았는지 구하시오.

풀이 전략 바르게 본 식에 수를 대입하여 푼다.

23 연립방정식 $\begin{cases} bx-ay=1 \\ ax-by=6 \end{cases}$을 푸는 데 잘못하여 a와 b의 값을 바꾸어 풀었더니 $x=2$, $y=3$이 되었다. 두 상수 a와 b의 값을 각각 구하시오.

24 연립방정식 $\begin{cases} x+3y=-5 \\ 3x+7y=1 \end{cases}$을 풀 때, $x+3y=-5$의 -5를 다른 수로 잘못 보고 풀어서 $y=4$가 되었다. 다음 물음에 답하시오.

(1) -5를 무엇으로 잘못 보았는지 구하시오.

(2) 바르게 보고 풀었을 때, 연립방정식의 해를 구하시오.

1 미지수가 2개인 일차방정식

01 다음 중 미지수가 2개인 일차방정식을 모두 고르면? (정답 2개)

① $6xy=1$
② $x-2y=1$
③ $3x+y-1=3x-y$
④ $2x^2-y+x=4$
⑤ $x(y-2)-y(x-2)=1$

2 미지수가 2개인 일차방정식의 해

02 $x=1$, $y=-2$가 일차방정식 $2ax-by=14$의 해일 때, 자연수 a, b의 순서쌍 (a, b)의 개수를 구하시오.

3 일차방정식의 해를 알 때 미지수의 값 구하기

03 일차방정식 $2x-ay=8$에서 $x=3$일 때 $y=-1$이라고 하면, $y=4$일 때 x의 값을 구하시오.
(단, a는 상수)

3 일차방정식의 해를 알 때 미지수의 값 구하기

04 x와 y가 자연수일 때, 일차방정식 $2x-y=a$의 한 해가 $(4, 6)$이다. 다음 중에서 이 일차방정식의 해가 아닌 것을 모두 고르면? (정답 2개)

① $(1, 5)$ ② $(2, 2)$ ③ $(3, 4)$
④ $(5, 8)$ ⑤ $(6, 11)$

3 일차방정식의 해를 알 때 미지수의 값 구하기

05 일차방정식 $4x+ay=8$의 해가 $(-1, -3)$, $(b, -1)$일 때, $a+b$의 값을구하시오.
(단, a는 상수)

3 일차방정식의 해를 알 때 미지수의 값 구하기

06 $a : b=1 : 3$일 때, $x=a$, $y=b$가 일차방정식 $\frac{x-1}{3}=\frac{y+1}{5}$의 해이다. 이때 $a+b$의 값은?

① 1 ② -1 ③ -3
④ -6 ⑤ -8

4 연립방정식의 풀이 – 가감법, 대입법

07 다음 중 연립방정식의 해가 $x=2$, $y=-1$인 것은?

① $\begin{cases} x+y=1 \\ 2x-3y=6 \end{cases}$ ② $\begin{cases} 3x-y=5 \\ 4x-2y=9 \end{cases}$
③ $\begin{cases} 3x-y=7 \\ x-y=4 \end{cases}$ ④ $\begin{cases} 5x-2y=4 \\ 3x-2y=9 \end{cases}$
⑤ $\begin{cases} x+y=1 \\ x-2y=4 \end{cases}$

❹ 연립방정식의 풀이 – 가감법, 대입법

08 다음 〈보기〉 중 연립방정식

$$\begin{cases} 2x+4y=3 & \cdots\cdots ① \\ -3x+2y=5 & \cdots\cdots ② \end{cases}$$

에서 가감법을 이용하여 x 또는 y를 없앨 수 있는 식을 모두 고른 것은?

보기
ㄱ. ①×3−②×2　　ㄴ. ①−②×2
ㄷ. ①×3+②×2　　ㄹ. ①×2−②×3

① ㄱ, ㄴ　② ㄱ, ㄷ　③ ㄱ, ㄹ
④ ㄴ, ㄷ　⑤ ㄴ, ㄹ

❹ 연립방정식의 풀이 – 가감법, 대입법

09 연립방정식 $\begin{cases} 2x-y=-7 \\ x+ay=-4 \end{cases}$의 해가 $(-3,\ 1)$일 때, 상수 a의 값은?

① -1　② -2　③ -3
④ -4　⑤ -5

❹ 연립방정식의 풀이 – 가감법, 대입법

10 다음 세 일차방정식이 같은 해를 가질 때, 상수 a의 값은?

$3x=-4y+5,\ 3x+ay=3,\ 3x=-y-1$

① -3　② -2　③ -1
④ 2　⑤ 3

❺ 복잡한 연립방정식의 풀이

11 연립방정식 $\begin{cases} x=3(x-y) \\ 2(x+2)+3y=-2 \end{cases}$의 해가 $x=a$, $y=b$일 때, $-2ab$의 값을 구하시오.

❺ 복잡한 연립방정식의 풀이

12 연립방정식 $\begin{cases} 4x-3(2x-y)=12 \\ \dfrac{x}{3}+\dfrac{y}{2}=1 \end{cases}$의 해를 구하면?

① $x=-\dfrac{3}{2},\ y=3$　② $x=-1,\ y=2$
③ $x=0,\ y=2$　④ $x=1,\ y=\dfrac{1}{2}$
⑤ $x=\dfrac{3}{2},\ y=2$

❺ 복잡한 연립방정식의 풀이

13 연립방정식 $\begin{cases} 0.2x+0.1y=1.5 \\ \dfrac{3}{2}x+\dfrac{1}{3}y=\dfrac{5}{2} \end{cases}$를 만족시키는 해를 $x=a$, $y=b$라고 할 때, $\dfrac{1}{3}(a+b)$의 값을 구하시오.

⑤ 복잡한 연립방정식의 풀이

14 연립방정식 $\begin{cases} -3ax+2y=5 \\ ax+3y=2 \end{cases}$의 해가 $(1,\ b)$일 때, $a+b$의 값을 구하시오. (단, a는 상수)

⑤ 복잡한 연립방정식의 풀이

15 연립방정식 $\begin{cases} 15x-y=13 \\ 15x-3y=9 \end{cases}$의 해가 연립방정식 $\begin{cases} ax+by=14 \\ by-3ax=6 \end{cases}$의 해일 때, $\frac{1}{4}(a+b)$의 값을 구하시오. (단, a, b는 상수)

⑤ 복잡한 연립방정식의 풀이

16 연립방정식 $\begin{cases} 3(x+2)-ky=6 \\ 2(x-2y)+3y=3 \end{cases}$을 만족시키는 x의 값과 y의 값이 서로 같을 때, 상수 k의 값은?

① 1 ② 2 ③ 3
④ 4 ⑤ 5

⑤ 복잡한 연립방정식의 풀이

17 두 연립방정식 $\begin{cases} ax+2y=1 \\ 2x+y=5 \end{cases}$와 $\begin{cases} 3x+4y=5 \\ 2x+by=9 \end{cases}$의 해가 같을 때, 상수 a, b에 대하여 $a+b$의 값은?

① -2 ② -1 ③ 1
④ 2 ⑤ 3

⑥ $A=B=C$의 꼴인 방정식

18 방정식 $ax+3y=x+y-2=5+2x-3y$의 해가 $x=5$, $y=b$일 때, $a+b$의 값을 구하시오. (단, a는 상수)

⑥ $A=B=C$의 꼴인 방정식

19 방정식 $4x-y-4=1.\dot{3}x-0.\dot{9}y=4$의 해가 일차방정식 $15x-y+a=0$을 만족시킬 때, 상수 a의 값을 구하시오.

7 특수한 해를 가지는 연립방정식

20 연립방정식 $\begin{cases} x-3y=3 \\ 4x-12y=5 \end{cases}$를 풀면?

① $x=2$, $y=0$
② $x=3$, $y=\frac{1}{2}$
③ $x=4$, $y=-1$
④ 해가 없다.
⑤ 해가 무수히 많다.

7 특수한 해를 가지는 연립방정식

21 연립방정식 $\begin{cases} 2x-4y=5 \\ 3x+ay=-3 \end{cases}$의 해가 없을 때, 상수 a의 값은?

① -2　② -4　③ -6
④ 6　⑤ 8

7 특수한 해를 가지는 연립방정식

22 x, y에 대한 연립방정식 $\begin{cases} ax+5y=5 \\ 8x-20y=-4b \end{cases}$의 해가 무수히 많을 때, $a+b$의 값은?

(단, a, b는 상수)

① 5　② 4　③ 3
④ 2　⑤ 1

8 잘못 보고 해를 구한 연립방정식

23 연립방정식 $\begin{cases} bx+ay=3 \\ ax-by=-11 \end{cases}$에서 잘못하여 a와 b를 바꾸어 놓고 풀었더니 $x=-1$, $y=3$이 되었다. 처음 주어진 연립방정식을 구하시오.

(단, a, b는 상수)

8 잘못 보고 해를 구한 연립방정식

24 연립방정식 $\begin{cases} x+2y=4 & \cdots\cdots ㉠ \\ 3x+5y=-9 & \cdots\cdots ㉡ \end{cases}$에서 ㉠식의 y의 계수를 잘못 보고 풀어서 $y=3$을 얻었다. y의 계수를 어떤 수로 잘못 보고 푼 것인지 구하시오.

1

다음 〈보기〉의 조건을 만족시키는 x, y에 대하여 x^2+y^2의 값을 구하시오.

보기
ㄱ. $(x+y):(x-y)=4:1$
ㄴ. $(x+1):(y-1)=3:1$

1-1

$(2x+y):(x+y)=7:5$이고 $(4-x):(4-y)=2:1$일 때, x^2-xy+y^2의 값은?

① 1 ② 3 ③ 5
④ 7 ⑤ 9

2

연립방정식 $\begin{cases} x+y=2a \\ 2x-4y=-5a \end{cases}$를 만족시키는 x, y에 대하여 $\dfrac{4x+4y}{a}$의 값을 구하시오.

(단, a는 0이 아닌 상수)

2-1

연립방정식 $\begin{cases} ax-by=5 \\ 3x-2by=7 \end{cases}$을 만족시키는 x, y가 모두 자연수일 때, 자연수 a, b에 대하여 $a+b+xy$의 값을 구하시오.

연립방정식 $\begin{cases} \dfrac{3}{x}+\dfrac{1}{y}=6 \\ \dfrac{5}{x}-\dfrac{2}{y}=-1 \end{cases}$ 을 푸시오.

3-1

연립방정식 $\begin{cases} \dfrac{2}{x+y}-\dfrac{3}{x-y}=5 \\ \dfrac{1}{x+y}+\dfrac{2}{x-y}=20 \end{cases}$ 을 푸시오.

연립방정식 $\begin{cases} (2a-1)x-y=4 \\ (a+2)x-3y=b \end{cases}$ 의 해가 무수히 많을 때, 두 상수 a, b에 대하여 $a+b$의 값을 구하시오.

연립방정식 $\begin{cases} 3x+by=6 \\ ax+3y=-9 \end{cases}$ 을 푸는 데 혜리는 a를 잘못 보고 풀어서 해가 무수히 많다는 답을 얻었고, 영진이는 b를 잘못 보고 풀어서 $x=-2$, $y=1$을 얻었다. 이때 상수 a, b의 값은?

① $a=-6$, $b=-\dfrac{1}{2}$

② $a=6$, $b=-\dfrac{1}{2}$

③ $a=-6$, $b=-2$

④ $a=6$, $b=-2$

⑤ $a=6$, $b=2$

서술형 집중 연습

예제 1

연립방정식 $\begin{cases} 4x-y-3=0 \\ 5x-ay+3=0 \end{cases}$ 을 만족시키는 y의 값이 x의 값의 3배일 때, 상수 a의 값을 구하시오.

풀이 과정

$y=$☐를 주어진 연립방정식에 대입하면

$\begin{cases} 4x-\square-3=0 & \cdots\cdots ㉠ \\ 5x-a\times\square+3=0 & \cdots\cdots ㉡ \end{cases}$

㉠에서 $x=$☐

$x=$☐을 ㉡에 대입하면

$15-\square a+3=0$

따라서 $a=$☐

예제 2

연립방정식 $\begin{cases} x+y=2a \\ 5x+2y=4 \end{cases}$ 의 해가 연립방정식 $\begin{cases} bx-y=4 \\ x-y=5 \end{cases}$ 의 해일 때, 상수 a, b에 대하여 $a+b$의 값을 구하시오.

풀이 과정

두 연립방정식의 해는 상수 a, b가 없는 두 방정식

$\begin{cases} 5x+2y=4 \\ x-y=5 \end{cases}$를 연립하여 푼 해와 같으므로

$\begin{cases} 5x+2y=4 & \cdots\cdots ㉠ \\ x-y=5 & \cdots\cdots ㉡ \end{cases}$

㉠+☐×㉡을 하면 $x=$☐

$x=$☐를 ㉡에 대입하면

$\square-y=5$, $y=$☐

$x=$☐, $y=$☐을 $x+y=2a$, $bx-y=4$에 대입하면

$\square+\square=2a$, $b\times\square-\square=4$

$a=$☐, $b=$☐

따라서 $a+b=$☐

유제 1

연립방정식 $\begin{cases} -2x+y-5=0 \\ x+ay-a-4=0 \end{cases}$ 을 만족시키는 x와 y의 값의 합이 y의 값의 3배보다 2만큼 크다고 할 때, 상수 a의 값을 구하시오.

유제 2

다음 두 연립방정식의 해가 서로 같을 때, 상수 a, b에 대하여 $a-b$의 값을 구하시오.

$\begin{cases} 2x-3y=7 \\ ax-by=16 \end{cases}$, $\begin{cases} 3x-5y=10 \\ ax+2by=28 \end{cases}$

예제 3

연립방정식 $\begin{cases} 3x-5y=a \\ bx+y=-5 \end{cases}$의 해가 $x=2$, $y=-1$일 때, 연립방정식 $\begin{cases} ax+3by=-1 \\ (a-1)x-(b+5)y=4 \end{cases}$의 해를 구하시오. (단, a, b는 상수)

풀이 과정

$\begin{cases} 3x-5y=a \\ bx+y=-5 \end{cases}$에 $x=\square$, $y=\square$을 대입하면

$\begin{cases} 3\times\square-5\times\square=a \\ b\times\square+\square=-5 \end{cases}$이므로 간단히 하면

$\begin{cases} 6+5=a \\ 2b-1=-5 \end{cases}$에서 $a=\square$, $b=\square$

$a=\square$, $b=\square$를 $\begin{cases} ax+3by=-1 \\ (a-1)x-(b+5)y=4 \end{cases}$에 대입하면

$\begin{cases} 11x-6y=-1 & \cdots\cdots ㉠ \\ 10x-3y=4 & \cdots\cdots ㉡ \end{cases}$

㉠$-$㉡$\times 2$를 하면 $9x=\square$

따라서 $x=\square$, $y=\square$

유제 3

연립방정식 $\begin{cases} x-3y=a \\ 2x+by=-2 \end{cases}$의 해가 $x=-4$, $y=-3$일 때, 연립방정식 $\begin{cases} x-(a-3)y=b \\ ax-2y=-7b \end{cases}$의 해를 구하시오. (단, a, b는 상수)

예제 4

연립방정식 $\begin{cases} ax+by=-3 \\ -x+cy=5 \end{cases}$를 푸는데 c를 잘못 보아 $x=-5$, $y=-2$를 해로 얻었다. 옳은 해가 $x=-1$, $y=-1$일 때, $a+b+c$의 값을 구하시오.

(단, a, b, c는 상수)

풀이 과정

c를 잘못 보았으므로 $x=-5$, $y=-2$와 $x=-1$, $y=-1$은 방정식 $\square$의 해이므로

각각을 대입하면

$a\times(-5)+b\times(-2)=-3$ $\cdots\cdots$ ㉠

$a\times(-1)+b\times(-1)=-3$ $\cdots\cdots$ ㉡

㉠을 정리하면 $-5a-2b=-3$ $\cdots\cdots$ ㉠′

㉡을 정리하면 $-a-b=-3$ $\cdots\cdots$ ㉡′

㉠′$-2\times$㉡′을 하여 풀면 $a=\square$, $b=\square$

$x=-1$, $y=-1$은 $-x+cy=5$의 해이므로

$x=-1$, $y=-1$을 대입하면 $c=\square$

따라서 $a+b+c=\square+\square+\square=\square$

유제 4

방정식 $ax+3y=bx+cy=3$을 푸는데 a를 잘못 보아 $x=-3$, $y=1$을 해로 얻었다. 옳은 해가 $x=2$, $y=-1$일 때, $a-b+c$의 값을 구하시오.

(단, a, b, c는 상수)

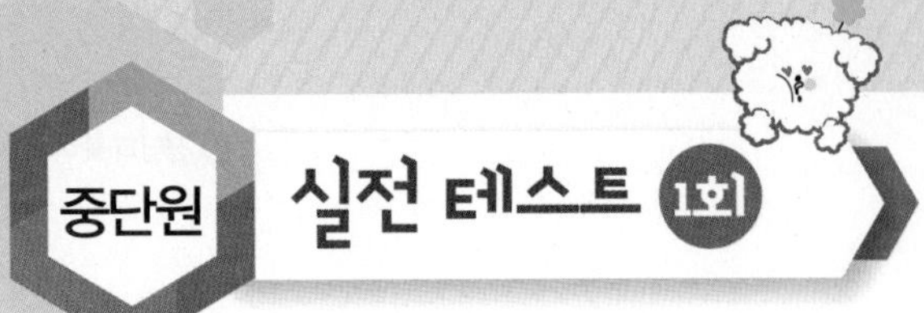

01 다음 중 미지수가 2개인 일차방정식으로 나타낼 수 있는 것을 모두 고르면? (정답 2개)

① x시간 동안 시속 y km로 달린 거리는 50 km이다.
② 700원짜리 연필 x개와 2000원짜리 공책 y권의 값이 7500원이다.
③ 5 %의 소금물 x g과 10 %의 소금물 100 g에 들어 있는 소금의 양의 합은 y g이다.
④ 한 변의 길이가 x cm인 정사각형의 넓이는 y cm^{2}이다.
⑤ 윗변의 길이가 x cm, 아랫변의 길이가 6 cm, 높이가 y cm인 사다리꼴의 넓이는 50 cm^{2}이다.

02 다음 〈보기〉 중 순서쌍 $(2,\ -1)$을 해로 갖는 일차방정식을 모두 고른 것은?

보기
ㄱ. $x+2y=6$　　ㄴ. $4x+3y=5$
ㄷ. $4x-y=9$　　ㄹ. $3x+5y=15$

① ㄱ, ㄴ　② ㄱ, ㄷ　③ ㄱ, ㄹ
④ ㄴ, ㄷ　⑤ ㄱ, ㄴ, ㄹ

03 다음 〈보기〉에서 일차방정식 $2x-3y=5$의 해의 순서쌍 $(x,\ y)$를 모두 고르시오.

보기
ㄱ. $(1, -1)$　　ㄴ. $\left(3,\ \frac{1}{3}\right)$
ㄷ. $(2,\ 4)$　　ㄹ. $(4,\ 6)$
ㅁ. $(5,\ 7)$　　ㅂ. $(7,\ 3)$

04 일차방정식 $x+4y=24$를 만족시키는 자연수 x와 y의 순서쌍 $(x,\ y)$의 개수는?

① 1개　② 2개　③ 3개
④ 4개　⑤ 5개

고난도

05 연립방정식 $\begin{cases} 4ax+3y=2x-15 \\ 2x-y=4 \end{cases}$의 해가 존재하지 않기 위한 상수 a의 값을 구하시오.

06 연립방정식 $\begin{cases} x-2y=3 \\ ax-5y=10 \end{cases}$의 해가 $x=b,\ y=1$일 때, $a+b$의 값은? (단, a는 상수)

① 5　② 6　③ 7
④ 8　⑤ 9

07 연립방정식 $\begin{cases} x-2y=5 & \cdots\cdots ㉠ \\ 3x+y=3 & \cdots\cdots ㉡ \end{cases}$ 에서 x를 없애기 위한 가장 적절한 방법은?

① ㉠+㉡
② ㉠−㉡
③ ㉠+㉡×2
④ ㉠×3−㉡
⑤ ㉠×2−㉡×3

08 연립방정식 $\begin{cases} 0.4x+0.3y-1=0 \\ \frac{1}{2}x-\frac{1}{3}y+\frac{1}{6}=0 \end{cases}$ 을 풀면?

① $x=-3$, $y=-1$
② $x=-2$, $y=5$
③ $x=0$, $y=-2$
④ $x=1$, $y=2$
⑤ $x=3$, $y=-2$

09 방정식

$$4(x-y)=-4x-1=-2x+3(x-y)$$

의 해가 (a, b)일 때, $a+b$의 값은?

① 1
② 2
③ 3
④ 4
⑤ 5

10 연립방정식 $\begin{cases} mx+ny=5 \\ nx+my=1 \end{cases}$ 을 푸는데 m과 n을 바꾸어 놓고 풀었더니 해가 $x=-1$, $y=3$이었다. 이때 처음 연립방정식의 해 x, y의 값의 합은? (단, m, n은 상수)

① 6
② 4
③ 2
④ 0
⑤ −2

11 연립방정식 $\begin{cases} 2x-y=-9 \\ -3x+2y=2a-1 \end{cases}$ 을 만족시키는 y의 값이 x의 값의 3배일 때, 상수 a의 값을 구하시오.

고난도

12 다음 두 연립방정식의 해가 같을 때, 상수 a, b에 대하여 $a+b$의 값을 구하시오.

$$\begin{cases} \frac{5}{x}+\frac{8}{y}=3 \\ ax+4y=6 \end{cases}, \quad \begin{cases} \frac{5}{x}-\frac{8}{y}=-1 \\ bx+ay=7 \end{cases}$$

서술형

13 연립방정식 $\begin{cases} 4x-y=7 \\ 5x+2y=5k \end{cases}$를 만족시키는 x와 y의 값의 비가 $3:5$일 때, 상수 k의 값을 구하시오.

14 x, y에 대한 연립방정식 $\begin{cases} 4x+ay=-4 \\ bx+cy=26 \end{cases}$을 푸는데 a를 잘못 보고 풀어서 $x=4$, $y=-\frac{1}{2}$을 얻었다. 올바른 해가 $x=3$, $y=-2$라고 할 때, $a+b+c$의 값을 구하시오. (단, a, b, c는 상수)

15 x, y에 대한 연립방정식 $\begin{cases} 2x+(a+3)y=4 \\ (b-1)x+3y=6 \end{cases}$의 해가 무수히 많을 때, 상수 a, b에 대하여 $a+b$의 값을 구하시오.

고난도

16 x, y에 대한 연립방정식 $\begin{cases} -2x+y=-5 \\ 5x+by=12 \end{cases}$의 해는 연립방정식 $\begin{cases} x-ay=-10 \\ 2x-3y=1 \end{cases}$의 해보다 각각 2만큼씩 작다. 상수 a, b에 대하여 ab의 값을 구하시오.

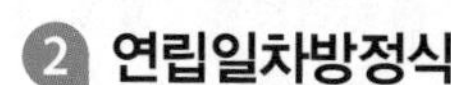

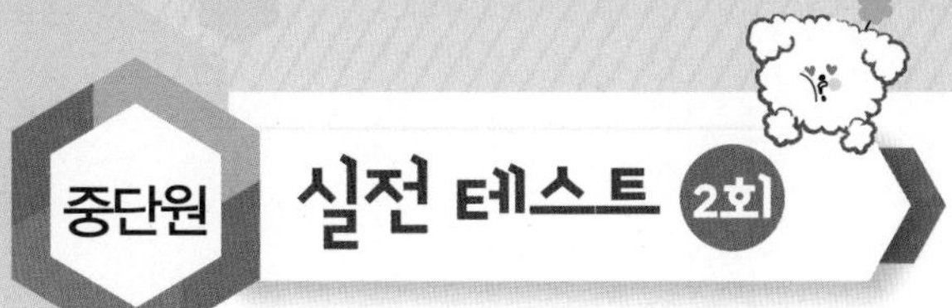

01 다음 중에서 미지수가 2개인 일차방정식을 모두 고르면? (정답 2개)

① $3x-y+4$
② $2x+y=3-2x$
③ $xy+3=0$
④ $x+y-10=0$
⑤ $x-3y=3(x-y)$

02 $ax^2+2bx+5y+c=x^2+\frac{b-5}{3}x+2$가 미지수가 2개인 일차방정식이 되기 위한 조건은?

① $a\neq1$, $b=-1$
② $a=1$, $b\neq-1$
③ $a\neq1$, $b\neq-1$
④ $a=1$, $b=-1$, $c=2$
⑤ $a\neq1$, $b\neq-1$, $c\neq2$

03 일차방정식 $ax-3y=-1$의 한 해가 $(-2, -3)$일 때, 상수 a의 값은?

① -3　② -2　③ 2
④ 3　⑤ 5

04 다음 표를 완성하고 일차방정식 $2x+5y=21$을 만족시키는 자연수 x와 y의 순서쌍 (x, y)의 개수를 구하면?

x						…
y	1	2	3	4	5	…

① 1개　② 2개　③ 3개
④ 4개　⑤ 5개

고난도

05 x, y의 순서쌍 $(1, a)$, $(-2, b)$가 일차방정식 $(y-3)a-a(a+2x)-15=0$의 해일 때, 상수 a, b에 대하여 $a+b$의 값은?

① -16　② -12　③ 12
④ 16　⑤ 18

06 연립방정식 $\begin{cases} 3x+2y=11 \\ 2x+ay=4 \end{cases}$의 해가 $\frac{x+5}{2}=\frac{-8y-1}{3}$의 해일 때, 상수 a의 값을 구하시오.

07 연립방정식 $\begin{cases} y+2(x-3y)=-18 \\ 4(y-1)+x=13 \end{cases}$ 을 풀면?

① $x=-1,\ y=-4$　② $x=-1,\ y=4$
③ $x=1,\ y=4$　④ $x=4,\ y=-1$
⑤ $x=4,\ y=1$

08 연립방정식 $\begin{cases} \frac{x}{4}+\frac{2}{3}y=\frac{5}{6} \\ y=8-3(x-3) \end{cases}$ 의 해가 일차방정식 $ax-2by=3$을 만족시킬 때, $18a+6b$의 값을 구하시오. (단, a, b는 상수)

09 연립방정식 $\begin{cases} x-3y=7 & \cdots\cdots ㉠ \\ x+2y=2 & \cdots\cdots ㉡ \end{cases}$ 에서 ㉠의 -3을 잘못 보고 풀어서 $y=1$을 얻었다. -3을 어떤 숫자로 잘못 보았는가?

① 3　② 4　③ 5
④ 6　⑤ 7

10 다음 연립방정식에 대한 설명으로 옳지 않은 것은?

$\begin{cases} 8x+ay=4 \\ 4x+3y=b \end{cases}$ (단, a, b는 상수)

① $a=3$, $b=2$이면 연립방정식의 해는 1쌍이다.
② $a=4$, $b=5$이면 연립방정식의 해는 1쌍이다.
③ $a=6$, $b=0$이면 연립방정식의 해가 없다.
④ $a=6$, $b=1$이면 연립방정식의 해는 무수히 많다.
⑤ $a=6$, $b=2$이면 연립방정식의 해는 무수히 많다.

11 방정식

$$2x+y+1=3x-y+2=5x-ky+6$$

의 해가 없을 때, 상수 k의 값은?

① 1　② 2　③ 3
④ 4　⑤ 5

고난도

12 연립방정식 $\begin{cases} ax+by=-3 \\ bx+ay=3 \end{cases}$ 을 푸는데 상수 a, b를 서로 바꾸어 놓고 풀었더니 해가 $x=2$, $y=1$이었다. 이때 $a-b$의 값은?

① -6　② -3　③ 0
④ 3　⑤ 6

13 다음 두 연립방정식에서 A의 해 x와 B의 해 y가 같고, A의 해 y와 B의 해 x가 같을 때, $2a-b$의 값을 구하시오. (단, a, b는 상수)

A: $\begin{cases} 4x+2y=-2 \\ 3ax+by=6 \end{cases}$, B: $\begin{cases} bx+5ay=8 \\ 3x-y=11 \end{cases}$

14 연립방정식 $\begin{cases} 3(x-y)+(y-6)=14 \\ \dfrac{x-2}{4}-\dfrac{y+3}{2}=1 \end{cases}$ 의 해를 구하시오.

15 연립방정식

$$\begin{cases} 0.2(x+2y)-0.3(x-y)=0.4-a \\ 0.3x-\dfrac{1}{5}y=\dfrac{1}{2}a \end{cases}$$

의 x의 값이 y의 값보다 4만큼 크다. 이때 $a+x+y$의 값을 구하시오. (단, a는 상수)

고난도

16 연립방정식 $\begin{cases} \dfrac{3}{x+1}+\dfrac{1}{y}=3 \\ \dfrac{1}{x+1}+\dfrac{2}{y}=-4 \end{cases}$ 의 해를 $x=a$, $y=b$라고 할 때, $a\times b$의 값을 구하시오.

Ⅱ. 부등식과 연립방정식

3

연립방정식의 활용

대표 유형

1. 연립방정식의 활용
2. 수에 대한 연립방정식의 활용
3. 도형에 대한 연립방정식의 활용
4. 거리, 속력, 시간에 대한 연립방정식의 활용
5. 농도에 대한 연립방정식의 활용
6. 비율에 대한 연립방정식의 활용

3 연립방정식의 활용

1 연립방정식의 활용

(1) 연립방정식을 활용하여 문제를 해결하는 단계

① 미지수 정하기: 문제의 뜻을 이해하고, 구하려는 것을 미지수 x와 y로 놓는다.

② 연립방정식 세우기: 문제의 뜻에 맞게 x와 y에 대한 연립방정식을 세운다.

③ 연립방정식 풀기: 연립방정식을 푼다.

④ 확인하기: 구한 해가 문제의 뜻에 맞는지 확인한다.

주의 문제의 답을 구할 때, 반드시 단위를 확인한다.

2 수에 대한 연립방정식의 활용

(1) 두 수에 관한 문제: 두 수를 각각 x, y로 놓는다.

(2) 두 자리 자연수에서 자릿수에 관한 문제: 십의 자리의 숫자가 x, 일의 자리의 숫자가 y인 두 자리 자연수에서

① 처음 수: $10x+y$

② 십의 자리의 숫자와 일의 자리의 숫자를 바꾼 수: $10y+x$

3 도형에 대한 연립방정식의 활용

도형의 둘레의 길이, 넓이에 대한 공식을 이용한다.

(1) 직사각형의 둘레의 길이에 관한 문제

(직사각형의 둘레의 길이)$=2\times\{$(가로의 길이)$+$(세로의 길이)$\}$

(2) 사다리꼴의 넓이에 관한 문제

(사다리꼴의 넓이)

$=\frac{1}{2}\times\{$(윗변의 길이)$+$(아랫변의 길이)$\}\times$(높이)

참고 도형에 관한 문제는 그림을 그려 해결하면 편리하다.

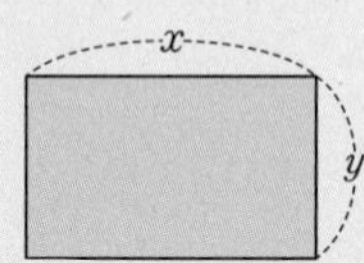

둘레의 길이 : $2(x+y)$

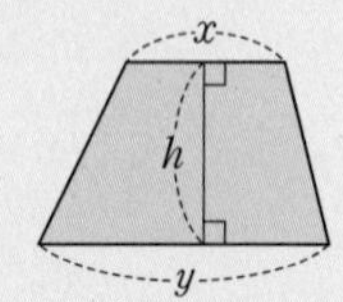

넓이 : $\frac{1}{2}\times(x+y)\times h$

개념 체크

01 한 개에 1200원인 과자와 한 개에 800원인 우유를 합하여 모두 9개를 사고, 8800원을 지불하였다. 다음 단계에 따라 과자와 우유를 각각 몇 개씩 샀는지 구하시오.

(1) 미지수 x, y 정하기

(2) 연립방정식 세우기

(3) 연립방정식 풀기

(4) 확인하기

02 합이 38, 차가 8인 두 자연수가 있을 때, 두 수를 각각 구하시오.

03 둘레의 길이가 30 cm인 직사각형이 있다. 가로의 길이가 세로의 길이의 2배일 때, 세로의 길이를 구하시오.

4 거리, 속력, 시간에 대한 연립방정식의 활용

거리, 속력, 시간에 대한 문제는 다음의 관계를 이용하여 방정식을 세운다.

$$(\text{거리})=(\text{속력})\times(\text{시간}),\ (\text{시간})=\frac{(\text{거리})}{(\text{속력})},\ (\text{속력})=\frac{(\text{거리})}{(\text{시간})}$$

참고 주로 이동한 거리의 총합에 대한 식, 이동한 시간의 총합에 대한 식을 세운다.

주의 방정식을 세우기 전에 단위를 통일한다.

5 농도에 대한 연립방정식의 활용

(1) $(\text{소금물의 농도})=\frac{(\text{소금의 양})}{(\text{소금물의 양})}\times100(\%)$

(2) $(\text{소금의 양})=\frac{(\text{소금물의 농도})}{100}\times(\text{소금물의 양})$

참고 주로 섞기 전과 후의 소금물의 양, 섞기 전과 후의 소금의 양에 대한 식을 세운다.

주의 소금물에 물을 더 넣거나 증발시켜도 소금의 양은 변하지 않는다.

6 비율에 대한 연립방정식의 활용

(1) **일에 대한 문제:** 전체 일의 양을 1로 놓고, 한 사람이 일정한 시간(1일, 1시간 등) 동안 할 수 있는 일의 양을 각각 x, y로 놓은 다음 연립방정식을 세운다.

(2) **증가, 감소에 대한 문제**

① x가 $a\,\%$ 증가했을 때: 증가량이 $\frac{a}{100}x$이므로, 증가한 후의 양은 $x+\frac{a}{100}x=\left(1+\frac{a}{100}\right)x$

② y가 $b\,\%$ 감소했을 때: 감소량이 $\frac{b}{100}y$이므로, 감소한 후의 양은 $y-\frac{b}{100}y=\left(1-\frac{b}{100}\right)y$

개념 체크

04 정현이는 집에서 3 km 떨어진 도서관을 가는 데 처음에는 시속 6 km로 뛰어가다가 중간에 시속 3 km로 걸어갔더니 총 40분이 걸렸다. 정현이가 뛰어간 거리와 걸어간 거리를 각각 구하시오.

	뛰어갈 때	걸어갈 때	총
거리	x km	y km	
속력			
시간			

05 2 %의 소금물 A와 6 %의 소금물 B를 섞어서 4 %의 소금물 500 g을 만들었다. 두 종류의 소금물을 각각 몇 g씩 섞었는지 구하시오.

	A	B	섞은 후
농도			
소금물의 양	x g	y g	
소금의 양			

06 올해 A 회사의 지원자 수는 작년에 비해 남자가 10 % 줄고, 여자가 30 % 늘었다. 올해의 전체 지원자 수는 20명이 늘어난 620명일 때, 올해의 여자 지원자 수를 구하시오.

	남자 지원자 수	여자 지원자 수	전체 지원자 수
작년	x 명	y 명	
변화			
올해			

대표 유형

유형 1 연립방정식의 활용

01 가은이에게는 쌍둥이 동생 2명이 있다. 가은이와 동생들의 나이의 합은 31살이고, 가은이는 동생들보다 7살이 더 많다. 이때 가은이의 나이를 구하시오.

풀이 전략 가은이의 나이와 동생의 나이를 각각 x살, y살로 놓고, 연립방정식을 세운다.

02 현재 소정이 어머니의 나이는 소정이의 나이의 3배이고, 14년 후에는 어머니의 나이가 소정이의 나이의 2배가 된다고 할 때, 현재 어머니 나이와 소정이의 나이의 차는?

① 27살 ② 28살 ③ 29살
④ 30살 ⑤ 31살

03 어느 박물관의 입장료가 어른은 9000원, 어린이는 6000원이다. 어른과 어린이를 합하여 10명이 69000원의 입장료를 내고 입장하였을 때, 입장한 어린이의 수는?

① 3명 ② 4명 ③ 5명
④ 6명 ⑤ 7명

04 희성이는 농구 경기에서 2점 슛과 3점 슛을 모두 합하여 모두 9골을 넣어 21점을 득점하였다. 희성이가 넣은 2점 슛의 개수는?

① 3개 ② 4개 ③ 5개
④ 6개 ⑤ 7개

05 퀴즈 대회에서 한 문제를 맞히면 30점을 얻고, 틀리면 10점이 감점된다고 한다. 서현이는 퀴즈 대회에 출전하여 출제된 15문제를 모두 풀어서 170점을 얻었다. 이때 서현이가 맞힌 문제의 개수는?

① 8개 ② 9개 ③ 10개
④ 11개 ⑤ 12개

06 준우와 현수가 가위바위보를 하여 이긴 사람은 두 계단씩 올라가고, 진 사람은 한 계단씩 내려가기로 했다. 게임이 끝난 후 처음 위치보다 준우는 3계단, 현수는 9계단 올라가 있었다. 두 사람이 가위바위보를 한 전체 횟수는?

(단, 두 사람이 비기는 경우는 없다.)

① 10회 ② 11회 ③ 12회
④ 13회 ⑤ 14회

유형 2 수에 대한 연립방정식의 활용

07 두 자리 자연수에 대하여 이 수의 각 자리의 숫자의 합은 12이다. 이 수의 십의 자리의 숫자와 일의 자리의 숫자를 바꾼 수는 처음 수보다 36이 크다. 이때 처음 수는 무엇인지 구하시오.

풀이 전략 십의 자리의 숫자를 x, 일의 자리의 숫자를 y로 놓고, 처음의 두 자리 자연수가 $10x+y$임을 활용하여 연립방정식을 세운다.

08 두 자리의 자연수에 대하여 일의 자리의 숫자는 십의 자리의 숫자의 2배보다 1만큼 크다. 이 수의 일의 자리의 숫자와 십의 자리의 숫자를 바꾼 수는 처음 수보다 45만큼 클 때, 처음 수를 구하시오.

09 서로 다른 두 자연수가 있다. 두 수의 합은 45이고, 큰 수는 작은 수의 3배보다 7만큼 작다. 이때 두 수의 차는?

① 16 ② 17 ③ 18
④ 19 ⑤ 20

유형 3 도형에 대한 연립방정식의 활용

10 둘레의 길이가 28 cm인 직사각형이 있다. 이 직사각형의 가로의 길이가 세로의 길이의 2배보다 2 cm만큼 더 길 때, 직사각형의 넓이를 구하시오.

풀이 전략 가로의 길이를 x cm, 세로의 길이를 y cm로 놓고, 직사각형의 둘레의 길이가 $2(x+y)$cm임을 활용하여 연립방정식을 세운다.

11 길이가 34 cm인 철사로 직사각형을 만들었다. 직사각형의 가로의 길이가 세로의 길이보다 7 cm만큼 길 때, 직사각형의 가로의 길이는?

① 11 cm ② 12 cm ③ 13 cm
④ 14 cm ⑤ 15 cm

12 아랫변의 길이가 윗변의 길이의 2배인 사다리꼴이 있다. 이 사다리꼴의 높이가 6 cm이고 넓이가 36 cm^2일 때, 윗변의 길이는?

① 1 cm ② 2 cm ③ 3 cm
④ 4 cm ⑤ 5 cm

유형 4 거리, 속력, 시간에 대한 연립방정식의 활용

13 채원이는 집에서 출발하여 편의점을 거쳐 학교에 갔다. 집에서 편의점까지는 시속 3 km로 걷다가 편의점에서 학교까지는 시속 4 km로 걸어 모두 1시간 45분이 걸렸다. 채원이가 걸은 총 거리가 6 km일 때, 편의점에서 학교까지의 거리는? (단, 편의점에서 대기한 시간은 없다.)

① 2 km ② 2.5 km ③ 3 km
④ 3.5 km ⑤ 4 km

풀이 전략 집에서 편의점까지의 거리를 x km, 편의점에서 학교까지의 거리를 y km라 하고, (거리)=(시간)×(속력)의 관계를 이용하여 연립방정식을 세운다.

14 수아가 등산을 하는 데 올라갈 때는 시속 3 km로 걷고, 내려올 때는 시속 6 km로 걸어서 총 2시간이 걸렸다. 내려온 길이 올라간 길보다 3 km 더 길 때, 수아가 걸은 총 거리는?

① 6 km ② 7 km ③ 8 km
④ 9 km ⑤ 10 km

15 그림과 같이 다온이와 현덕이가 각자의 집에서 서로를 향하여 출발하였다. 다온이네 집과 현덕이네 집 사이의 거리는 2 km이고, 다온이는 분속 60 m, 현덕이는 분속 40 m로 걸어서 중간에서 만났다. 이때 다온이가 현덕이보다 더 걸은 거리는?

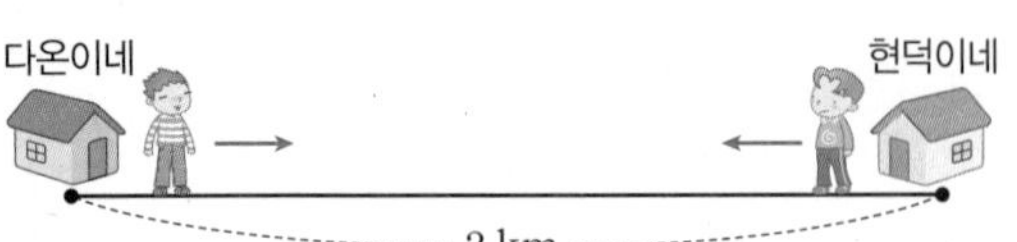

① 200 m ② 250 m ③ 300 m
④ 350 m ⑤ 400 m

16 수민이가 집에서 도서관으로 출발한 지 20분 후에 수민이의 동생이 집에서 도서관으로 출발하였다. 수민이는 분속 50 m로 걷고, 동생은 자전거를 타고 분속 150 m로 따라갔다. 수민이가 출발한 지 몇 분 후에 동생을 만나는지 구하시오.

유형 5 농도에 대한 연립방정식의 활용

17 1 %의 소금물과 4 %의 소금물을 섞어서 2 %의 소금물 600 g을 만들었다. 이때 넣은 4 % 소금물의 양은?

① 100 g ② 150 g ③ 200 g
④ 250 g ⑤ 300 g

풀이 전략 (소금의 양)=$\frac{(\text{소금물의 농도})}{100}$×(소금물의 양)임을 이용하여 섞기 전과 후의 소금물의 양, 소금의 양의 관계를 이용하여 연립방정식을 세운다.

18 농도가 다른 두 소금물 A, B가 있다. A 소금물 200 g과 B 소금물 200 g을 섞었더니, 8 %의 소금물이 되었다. 또한 A 소금물 300 g과 B 소금물 100 g을 섞었더니 7 %의 소금물이 되었다. 이때 A 소금물의 농도를 구하시오.

19 4 %의 A 용액과 6 %의 A 용액을 섞은 후 물을 넣어 희석하여 3 %의 A 용액 400 g을 만들었다. 넣은 4 %의 A 용액과 6 %의 A 용액의 비가 1 : 2일 때, 넣은 물의 양을 구하시오.

20 두 식품 A, B에 대하여 A식품과 B식품을 합하여 500 g을 섭취하여 255 kcal의 열량을 얻었다고 한다. A식품과 B식품 100 g당 들어 있는 열량이 각각 45 kcal, 60 kcal일 때, 식품 A를 몇 g 섭취하였는지 구하시오.

유형 6 비율에 대한 연립방정식의 활용

21 어떤 일을 원석이와 아준이가 함께 작업하면 완료하는 데 6일이 걸린다. 이 일을 원석이가 먼저 3일 동안 작업하고, 나머지를 아준이가 완료하는 데 8일이 걸린다. 같은 일을 원석이가 혼자 작업하여 마치려면 며칠이 걸리는지 구하시오.

풀이 전략 전체 일의 양을 1로 놓고, 한 사람이 일정한 시간(1일, 1시간 등) 동안 할 수 있는 일의 양을 x, y로 놓은 다음 연립방정식을 세운다.

22 어떤 일을 규린이가 10일 동안 한 후 나머지를 승원이가 8일 동안 하면 마칠 수 있고, 규린이가 8일 동안 한 후 나머지를 승원이가 12일 동안 하면 마칠 수 있다. 이 일을 승원이가 혼자 작업하여 마치려면 며칠이 걸리는지 구하시오.

23 작년에 A 중학교의 전체 학생 수는 1000명이었다. 올해는 작년보다 남학생 수가 4 % 증가하고, 여학생 수는 2 % 감소하여 전체적으로 7명이 증가하였다. 올해의 남학생 수를 구하시오.

24 재영이는 A, B 두 제품을 구입하여 학교 행사 부스에서 판매하기로 했다. 재영이는 원가가 1500원인 A 제품과 원가가 2000원인 B 제품을 합하여 100개를 구입했다. 재영이가 A 제품에 10 %, B 제품에 20 %의 이익을 붙여 판매하여 35000원의 이익을 얻었을 때, 구입한 B 제품의 개수를 구하시오.

❶ 연립방정식의 활용

01 박물관의 1명의 입장료가 성인은 10000원, 청소년은 7000원, 어린이는 5000원이다. 1시간 동안에 박물관에 입장한 인원이 총 15명이었고, 그 중 2명이 어른이었다고 한다. 입장료의 총합이 97000원이었을 때, 그 시간에 입장한 청소년의 수는?

① 4명 ② 5명 ③ 6명
④ 7명 ⑤ 8명

❶ 연립방정식의 활용

02 수학 수행평가에서 ○, × 퀴즈를 푸는 데, 문제를 맞히면 4점을 얻고, 틀리면 2점이 감점된다고 한다. 기훈이는 25문제를 모두 풀어서 82점을 맞았다고 한다. 이때 기훈이가 맞힌 문제의 개수는?

① 23개 ② 22개 ③ 21개
④ 20개 ⑤ 19개

❶ 연립방정식의 활용

03 어진이와 석민이가 가위바위보를 하여 이긴 사람은 3계단씩 올라가고, 진 사람은 2계단씩 내려가기로 했다. 게임이 끝났을 때 어진이는 처음 위치보다 11계단 올라가 있었고, 석민이는 처음 위치보다 4계단 내려가 있었다. 두 사람이 비긴 경우가 없었다고 할 때, 두 사람이 가위바위보를 한 전체 횟수는?

① 5회 ② 6회 ③ 7회
④ 8회 ⑤ 9회

❶ 연립방정식의 활용

04 어느 농장에서 닭과 돼지를 합하여 100마리를 기르고 있다고 한다. 닭과 돼지의 다리 수의 합이 270개일 때, 이 농장에서 기르는 닭의 수와 돼지의 수를 순서대로 각각 구한 것은?

① 50마리, 50마리 ② 55마리, 45마리
③ 60마리, 40마리 ④ 65마리, 35마리
⑤ 70마리, 30마리

❶ 연립방정식의 활용

05 어느 학교 매점에서 800원짜리 빵과 700원짜리 음료수를 판매하고 있다. 쉬는 시간에 빵과 음료수가 합쳐서 34개 판매되었고, 판매 금액은 25100원이었다. 이날 판매된 빵의 개수는?

① 11개 ② 12개 ③ 13개
④ 14개 ⑤ 15개

❶ 연립방정식의 활용

06 올해 민성이 아버지의 나이는 민성이의 나이의 6배이고, 12년 후에는 아버지의 나이가 민성이의 나이의 3배가 된다고 한다. 민성이와 아버지의 나이의 차를 구하시오.

1 연립방정식의 활용

07 규리네 과수원에서는 배를 수확해서 상자에 넣어 포장하려고 한다. 배를 한 상자에 7개씩 넣으면 2개가 남고, 8개씩 넣으면 13개가 부족할 때, 배의 개수는?

① 100개 ② 107개 ③ 114개
④ 121개 ⑤ 128개

2 수에 대한 연립방정식의 활용

08 두 수 중 큰 수를 작은 수로 나누면 몫과 나머지가 모두 7이다. 큰 수의 절반은 작은 수의 4배보다 3만큼 작을 때, 두 수의 차는?

① 76 ② 79 ③ 82
④ 85 ⑤ 88

2 수에 대한 연립방정식의 활용

09 두 수의 차는 70이고, 두 수 중 큰 수를 작은 수로 나누면 나누어떨어지며, 그때의 몫은 6이다. 두 수 중 큰 수를 구하시오.

2 수에 대한 연립방정식의 활용

10 두 자리의 자연수에 대하여 십의 자리의 숫자는 일의 자리의 숫자의 2배보다 1만큼 크다. 이 수는 일의 자리의 숫자와 십의 자리의 숫자를 바꾼 수의 2배보다 1만큼 작을 때, 처음 수를 구하시오.

3 도형에 대한 연립방정식의 활용

11 어떤 끈을 긴 끈과 짧은 끈으로 나누었다. 길이가 긴 끈의 길이는 짧은 끈의 길이의 3배보다는 2 cm가 짧고, 짧은 끈의 길이의 2배보다는 5 cm가 길다. 나누기 전의 끈의 길이는?

① 22 cm ② 23 cm ③ 24 cm
④ 25 cm ⑤ 26 cm

3 도형에 대한 연립방정식의 활용

12 세로의 길이가 가로의 길이의 3배보다 2 cm가 짧은 직사각형의 둘레의 길이가 20 cm일 때, 직사각형의 세로의 길이는?

① 6 cm ② 7 cm ③ 8 cm
④ 9 cm ⑤ 10 cm

❸ 도형에 대한 연립방정식의 활용

13 둘레의 길이가 30 cm인 직사각형이 있다. 이 직사각형의 가로의 길이를 5 cm 줄이고, 세로의 길이를 2배로 늘여도 둘레의 길이가 변하지 않았다. 처음 직사각형의 넓이를 구하시오.

❸ 도형에 대한 연립방정식의 활용

14 사다리꼴의 윗변의 길이가 아랫변의 길이의 2배보다 1 cm만큼 더 길다. 이 사다리꼴의 높이가 4 cm이고 넓이가 14 cm^2일 때, 윗변의 길이를 구하시오.

❹ 거리, 속력, 시간에 대한 연립방정식의 활용

15 예서는 오전 9시에 집에서 출발하여 공원에 갔다. 처음에는 시속 4 km로 걷다가, 중간에 시속 6 km로 빠르게 걸어 9시 35분에 공원 입구에 도착하였다. 예서네 집에서 공원 입구까지의 거리는 3 km라 할 때, 예서가 시속 6 km로 걸은 거리를 구하시오.

❹ 거리, 속력, 시간에 대한 연립방정식의 활용

16 윤서가 등산을 하는 데 등산로의 올라가는 길과 내려오는 길이 다르다. 올라가는 등산로는 내려오는 등산로보다 1 km가 더 길고, 윤서는 올라갈 때 시속 3 km, 내려올 때는 시속 5 km로 걸어서 총 3시간이 걸렸다고 한다. 윤서가 올라갈 때 걸은 거리는?

① 3 km ② 4 km ③ 5 km
④ 6 km ⑤ 7 km

❹ 거리, 속력, 시간에 대한 연립방정식의 활용

17 동생이 집에서 오전 9시에 출발하여 공원을 향해 분속 40 m로 걸어가고 있다. 형이 동생에게 놓고 간 도시락을 가져다주기 위해 9시 30분에 집에서 자전거를 타고 분속 100 m로 동생을 따라갔다. 두 사람이 만나는 시각은?

① 9시 40분 ② 9시 45분 ③ 9시 50분
④ 9시 55분 ⑤ 10시

❹ 거리, 속력, 시간에 대한 연립방정식의 활용

18 희재와 연호가 반지름의 길이가 $\frac{1000}{\pi}$ m인 원 모양의 호수의 둘레를 같은 지점에서 동시에 출발하여 처음으로 만나는 시각을 측정했다. 두 사람이 같은 지점에서 서로 반대 방향으로 돌면 10분 후에 만나고, 같은 방향으로 돌면 40분 후에 만난다고 한다. 연호가 희재보다 빠르다고 할 때, 연호의 속력은?

① 분속 50 m ② 분속 75 m ③ 분속 100 m
④ 분속 125 m ⑤ 분속 150 m

5 농도에 대한 연립방정식의 활용

19 2 %의 소금물과 5 %의 소금물을 섞어서 3 %의 소금물 300 g을 만들었다. 이때 넣은 2 %의 소금물의 양은?

① 100 g ② 150 g ③ 200 g
④ 250 g ⑤ 300 g

5 농도에 대한 연립방정식의 활용

20 다음 표는 두 식품 A, B에 들어 있는 단백질과 탄수화물의 함유율을 나타낸 것이다.

식품	단백질	탄수화물
A	20 %	30 %
B	20 %	10 %

두 식품에서 단백질 40 g, 탄수화물 30 g을 섭취하기 위해 섭취해야 하는 식품 A의 양과 식품 B의 양의 차는?

① 80 g ② 85 g ③ 90 g
④ 95 g ⑤ 100 g

5 농도에 대한 연립방정식의 활용

21 A는 구리와 주석을 같은 비율로 포함하고 있는 합금이고, B는 구리와 주석을 3 : 1로 포함한 합금이다. 두 합금 A, B를 녹여서 구리와 주석을 2 : 1의 비율로 포함한 새로운 합금 390 g을 만들려고 한다. 이때 필요한 두 합금의 양의 차는?

① 130 g ② 140 g ③ 150 g
④ 160 g ⑤ 170 g

6 비율에 대한 연립방정식의 활용

22 어느 학교의 올해 전체 학생 수는 작년에 비해 남학생 수가 2 % 감소하고, 여학생 수가 5 % 증가하여 작년에 비해 22명 늘어난 1022명이 되었다. 올해의 남학생 수를 구하시오.

6 비율에 대한 연립방정식의 활용

23 은솔이네 반은 학생 수가 25명이고, 남학생의 40 %, 여학생의 20 %가 안경을 썼다고 한다. 안경을 쓰지 않은 학생의 수가 학급 학생 전체의 72 %일 때, 은솔이네 반의 여학생 수는?

① 11명 ② 12명 ③ 13명
④ 14명 ⑤ 15명

6 비율에 대한 연립방정식의 활용

24 장훈이와 소윤이가 일을 같이 하면 8일 만에 마칠 수 있는 일을 소윤이가 먼저 4일 동안 일을 하고, 장훈이가 12일 동안 일을 해서 마쳤다. 같은 일을 장훈이가 먼저 7일 동안 했을 때, 소윤이가 남은 일을 혼자 했을 때 걸리는 시간은?

① 6일 ② 7일 ③ 8일
④ 9일 ⑤ 10일

1

50명을 뽑는 시험에 800명이 응시하였는데, 최저 합격 점수는 응시생 800명의 성적의 평균보다 12점 높고, 합격한 응시생의 성적의 평균보다 3점 낮았다. 또한 불합격한 응시생 성적의 평균의 3배와 합격한 응시생 성적의 평균의 2배의 차는 40점이었다. 이때 최저 합격 점수를 구하시오.

1-1

어느 학급의 수학 성적의 평균을 구한 결과 남학생의 평균은 85점, 여학생의 평균은 80점, 학급 전체 평균은 82점이었다고 한다. 남학생 수와 여학생 수의 차는 5명일 때, 이 학급의 전체 학생 수를 구하시오.

2

은비와 동생의 이번 달 용돈의 비는 6 : 5이고, 은비와 동생이 사용한 용돈의 비는 4 : 3이다. 현재 두 사람에게 남은 용돈의 합은 16500원이고, 남은 용돈의 비는 16 : 17이라고 할 때, 이번 달에 두 사람이 사용한 용돈의 전체 금액을 구하시오.

2-1

어느 회사의 시험에 지원한 사람의 남자와 여자의 비가 12 : 11이고, 합격한 사람의 남녀의 비는 3 : 2, 불합격한 사람의 남녀의 비는 1 : 1이었다. 합격한 사람이 50명일 때, 전체 지원자의 수를 구하시오.

일정한 속력으로 달리고 있는 지하철 몸체의 머리가 다리에 도달한 순간부터 몸체의 꼬리가 다리를 통과할 때까지의 시간을 측정했다고 한다. 지하철이 길이가 1.02 km인 다리를 통과하는 데 50초가 걸리고, 길이가 800 m인 다리를 통과하는 데는 40초가 걸린다고 한다. 이때 지하철의 속력을 초속 x m, 지하철의 길이를 y m라고 할 때, $|x-y|$의 값을 구하시오.

일정한 속력으로 달리는 기차가 있다. 이 기차가 길이 620 m인 터널을 완전히 통과하는 데 18초가 걸리고, 길이 500 m인 터널을 통과하는 데 15초가 걸린다고 한다. 이때 기차의 길이를 구하시오.

길이가 24 km인 강을 배를 타고 왕복하는 데, 강물을 따라 내려올 때는 1시간 30분이 걸렸고, 강물을 거슬러 올라갈 때는 2시간이 걸렸다고 한다. 이때 흐르는 강물의 속력을 구하시오. (단, 강물이 흐르는 속력은 일정하고, 흐르지 않는 물에서의 배의 속력은 일정하다.)

길이가 20 km인 강을 배를 타고 왕복하려고 한다. 강을 따라 내려갈 때는 1시간이 걸렸는데, 강을 거슬러 올라갈 때는 소나기가 와서 강물의 속력이 평소의 속력보다 1.5배 빨라져서 1시간 20분이 걸렸다고 한다. 평소에 강을 거슬러 올라가는 데 걸리는 시간을 구하시오. (단, 강물이 흐르는 속력은 일정하고, 흐르지 않는 물에서의 배의 속력은 일정하다.)

서술형 집중 연습

예제 1

3년 전에 어머니와 아들의 나이의 합이 55살이었고, 10년 후에 어머니의 나이는 아들의 나이의 2배보다 6살이 많다고 한다. 두 사람의 나이의 차를 구하시오.

풀이 과정

올해 어머니의 나이를 x살, 아들의 나이를 y살이라고 하자.
□년 전 어머니와 아들의 나이의 합이 □살이었으므로
$(x-\square)+(y-\square)=\square$ …… ㉠
10년 후에 어머니의 나이는 아들의 나이의 2배보다 6살 많으므로
$\square+10=2(\square+10)+\square$ …… ㉡
㉠과 ㉡을 연립하여 풀면 $x=\square$, $y=\square$
따라서 $x-y=\square$이므로, 어머니와 아들의 나이의 차는 □살이다.

유제 1

지금으로부터 2년 전에 할아버지의 나이는 손녀의 나이의 5배였고, 지금부터 12년 후에 할아버지의 나이는 손녀의 나이의 3배가 된다고 한다. 할아버지와 손녀의 나이의 차를 구하시오.

예제 2

두 자리 자연수에 대하여 이 수는 각 자리의 숫자의 합의 4배이고, 이 수의 십의 자리의 숫자와 일의 자리의 숫자를 바꾼 수는 처음 수보다 18이 크다. 이때 처음 수를 구하시오.

풀이 과정

십의 자리의 숫자를 x, 일의 자리의 숫자를 y라고 하자.
이 수는 각 자리의 숫자의 합의 4배이므로
$10x+y=4(\square)$ …… ㉠
이 수의 십의 자리의 숫자와 일의 자리의 숫자를 바꾼 수는 처음 수보다 18만큼 크므로
$\square=10x+y+\square$ …… ㉡
㉠과 ㉡을 연립하여 풀면 $x=\square$, $y=\square$
따라서 처음 수는 □이다.

유제 2

두 자리 자연수에 대하여 이 수의 각 자리의 숫자의 합은 14이고, 이 수의 십의 자리의 숫자와 일의 자리의 숫자를 바꾼 수는 처음 수보다 18만큼 작다고 한다. 이때 처음 수를 구하시오.

예제 3

승윤이가 약속 장소에 가기 위해 오전 9시에 집에서 5 km 떨어진 약속 장소를 향해 출발하였다. 처음에는 시속 4 km로 걷다가 중간에 문구점에 들러 선물을 30분간 구매하고, 이후 시속 3 km로 걸어서 약속 장소에 오후 10시 50분에 도착했다. 승윤이가 문구점에 가기 전까지 걸은 거리를 구하시오.

풀이 과정

승윤이가 시속 4 km로 걸은 거리를 x km, 시속 3 km로 걸은 거리를 y km라고 하자.

승윤이의 집에서 약속 장소까지의 거리는 ☐ km이므로

$x+y=$☐ …… ㉠

집에서 약속 장소까지 가는 데 걸린 총 시간이 1시간 50분이므로 $\frac{x}{4}+$☐$+\frac{y}{3}=$☐ …… ㉡

㉠과 ㉡을 연립하여 풀면 $x=$☐, $y=$☐

따라서 승윤이가 문구점에 도착하기 전까지 걸은 거리는 ☐ km이다.

예제 4

어느 학교의 내년의 예상 학생 수는 올해에 비하여 남학생이 10 % 줄고, 여학생이 10 % 늘어서 전체 학생 수는 1 % 증가할 예정이다. 올해 이 학교의 전체 학생 수가 400명일 때, 올해의 남학생 수를 구하시오.

풀이 과정

올해의 남학생 수를 x명, 올해의 여학생 수를 y명이라고 하자.

올해의 전체 학생 수는 ☐명이므로

$x+y=$☐ …… ㉠

내년의 예상 학생 수는 올해의 학생 수에 비해 1 % 증가할 예정이므로, ☐명이 증가할 예정이다. 따라서

☐$x+$☐$y=$☐ …… ㉡

㉠과 ㉡을 연립하여 풀면 $x=$☐, $y=$☐이다.

따라서 올해의 남학생 수는 ☐명이다.

유제 3

승훈이는 약수터에 갔다오려고 한다. 갈 때는 시속 5 km로 걸어서 약수터에 도착한 다음, 5분 동안 약수를 받고 돌아올 때는 다른 길을 택하여 시속 3 km로 걸어왔더니 총 1시간 30분이 걸렸다. 약수터에 갈 때 걸었던 거리는 약수터에서 돌아올 때 걸었던 거리의 4배였다고 할 때, 승훈이가 걸은 전체 거리를 구하시오.

유제 4

어느 학교의 올해의 학생 수는 작년에 비하여 남학생이 6 % 늘고, 여학생이 12 % 줄었다고 한다. 전체 학생 수는 작년과 동일한 600명이었을 때, 올해의 여학생 수를 구하시오.

01 어떤 두 정수의 합은 69이고, 큰 수를 작은 수로 나누면 몫이 5이고 나머지가 3이다. 두 수 중 큰 수는?

① 56 ② 57 ③ 58
④ 60 ⑤ 61

02 두 자리 자연수가 있다. 이 자연수는 각 자리의 숫자의 합의 2배이고, 십의 자리의 숫자와 일의 자리의 숫자를 바꾼 수는 처음 수보다 63만큼 크다. 이때 처음 수는?

① 16 ② 18 ③ 20
④ 22 ⑤ 24

03 민철이는 한 자루에 800원 하는 볼펜과 한 자루에 500원 하는 연필을 합하여 13자루를 사서 1100원짜리 상자에 넣었더니 총 금액이 10000원이 되었다. 이때 민철이가 산 볼펜과 연필의 자루 수를 순서대로 구한 것은?

① 8자루, 5자루 ② 7자루, 6자루
③ 6자루, 7자루 ④ 5자루, 8자루
⑤ 4자루, 9자루

04 지금으로부터 10년 전에는 아버지의 나이가 아들의 나이의 6배보다 2살이 많았고, 지금으로부터 10년 후에는 아버지의 나이가 아들의 나이의 2배보다 6살이 더 많다고 한다. 현재 아버지와 아들의 나이의 합은?

① 62살 ② 63살 ③ 64살
④ 65살 ⑤ 66살

05 지원이와 지수 두 사람이 가위바위보를 하여 이긴 사람은 2계단씩 올라가고, 진 사람은 1계단씩 내려가기로 하였다. 12번의 가위바위보를 하여 지원이가 처음 위치보다 15계단을 올라갔다. 지원이와 지수의 이긴 횟수의 차는?
(단, 두 사람이 비기는 경우는 없다.)

① 6회 ② 7회 ③ 8회
④ 9회 ⑤ 10회

고난도

06 도미노 퍼즐을 완성하는 데 선생님이 혼자서 하면 6시간, 학생 혼자서 하면 8시간이 걸린다고 한다. 선생님과 학생이 합하여 7명이 한 팀으로 이 퍼즐을 완성하는 데 1시간이 걸렸다. 이 팀의 선생님과 학생 수가 각각 몇 명인지 순서대로 구한 것은? (단, 선생님들끼리와 학생들끼리는 각각 일하는 능력이 같다.)

① 2명, 5명 ② 3명, 4명 ③ 4명, 3명
④ 5명, 2명 ⑤ 6명, 1명

07 둘레의 길이가 48 cm인 직사각형이 있다. 이 직사각형의 가로의 길이를 4 cm만큼 줄이고, 세로의 길이를 3배로 늘였더니 그 둘레의 길이가 52 cm가 되었다. 바뀐 직사각형의 넓이는?

① $133\,cm^2$ ② $138\,cm^2$ ③ $143\,cm^2$
④ $148\,cm^2$ ⑤ $153\,cm^2$

08 학생 수가 30명인 어느 학급에서 남학생의 $\frac{3}{7}$과 여학생의 $\frac{3}{4}$이 고궁으로 체험학습을 희망하였다. 고궁으로 체험학습을 희망한 학생이 18명이라면 이 학급의 남학생 수와 여학생 수의 차는?

① 0명 ② 1명 ③ 2명
④ 3명 ⑤ 4명

09 작년에 고구마와 감자 두 작물의 생산량의 합은 1500 kg이었는데, 올해는 작년보다 고구마의 생산량이 10 % 증가하고 감자의 생산량이 6 % 감소하여 전체 생산량이 1538 kg이 되었다. 올해 고구마와 감자의 생산량의 차는?

① 214 kg ② 216 kg ③ 218 kg
④ 220 kg ⑤ 222 kg

10 어느 마트에서 과일과 채소를 할인 판매하였다. 과일과 채소를 정가에서 각각 20 %, 30 %를 할인 판매하여 과일 3개, 채소 2단을 정가에서 24 % 싼 가격으로 총 7600원에 구입하였다. 과일 한 개와 채소 한 단의 정가의 합은?

(단, 과일과 채소끼리는 각각 가격이 같다.)

① 3600원 ② 3800원 ③ 4000원
④ 4200원 ⑤ 4400원

11 4 %의 소금물과 9 %의 소금물을 섞은 후, 물 300 g을 더 넣어서 7 %의 소금물 2800 g을 만들려면 4 %의 소금물과 9 %의 소금물은 각각 몇 g을 섞어야 하는지 순서대로 구한 것은?

① 520 g, 1820 g ② 560 g, 1820 g
③ 580 g, 1980 g ④ 580 g, 1920 g
⑤ 620 g, 1920 g

고난도

12 영효와 성원이는 둘레의 길이가 4.5 km인 인근 산의 둘레길을 돌고 있다. 두 사람이 같은 지점에서 동시에 출발하여 같은 방향으로 돌면 1시간 30분 후에 처음으로 만나고, 반대 방향으로 돌면 30분 후에 처음으로 만난다고 한다. 영효의 속력이 성원이의 속력보다 빠르다고 할 때, 영효와 성원이의 속력을 각각 순서대로 구한 것은?

① 시속 5 km, 시속 2 km
② 시속 5 km, 시속 3 km
③ 시속 6 km, 시속 2 km
④ 시속 6 km, 시속 3 km
⑤ 시속 7 km, 시속 2 km

서술형

13 어느 반 학생 25명이 수학 시험을 보았는데 남학생 점수의 평균은 62점, 여학생 점수의 평균은 67점이고, 반 전체 점수의 평균은 64.4점이었다. 이 반의 남학생 수와 여학생 수를 각각 구하시오.

14 어떤 음식을 만드는 데 당근과 브로콜리를 합한 무게는 300 g이고 여기서 얻은 열량은 120 kcal라고 한다. 다음은 당근과 브로콜리 100 g에 각각 들어 있는 열량을 나타낸 표일 때, 이 음식을 만드는 데 사용된 당근과 브로콜리의 무게를 각각 구하시오.

식품	열량(kcal)
당근	36
브로콜리	42

15 태웅이는 휴일에 등산을 하였다. 오전 7시에 출발하여 오전 9시 30분에 돌아왔다. 올라갈 때는 시속 3 km로, 중간에 20분 쉬었다가 내려올 때는 올라갈 때와 다른 코스로 시속 2 km로 총 5 km를 등산했다. 태웅이가 올라갈 때 걸은 거리와 내려올 때 걸은 거리를 각각 구하시오.

고난도

16 보트를 타고 길이가 96 km인 강을 내려가는 데 2시간, 거슬러 올라가는 데 3시간이 걸렸다. 이때 정지한 물에서의 보트의 속력과 강물의 속력을 각각 구하시오. (단, 정지한 물에서의 보트와 강물의 속력은 일정하다.)

중단원 실전 테스트 2회

01 차가 19인 두 정수가 있다. 큰 수는 작은 수의 4배보다 7만큼 클 때, 두 수의 합은?

① 26 ② 27 ③ 28
④ 29 ⑤ 30

02 각 자리의 숫자의 합이 13인 두 자리 자연수가 있다. 십의 자리의 숫자와 일의 자리의 숫자를 바꾼 수는 처음 수보다 45만큼 크다고 할 때, 처음 자연수를 처음 자연수의 일의 자리의 숫자로 나눈 나머지는?

① 3 ② 4 ③ 5
④ 6 ⑤ 7

03 어느 대공원의 입장료는 어른은 2000원, 청소년은 1500원이라고 한다. 어느 중학교 체험 학습에서 선생님과 학생을 합하여 67명이 입장하였을 때의 입장료가 104000원일 때, 이날 입장한 선생님과 학생의 수의 차는? (단, 선생님은 어른 요금, 학생은 청소년 요금으로 입장한다.)

① 49명 ② 51명 ③ 53명
④ 55명 ⑤ 57명

04 올해 아버지의 나이는 민서 나이의 3배보다 2살 많고, 8년 전에는 아버지의 나이가 민서 나이의 6배보다 3살 적다고 한다. 아버지의 나이와 민서 나이의 차는?

① 32살 ② 33살 ③ 34살
④ 35살 ⑤ 36살

05 어떤 수학 시험에서 한 문제를 맞히면 5점을 얻고, 틀리면 3점을 감점 받는다고 한다. 우식이는 이 수학 시험에서 20문제를 모두 풀어 68점을 얻었다고 할 때, 우식이가 틀린 문제의 개수는?

① 3개 ② 4개 ③ 5개
④ 6개 ⑤ 7개

고난도

06 어느 회사에서 20명을 뽑는 채용 시험에 80명이 응시하였다. 이 채용 시험의 최저 합격 점수는 응시생 80명의 성적의 평균보다 1.5점이 높고, 합격한 응시생 성적의 평균보다 15점이 낮았다. 또, 합격한 응시생 성적의 평균의 2배는 불합격한 응시생 성적의 평균의 3배보다 22점이 낮았다. 이때 최저 합격 점수는?

① 73점 ② 74점 ③ 75점
④ 76점 ⑤ 77점

07 길이가 112 cm인 줄을 두 개로 나누었더니 긴 줄의 길이가 짧은 줄의 길이의 4배보다 12 cm만큼 더 길다고 한다. 이때 긴 줄의 길이와 짧은 줄의 길이의 차는?

① 66 cm ② 68 cm ③ 70 cm
④ 72 cm ⑤ 74 cm

08 수학 동아리에서 전체 회원에게 수학 체험전 참가에 대한 찬반 투표를 하였다. 찬성표가 반대표보다 5표 더 많아서 전체 투표 수의 $\frac{3}{5}$이 되었다. 이 수학 동아리의 전체 회원 수는?
(단, 무효표나 기권은 없다.)

① 20명 ② 25명 ③ 30명
④ 35명 ⑤ 40명

09 지난달 민수와 성주 두 형제의 휴대 전화 요금을 합한 금액은 8만 원이었고, 이번 달의 휴대 전화 요금은 지난 달에 비해 민수는 6 % 증가하고, 성주는 6 % 감소하여 두 사람의 휴대 전화 요금을 합한 금액은 0.3 % 증가하였다. 지난달과 이번 달에 낸 민수의 휴대 전화 요금의 총 금액은?

① 85920원 ② 86120원 ③ 86320원
④ 86520원 ⑤ 86720원

10 어느 마스크 제조 회사에서 두 종류의 마스크를 만들어 한 박스에 원가의 20 %의 이익을 각각 붙여 정가를 정하였더니 정가의 합이 28800원이었다. 두 종류의 마스크 한 박스의 원가의 차가 2000원일 때, 두 마스크 한 박스의 정가의 차은?

① 2400원 ② 2500원 ③ 2600원
④ 2700원 ⑤ 2800원

11 6 %의 소금물에 소금을 더 넣어서 15.4 %의 소금물 500 g을 만들려고 한다. 이때 더 필요한 소금의 양은?

① 42 g ② 44 g ③ 46 g
④ 48 g ⑤ 50 g

고난도

12 태웅이와 태수는 집에서 학교까지 자전거를 타고 가기로 하였다. 태수가 먼저 출발하여 분속 200 m로 1 km를 간 후 태웅이는 분속 250 m로 태수를 따라가 학교 앞에서 만났다. 집에서 학교까지 거리는 몇 km인가?

① 5 km ② 5.2 km ③ 5.4 km
④ 5.6 km ⑤ 5.8 km

13 어느 회사에 입사한 민구와 서진이의 한 달 총수입 금액의 비는 10 : 9, 총지출 금액의 비는 4 : 5이고 남은 돈은 모두 저축한다고 한다. 한 달 동안 민구는 120만 원, 서진이는 80만 원을 저축한다고 할 때, 민구의 총수입 금액과 서진이의 총지출 금액을 각각 구하시오.

14 식품 A에는 탄수화물과 지방의 비율이 각각 60 %, 20 % 들어 있고, 식품 B에는 탄수화물과 지방의 비율이 각각 20 %, 50 % 들어 있다. 두 식품 A, B에서 탄수화물 300 g, 지방 230 g을 섭취하려면 두 식품 A, B는 각각 몇 g을 먹어야 하는지 구하시오.

15 지성이네 가족은 집에서 185 km 떨어진 할머니댁까지 자동차를 타고 이동하려고 한다. 집에서 출발하여 고속도로로 1시간 30분 동안 이동한 후 지방도로로 50분 동안 이동하여 할머니댁에 도착하였다. 고속도로에서의 속력은 지방도로에서의 속력보다 시속 30 km 만큼 더 빠르다고 할 때, 지성이네 가족이 자동차로 고속도로와 지방도로로 갈 때의 속력을 각각 구하시오. (단, 고속도로와 지방도로에서 각각 일정한 속력으로 이동한다.)

고난도

16 속력이 일정한 보트를 타고 길이가 15 km인 강을 거슬러 올라가는 데 1시간 30분, 강을 따라 내려오는 데 50분이 걸렸다. 이 강에 연꽃잎을 띄웠을 때, 이 연꽃잎이 3 km를 떠내려가는 데 걸리는 시간이 몇 분인지 구하시오. (단, 강물의 속력은 일정하고, 연꽃잎은 강물과 같은 속력으로 떠내려 간다.)

부록

실전 모의고사 1회

점수	점	이름	

1. 선택형 20문항, 서술형 5문항으로 되어 있습니다.
2. 주어진 문제를 잘 읽고, 알맞은 답을 답안지에 정확하게 표기하시오.

01 분수 $\frac{7}{125}$을 $\frac{a}{10^n}$의 꼴로 고쳐서 유한소수로 나타낼 때, $a+n$의 값 중 가장 작은 값은? (단, a, n은 자연수) [4점]

① 56　② 59　③ 60　④ 67　⑤ 72

02 다음 분수 중 소수로 나타낼 때, 유한소수로 나타낼 수 없는 것은? [3점]

① $\frac{27}{2^2\times3^2\times5}$　② $\frac{6}{2^2\times3\times5^2}$　③ $\frac{3}{2\times3^2\times5}$　④ $\frac{45}{2^4\times3^2\times5}$　⑤ $\frac{42}{2\times3\times5^2\times7}$

03 x에 관한 일차방정식 $60x-15=25a$의 해를 소수로 나타내면 유한소수가 된다. 다음 중 a가 될 수 있는 수는? [4점]

① 1　② 2　③ 3　④ 4　⑤ 5

04 순환소수 $0.\dot{a}bcdef\dot{g}$의 소수점 아래 33번째 자리부터 소수점 아래 39번째 자리까지의 숫자가 차례로 3, 2, 5, 7, 9, 1, 4일 때, $c+f$의 값은? (단, a, b, c, d, e, f, g는 한 자리 자연수) [4점]

① 3　② 5　③ 7　④ 13　⑤ 14

05 $(-x)^2\times2x^3y\times(-5y)=ax^by^c$일 때, 상수 a, b, c에 대하여 $a+b+c$의 값은? [4점]

① -3　② -1　③ 2　④ 5　⑤ 7

06 반지름의 길이가 $2a$인 원기둥의 부피가 $20\pi a^3$일 때, 원기둥의 높이는? [4점]

① a　② $2a$　③ $3a$　④ $4a$　⑤ $5a$

07 $ax^2-x+2a-3(2x^2+ax+4)$를 간단히 하였을 때, x^2의 계수와 x의 계수의 합이 -5이다. 이때 상수항은? (단, a는 상수) [4점]

① -20　② -15　③ -14　④ -6　⑤ -2

08 다음 식을 간단히 하였을 때, a의 계수는? [4점]

$$-3a+4b-[3a-\{a-2(a+2b)\}]$$

① -7　② -4　③ 1
④ 5　⑤ 8

09 어떤 다항식에 $-xy$를 곱해야 할 것을 잘못 하여 나누었더니 $-2xy^2+\frac{1}{2}$이 되었다. 바르게 계산한 식은? [4점]

① $-xy+\frac{1}{3}x^2y^3$　② $-x^2y^2+\frac{3}{2}x^3y^4$
③ $-2x^3y^2+\frac{5}{2}x^2y^5$　④ $-x^3y^4+\frac{1}{4}xy^2$
⑤ $-2x^3y^4+\frac{1}{2}x^2y^2$

10 그림의 입체도형은 부피가 $24a^2-8ab$인 큰 직육면체 위에 부피가 $12a^2-3ab$인 작은 직육면체를 올려놓은 것이다. 이 입체도형의 전체의 높이는? [4점]

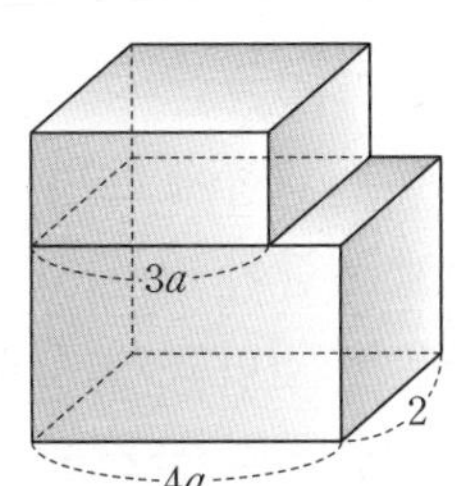

① $4a+b$　② $5a-\frac{3}{2}b$　③ $6a+b$
④ $7a-2b$　⑤ $8a+\frac{1}{2}b$

11 일차부등식 $3(x+1)>5x-7$을 만족시키는 자연수 x의 개수는? [3점]

① 3개　② 4개　③ 5개
④ 6개　⑤ 7개

12 일차부등식 $-2x+a\geq3(x+6)$의 해가 $x\leq-1$일 때, 상수 a의 값은? [3점]

① 4　② 7　③ 8
④ 10　⑤ 13

13 어떤 정수와 어떤 정수보다 2 큰 수를 합하면 20보다 클 때, 이를 만족시키는 가장 작은 정수는? [4점]

① 8　② 9　③ 10
④ 11　⑤ 12

14 목적지까지 시속 60 km의 속력으로 이동하면 약속 시간보다 5분 일찍 도착하게 되고, 시속 75 km의 속력으로 이동하면 약속 시간보다 10분 일찍 도착하게 된다고 한다. 이때 약속 시간을 지키기 위한 최저 속력은? [4점]

① 시속 30 km　② 시속 35 km
③ 시속 45 km　④ 시속 50 km
⑤ 시속 55 km

15 다음 중 미지수 x, y에 대한 일차방정식은? [3점]

① $3x-y=3(x+2)$ ② $x-1=5x+4$
③ $xy-x+y=1$ ④ $5x-1=3y+4$
⑤ $x^2+3x=1$

16 다음 연립방정식 중 해가 $x=3$, $y=2$인 것은? [3점]

① $\begin{cases} 2x+y=4 \\ x-3y=9 \end{cases}$ ② $\begin{cases} x=3y-6 \\ x=2y-5 \end{cases}$
③ $\begin{cases} x-4y=-7 \\ -3x-5y=4 \end{cases}$ ④ $\begin{cases} 3x+4y=17 \\ 4x+3y=18 \end{cases}$
⑤ $\begin{cases} 3x+2y=3 \\ -2x+3y=11 \end{cases}$

17 연립방정식 $\begin{cases} 0.1x-0.5y=0.9 \\ \frac{3}{10}x+\frac{1}{5}y=1 \end{cases}$ 의 해가 $x=p$, $y=q$일 때, pq의 값은? [4점]

① -8 ② $-\frac{9}{2}$ ③ -4
④ $\frac{3}{2}$ ⑤ $\frac{14}{3}$

18 연립방정식 $\begin{cases} x+y=1 \\ 2x+3(y-1)=-2 \end{cases}$ 의 해를 (a, b)라고 할 때, $\begin{cases} 2x-by=5 \\ \frac{a}{2}x+2by=-5 \end{cases}$ 의 해는? [4점]

① $(-2, -2)$ ② $(1, 3)$ ③ $\left(2, \frac{1}{3}\right)$
④ $\left(\frac{5}{2}, \frac{1}{2}\right)$ ⑤ $(4, -2)$

19 윤지와 세빈이가 계단에서 가위바위보를 하여 이긴 사람은 4계단을 올라가고, 진 사람은 1계단을 내려가기로 하였다. 얼마 후 윤지는 처음보다 36계단, 세빈이는 21계단 올라가 있었다고 할 때, 윤지가 이긴 횟수는?
(단, 두 사람이 비기는 경우는 없다.) [4점]

① 8회 ② 9회 ③ 10회
④ 11회 ⑤ 12회

20 어떤 자격증 시험에 30명이 응시하였다. 응시생 전체 평균이 69점인 이 시험의 합격자의 평균은 87점이고, 불합격자의 평균은 60점이었을 때, 합격자의 수는? [4점]

① 10명 ② 11명 ③ 12명
④ 13명 ⑤ 14명

서술형

21 순환소수 $0.0\dot{0}\dot{9}$에 어떤 자연수를 곱하면 유한소수로 나타낼 수 있다. 이러한 자연수 중 두 자리 자연수의 개수를 구하시오. [5점]

22 $x^4 \times x^a \div x^7 = 1$과 $\left(\frac{y^3}{x^2}\right)^b = \frac{y^6}{x^4}$을 만족시키는 자연수 a, b에 대하여 x에 대한 이차식

$$ax(x+1)-b(-x^2+5x+1)$$

을 간단히 하시오. [5점]

23 일차부등식 $\frac{x-1}{4}+3x<a$를 만족시키는 자연수 x가 5개 이상일 때, 상수 a의 값의 범위를 구하시오. [5점]

24 연립방정식 $\begin{cases} 2x+y=5 \\ 4x+3y=5 \end{cases}$를 푸는 데 일차방정식 $4x+3y=5$에서 y의 계수 3을 어떤 수 a로 잘못 보고 풀어서 $x=4$를 얻었다. 이때 a의 값을 구하시오. [5점]

25 지영이네 학교의 작년 2학년 학생 수는 400명이었다. 올해는 작년에 비하여 남학생 수는 20 % 증가하고, 여학생 수는 10 % 감소하여 전체적으로 10명이 감소하였다. 올해 남학생 수를 구하시오. [5점]

실전 모의고사 2회

점수	점	이름	

1. 선택형 20문항, 서술형 5문항으로 되어 있습니다.
2. 주어진 문제를 잘 읽고, 알맞은 답을 답안지에 정확하게 표기하시오.

01 다음 분수 중 소수로 나타낼 때, 유한소수로 나타낼 수 있는 분수는? [3점]

① $\frac{2}{15}$ ② $\frac{7}{45}$ ③ $\frac{10}{5^2\times7}$
④ $\frac{66}{3\times5\times11}$ ⑤ $\frac{39}{2^2\times3\times7}$

02 어떤 수 a를 소수로 나타내면 순환소수 $0.72\dot{5}\dot{6}$이다. $1000a$를 소수로 나타내면 다시 순환소수가 될 때, $1000a$의 순환마디는? [4점]

① 5 ② 6 ③ 56
④ 65 ⑤ 256

03 분수 $\frac{x}{70}$를 소수로 나타내면 유한소수이고, 기약분수로 고치면 $\frac{2}{y}$가 된다. x가 20보다 크고 30보다 작을 때, $x+y$의 값은? [4점]

① 20 ② 25 ③ 28
④ 30 ⑤ 33

04 $\{(a^2)^3\}^2$을 간단히 나타내면? [3점]

① a^7 ② a^8 ③ a^9
④ a^{10} ⑤ a^{12}

05 $(-2x^2)^3\times\frac{1}{8}x^2y\times\left(-\frac{3}{4}xy\right)$를 간단히 하면? [4점]

① $-\frac{3}{5}x^5y^4$ ② $\frac{5}{16}x^6y^8$ ③ $-\frac{2}{3}x^7y^9$
④ $-\frac{1}{4}x^8y^5$ ⑤ $\frac{3}{4}x^9y^2$

06 $-2x-[x+y-\{2x-5y-(5x-y)\}]$를 간단히 하였을 때, x의 계수와 y의 계수의 합은? [4점]

① -14 ② -11 ③ -6
④ 5 ⑤ 8

07 $\frac{5x^2-7x}{2x}-\frac{6x-2}{4}$를 간단히 하면? [3점]

① $x-3$ ② $2x+3$ ③ $3x+2$
④ $3x+5$ ⑤ $6x-3$

08 $x(1-x)+(2x^3-10x^2+4x)\div 2x$
$=ax^2+bx+c$일 때, 상수 a, b, c에 대하여 $a-b+c$의 값은? [4점]

① -5 ② -4 ③ 1
④ 3 ⑤ 6

09 다음 중 일차부등식은? [3점]

① $3x-2$ ② $x\le x+5$
③ $5x^2+4x>3$ ④ $2x+2=7$
⑤ $2+x>4$

10 일차부등식 $\frac{3}{2}+\frac{4}{3}x\le\frac{5}{2}x-2$의 해를 수직선 위에 옳게 나타낸 것은? [4점]

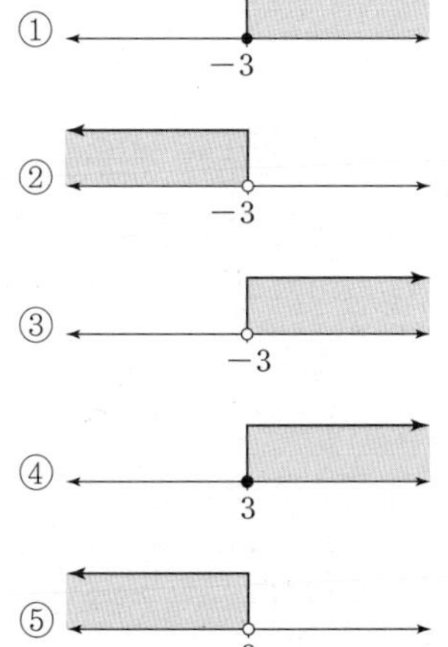

11 가로의 길이가 15 cm인 직사각형이 있다. 이 직사각형의 둘레의 길이가 68 cm 이하가 되게 할 때, 다음 중 세로의 길이가 될 수 <u>없는</u> 것은? [4점]

① 16 cm ② 17 cm ③ 18 cm
④ 19 cm ⑤ 20 cm

12 현재 통장에 언니는 4000원, 동생은 10000원이 예금되어 있다. 다음 달부터 매월 언니는 3000원씩, 동생은 1000원씩 예금을 한다면 언니의 예금액이 동생의 예금액의 2배보다 많아지는 것은 몇 개월 후부터인가? [4점]

① 15개월 ② 16개월 ③ 17개월
④ 18개월 ⑤ 19개월

13 일차방정식 $ax+y-1=0$의 한 해가 $(3,\ 4)$이다. $y=2$일 때, x의 값은? (단, a는 상수) [4점]

① -2 ② -1 ③ 1
④ 2 ⑤ 4

14 연립방정식 $\begin{cases} ax+y=7 \\ 3x-by=3 \end{cases}$의 해가 $x=2$, $y=3$일 때, 상수 a, b에 대하여 $a+b$의 값은? [4점]

① $-\frac{5}{2}$ ② -1 ③ 2
④ $\frac{5}{2}$ ⑤ 3

15 연립방정식 $\begin{cases} x+2y=3 & \cdots\cdots ㉠ \\ x-3y=-2 & \cdots\cdots ㉡ \end{cases}$에 대한 설명 중 옳지 않은 것은? [3점]

① 해는 한 개이다.
② 두 식을 변끼리 빼면 x가 없어진다.
③ ㉠×2−㉡을 하면 x가 없어진다.
④ ㉠×3+㉡×2를 하면 y가 없어진다.
⑤ 이 연립방정식의 해는 $x=1$, $y=1$이다.

16 연립방정식 $\begin{cases} ax+2by=8 & \cdots\cdots ㉠ \\ bx=2ay+6 & \cdots\cdots ㉡ \end{cases}$의 해를 구하는데 선호는 ㉠식을 잘못 보고 풀어 해가 (1, 2)가 나왔고, 재준이는 ㉡식을 잘못 보고 풀어 해가 (0, −2)가 나왔다. 이 연립방정식의 해는? (단, a, b는 상수) [4점]

① $x=2$, $y=2$　② $x=1$, $y=1$
③ $x=-2$, $y=-2$　④ $x=-\frac{9}{2}$, $y=\frac{1}{4}$
⑤ $x=-\frac{7}{2}$, $y=-\frac{1}{4}$

17 연립방정식 $\begin{cases} 4x+y=a \\ 2x-y=5 \end{cases}$의 해가 일차방정식 $y=-3x$를 만족시킬 때, 상수 a의 값은? [4점]

① −5　② −2　③ 1
④ 6　⑤ 7

18 연립방정식 $\begin{cases} 3x+y=3 \\ ax-3y=ab \end{cases}$의 해가 무수히 많을 때, $a+b$의 값은? (단, a, b는 상수) [4점]

① −8　② −5　③ 0
④ 4　⑤ 9

19 다음 조건을 만족시키는 x, y가 있다.

(가) x의 3배와 y의 합은 7이다.
(나) y는 x의 $\frac{1}{2}$배이다.

이때 $x+y$의 값은? [4점]

① $\frac{2}{3}$　② 1　③ $\frac{9}{4}$
④ 3　⑤ 6

20 어느 학교에서 학생생활규정 개정에 대하여 학생들을 대상으로 찬반투표를 진행한 결과 1학년은 95 %가 찬성하였고, 2학년은 240명 중 168명이 찬성하였다. 3학년은 45 %가 찬성하여 전교생 730명 중 70 %가 찬성하였다고 할 때, 이 학교 3학년 학생 수는? [4점]

① 228명　② 235명　③ 242명
④ 245명　⑤ 250명

서술형

21 분수 $\frac{33}{50\times x}$이 유한소수가 되도록 하는 두 자리 홀수 x의 개수를 구하시오. [5점]

22 $\left(-\frac{y^2}{2x^{2a}}\right)^4=\frac{y^b}{cx^8}$일 때, 자연수 a, b, c에 대하여 a, b, c의 값을 각각 구하시오. [5점]

23 방정식 $\frac{2x+y}{9}=\frac{4x-ay+6}{5}=3x-y$의 해가 $x=6$, $y=b$일 때, 상수 a, b의 값을 각각 구하시오. [5점]

24 A, B 두 사람이 일을 하는 데 A가 4일 동안 하고 나머지를 B가 7일 동안 하면 완성할 수 있는 일을 A가 6일 동안 하고 나머지를 B가 2일 동안 하여 완성하였다. A와 B가 동시에 함께 일을 한다면, 함께 시작한 지 며칠째 되는 날 완성할 수 있는지 구하시오. [5점]

25 아래 표는 어느 가족이 새 정수기를 구입하기 위해 두 정수기의 이용 요금을 조사하여 정리한 것이다.

제품	월 요금	사은품	비고
A	15000원	없음.	·
B	20000원	현금 20만 원	36개월 사용 후 월 이용 요금 10 % 할인

두 정수기의 성능은 같다고 할 때, A 정수기를 구입하는 것이 경제적으로 유리하기 위해서는 최소 몇 개월을 사용해야 하는가?
(단, 두 정수기는 구입할 때 금액을 지불하지 않고, 월 요금만 매월 지불한다.) [5점]

실전 모의고사 3회

점수	점	이름	

1. 선택형 20문항, 서술형 5문항으로 되어 있습니다.
2. 주어진 문제를 잘 읽고, 알맞은 답을 답안지에 정확하게 표기하시오.

01 다음 중 순환소수와 순환마디를 바르게 연결한 것은? [3점]

	순환소수	순환마디
①	0.3434⋯	343
②	1.4141⋯	14
③	0.87666⋯	876
④	31.1313⋯	13
⑤	0.369369⋯	0369

02 분수 $\frac{2}{7}$를 소수로 나타낼 때, 소수점 아래 100번째 자리의 숫자는? [4점]

① 1 ② 2 ③ 4
④ 5 ⑤ 7

03 서로소인 두 자연수 a, b에 대하여 $1.\dot{6}\times\frac{b}{a}=0.\dot{2}$일 때, $b-a$의 값은? [4점]

① -13 ② -5 ③ -1
④ 11 ⑤ 15

04 $(-1)\times(-1)^2\times(-1)^3\times\cdots\times(-1)^{10}$의 값은? [4점]

① -55 ② -1 ③ 1
④ 10 ⑤ 55

05 〈보기〉에서 옳은 것을 모두 고른 것은? [3점]

보기
ㄱ. $a\times a^2\times a^3=a^6$
ㄴ. $a^2\times b^5\times a^3\times b^3=a^6b^{15}$
ㄷ. $x^2\times x^4\times x^9\times x=x^{16}$
ㄹ. $x^3\times y^8\times x^3\times y^2=x^6y^{10}$

① ㄱ ② ㄱ, ㄷ ③ ㄴ, ㄷ
④ ㄱ, ㄷ, ㄹ ⑤ ㄱ, ㄴ, ㄷ, ㄹ

06 다음 중 옳은 것은? [3점]

① $\left(\frac{x^2}{y^3}\right)^3=\frac{x^4}{y^6}$
② $\left(-\frac{2y}{x}\right)^4=\frac{8y^4}{x^4}$
③ $\left(\frac{3x}{y^2}\right)^2=\frac{9x^2}{y^4}$
④ $\left(-\frac{y^4}{7x}\right)^2=-\frac{y^6}{49x^2}$
⑤ $\left(-\frac{3a}{2}\right)^2=\frac{3a^2}{4}$

07 $9^x \times (3^x+3^x+3^x+3^x)=108$일 때, 자연수 x의 값은? [4점]

① 1 ② 2 ③ 3
④ 4 ⑤ 5

08 $(x^2y)^a \div xy^b \times x^4y^3 = x^9y^3$일 때, 자연수 a, b에 대하여 $a-b$의 값은? [4점]

① -4 ② -1 ③ 0
④ 2 ⑤ 3

09 $-x(5x-2)+(3x^3-x^2)\div(-x)$ $=ax^2+bx$일 때, 상수 a, b에 대하여 ab의 값은? [4점]

① -24 ② -6 ③ -2
④ 10 ⑤ 18

10 밑면의 반지름의 길이가 $3a$인 원기둥의 부피가 $30\pi a^3-9\pi a^2b$일 때, 이 원기둥의 높이는? [4점]

① $a+2b$ ② $\frac{3}{2}a-b$
③ $\frac{5}{2}a+b$ ④ $3a-2b$
⑤ $\frac{10}{3}a-b$

11 수량 사이의 관계를 부등식으로 나타낸 것 중에서 옳지 않은 것은? [4점]

① 냉동실의 온도 x℃는 -25℃ 이하이다. ➡ $x \le -25$
② 한 통에 x원인 수박 3통의 가격은 40000원 미만이다. ➡ $3x<40000$
③ x km의 거리를 시속 80 km로 가는 데 걸리는 시간은 2시간을 넘지 않는다. ➡ $\frac{x}{80}<2$
④ 현재 x세인 동생의 10년 후의 나이는 현재 나이의 2배보다 많다. ➡ $x+10>2x$
⑤ 무게가 0.8 kg인 그릇 x개를 500 g인 상자에 담았더니 그 무게가 3 kg 미만이다. ➡ $0.8x+0.5<3$

12 $a<b$일 때, 다음 중 옳은 것은? [3점]

① $4a+3>4b+3$
② $-2a-3<-2b-3$
③ $a-1>b-1$
④ $-\frac{1}{2}a-1>-\frac{1}{2}b-1$
⑤ $8a-3>8b-3$

13 다음 부등식 중 [ ] 안의 수가 주어진 부등식의 해가 아닌 것은? [3점]

① $2x+1\ge5$ [2]
② $10-x\le-1$ [12]
③ $\frac{x-4}{3}-\frac{x}{2}>0$ [1]
④ $x>-2x$ [4]
⑤ $3x<1+2x$ [-1]

14 일차방정식 $x+2y=7$의 한 해가 일차방정식 $ax-y=7$을 만족시킬 때, 5 이상의 자연수 a의 값은? (단, x, y는 자연수) [4점]

① 5 ② 9 ③ 10
④ 11 ⑤ 12

15 두 연립방정식

$$\begin{cases} 2x+y=7 \\ ax-y=3 \end{cases}, \begin{cases} 9x-4y=6 \\ 9x+by=15 \end{cases}$$

의 해가 서로 같을 때, 상수 a, b에 대하여 $a+b$의 값은? [4점]

① -4 ② $-\frac{5}{3}$ ③ 0
④ $\frac{7}{4}$ ⑤ 2

16 연립방정식 $\begin{cases} x=3y-1 & \cdots\cdots ㉠ \\ 4x-y=7 & \cdots\cdots ㉡ \end{cases}$을 풀기 위해 ㉠을 ㉡에 대입하여 x를 없앴더니 $ay=11$이 되었다. 이때 상수 a의 값은? [4점]

① -10 ② -7 ③ 4
④ 8 ⑤ 11

17 다음 연립방정식 중 해가 없는 것은? [4점]

① $\begin{cases} 3x-y=2 \\ 2x-5y=1 \end{cases}$ ② $\begin{cases} -3x-6y=12 \\ x=-2y+4 \end{cases}$

③ $\begin{cases} 3x+4y=0 \\ -x-2y=1 \end{cases}$ ④ $\begin{cases} 0.4x-1.5y=0 \\ \frac{3}{5}x-\frac{1}{10}y=0 \end{cases}$

⑤ $\begin{cases} -\frac{1}{2}x+3y=1 \\ x-3y=1 \end{cases}$

18 두 자리 자연수가 있다. 십의 자리 숫자는 일의 자리 숫자보다 3이 작고, 십의 자리 숫자와 일의 자리 숫자의 합은 13일 때, 이 자연수는? [4점]

① 58 ② 67 ③ 76
④ 85 ⑤ 94

19 전체 학생이 27명인 반에서 4명 또는 5명으로 총 6개의 모둠을 만들어 활동을 하고자 한다. 이때 5명으로 만들어지는 모둠의 수는? [4점]

① 1개 ② 2개 ③ 3개
④ 4개 ⑤ 5개

20 지안, 진혁, 수현, 동훈이는 용돈을 모아 부산으로 여행을 가기로 했다. 아래의 설명을 읽고 진혁이와 동훈이가 각각 모은 용돈의 액수를 순서대로 구한 것은? [4점]

- 지안이와 진혁이가 모은 용돈의 액수는 같다.
- 수현이는 진혁이보다 2만 원을 더 모았다.
- 동훈이와 진혁이의 용돈을 합친 금액은 수현이와 지안이의 용돈을 합친 금액보다 만 원이 더 많다.
- 네 명이 모은 용돈의 금액은 17만 원이다.

① 1만 원, 5만 원 ② 2만 원, 5만 원
③ 3만 원, 6만 원 ④ 4만 원, 2만 원
⑤ 5만 원, 4만 원

서술형

21 분수 $\frac{x}{2^2 \times 3 \times 7}$가 다음 조건을 모두 만족시킬 때, x의 값이 될 수 있는 가장 작은 자연수를 구하시오. [5점]

(가) $\frac{x}{2^2 \times 3 \times 7}$를 소수로 나타내면 유한소수이다.
(나) x는 2와 3의 공배수이고, 세 자리의 자연수이다.

22 $x+y=3$이고 $a=2^{2x}$, $b=2^{2y}$일 때, ab의 값을 구하시오. [5점]

23 아랫변의 길이가 8 cm이고, 높이가 6 cm인 사다리꼴의 넓이가 42 cm^2 이상일 때, 사다리꼴의 윗변의 길이가 될 수 있는 값 중 가장 작은 값을 구하시오. [5점]

24 $\begin{cases} 0.\dot{1}x-0.\dot{2}y=0.\dot{1} \\ 0.\dot{2}x+0.\dot{5}y=1.\dot{2} \end{cases}$의 해를 구하시오. [5점]

25 둘레의 길이가 9 km인 호숫가 산책로를 승훈이가 선해보다 1.5 km 앞선 지점에서 출발하여 각각 일정한 속력으로 같은 방향으로 돌면 3시간 후에 처음으로 같이 만나고, 서로 반대 방향으로 돌면 1시간 후에 처음으로 다시 만난다고 한다. 승훈이의 속력이 선해의 속력보다 빠르다고 할 때, 승훈이의 속력을 구하시오. (단, 반대 방향은 서로 등진 방향을 뜻한다.) [5점]

최종 마무리 50제

소수의 이해

01 〈보기〉에서 옳은 것을 모두 고른 것은?

보기
ㄱ. 무한소수는 순환소수이다.
ㄴ. 순환하지 않는 무한소수는 유리수가 아니다.
ㄷ. 무한소수는 모두 유리수가 아니다.
ㄹ. 모든 유리수는 분모가 0이 아닌 분수로 나타낼 수 있다.

① ㄴ ② ㄱ, ㄴ
③ ㄱ, ㄷ ④ ㄴ, ㄹ
⑤ ㄴ, ㄷ, ㄹ

유한소수가 되도록 하는 x의 값 구하기

02 분수 $\frac{54}{3^2\times5^2\times x}$를 소수로 나타내면 유한소수로 나타낼 수 없을 때, 다음 중 x의 값이 될 수 있는 것은?

① 2 ② 4 ③ 6
④ 8 ⑤ 14

유한소수가 되도록 하는 x의 값 구하기

03 분수 $\frac{x}{2\times5^2\times3}$가 다음 두 조건을 모두 만족시킬 때, 가장 큰 두 자리 자연수 x의 값을 구하시오.

(가) 소수로 나타내면 유한소수가 된다.
(나) 기약분수로 나타내면 $\frac{7}{y}$이다.

순환마디와 순환소수의 표현

04 다음 분수를 소수로 나타내었을 때, 순환마디를 이루는 숫자의 개수가 가장 많은 것은?

① $\frac{7}{3}$ ② $\frac{11}{6}$ ③ $\frac{10}{7}$
④ $\frac{10}{11}$ ⑤ $\frac{13}{15}$

순환소수를 분수로 나타내기

05 순환소수 $x=0.1\dot{5}4\dot{6}$을 분수로 나타낼 때, 다음 중 가장 편리한 식은?

① $10x-x$ ② $100x-x$
③ $100x-10x$ ④ $1000x-10x$
⑤ $10000x-10x$

순환소수의 소수점 아래 n번째 자리의 숫자 구하기

06 순환소수 $0.\dot{4}6\dot{7}$에서 소수점 아래 32번째 자리의 숫자를 구하시오.

정답과 풀이 75쪽

순환마디와 순환소수의 표현

07 다음 중 순환소수의 표현으로 옳지 않은 것은?

① $0.141414\cdots=0.\dot{1}\dot{4}$
② $8.787878\cdots=\dot{8}.\dot{7}$
③ $3.6060\cdots=3.\dot{6}\dot{0}$
④ $5.051051\cdots=5.\dot{0}5\dot{1}$
⑤ $1.14242\cdots=1.1\dot{4}\dot{2}$

순환소수를 분수로 나타내기

08 다음 중 순환소수를 분수로 나타낼 때, 옳지 않은 것은?

① $0.\dot{3}=\frac{1}{3}$　② $0.1\dot{3}=\frac{2}{15}$
③ $0.\dot{2}1\dot{3}=\frac{71}{333}$　④ $1.4\dot{3}=\frac{129}{990}$
⑤ $0.4\dot{1}\dot{5}=\frac{137}{330}$

지수법칙의 종합과 응용

09 다음 중 옳은 것은?

① $x^2+x^2+x^2=x^6$　② $x^6\div x^2=x^3$
③ $(x^3)^4=x^7$　④ $(xy)^4=xy^4$
⑤ $\left(\frac{x}{y}\right)^2=\frac{x^2}{y^2}$

지수법칙(3) $a^m\div a^n$

10 다음 중 주어진 식의 계산 결과와 같은 것은?

$$a^7\div a^4\div a^2$$

① $a^5\div(a^5\div a^2)$　② $a^5\times a^4\div a^3$
③ $a^7\div(a^3\times a^3)$　④ $a^7\times(a^4\div a^2)$
⑤ $a^7\div a^5\times a^3$

단항식의 곱셈과 나눗셈

11 다음 중 옳지 않은 것은?

① $2x^2\times(-3x^4)=-6x^6$
② $(2x^2y^4)\times(-5xy^3)=-10x^3y^7$
③ $-25xy^3\div 5x^2y^2=-\frac{5y^2}{x}$
④ $12x^2y\div 8xy^3=\frac{3x}{2y^2}$
⑤ $8x^2\times\left(-\frac{1}{4}y^3\right)=-2x^2y^3$

단항식의 곱셈과 나눗셈

12 다음 □ 안에 알맞은 식은?

$$\frac{3x^3}{2y^3}\times(-2xy^2)^2\div\square=\frac{3x}{2y^2}$$

① $-4x^3y^2$　② $-2x^2y^3$
③ $4x^4y^3$　④ $8xy^3$
⑤ $12x^2y$

지수법칙의 종합과 응용

13 $2^{23}\times5^{19}$은 n자리 자연수일 때, n의 값을 구하시오.

지수법칙의 종합과 응용

14 $3^3=x$, $5^2=y$라고 할 때, 75^6을 x, y를 사용한 식으로 나타내면?

① x^2y^4 ② x^2y^6 ③ x^3y^4
④ x^3y^6 ⑤ x^3y^9

다항식의 덧셈과 뺄셈

15 $\left(\frac{1}{6}x-\frac{1}{2}y\right)-\left(\frac{5}{2}x-\frac{1}{3}y\right)$를 간단히 하면?

① $-\frac{7}{3}x-\frac{5}{6}y$ ② $-\frac{7}{3}x-\frac{1}{6}y$
③ $-\frac{7}{3}x+\frac{1}{6}y$ ④ $\frac{7}{3}x-\frac{1}{6}y$
⑤ $\frac{7}{3}x+\frac{1}{6}y$

다항식과 단항식의 곱셈과 나눗셈

16 다음 중 계산 결과가 옳지 않은 것은?

① $4x\times(-2x+1)=-8x^2+4x$
② $x(4x-3y+2)=4x^2-3xy+2x$
③ $(15x^2y+6xy^2)\div\frac{3}{2}xy=10x+4y$
④ $(5x^2y+20xy)\div\frac{5x}{2y}=2xy+8y^2$
⑤ $(8xy-12y^2+4xy^2)\div(-4y)$
$=-2x+3y-xy$

다항식과 단항식의 곱셈과 나눗셈

17 $-2y(x-5)+(27x^2+45x^2y+18x^3)\div(3x)^2$을 간단히 한 식에서 x의 계수를 a, y의 계수를 b라고 할 때, $a+b$의 값은?

① -17 ② -14 ③ 2
④ 14 ⑤ 17

다항식의 덧셈과 뺄셈

18 $4x-\{x+2y-3(-2x+y)\}$를 간단히 하면?

① $-3x-y$ ② $-3x+y$ ③ $3x-y$
④ $3x$ ⑤ $3x+y$

다항식과 단항식의 나눗셈

19 두 식

$A=(10x^2y-5xy^2)\div\frac{5}{2}xy,$

$B=(-9x^2-15xy)\div(-3x)$

에 대하여 $2A-B$를 x, y의 식으로 나타내면?

① $-5x-9y$ ② $-5x+9y$ ③ $5x-9y$
④ $5x-4y$ ⑤ $5x+9y$

다항식의 덧셈과 뺄셈

20 $4x^2-3x+6$에서 어떤 다항식을 빼야 할 것을 잘못하여 더했더니 $-4x^2+3x-6$이 되었다. 바르게 계산한 식은?

① $-12x^2-9x+18$ ② $-8x^2-6x-12$
③ $-8x^2+6x-12$ ④ $8x^2+6x-12$
⑤ $12x^2-9x+18$

지수법칙의 종합과 응용

21 다음 조건을 만족시키는 상수 a, b에 대하여 ab의 값을 구하시오.

(가) $\frac{5^4+5^4+5^4+5^4+5^4}{125}=5^a$
(나) $A=2^{x+1}$일 때, $64^x=\frac{A^b}{64}$ (단, $x\neq-1$)

부등식으로 나타내기

22 다음 중에서 문장을 부등식으로 나타낸 것으로 옳지 않은 것은?

① 한 개에 1000원 하는 쇼핑백에 1500원짜리 과자 x개를 담았을 때 지불해야 하는 값은 15000원 이하이다. ➡ $1000+1500x\le15000$
② 닭 x마리와 개 y마리의 다리 수의 합은 50개보다 작지 않다. ➡ $2x+4y\le50$
③ x의 5배에서 2를 뺀 수는 3보다 크거나 같다. ➡ $5x-2\ge3$
④ 내 키 x cm의 3배는 500 cm보다 작다. ➡ $3x<500$
⑤ x에서 10을 더한 수는 40 이하이다. ➡ $x+10\le40$

부등식의 성질

23 네 자연수 a, b, c, d가 다음 조건을 모두 만족시킬 때, 네 수의 대소 관계로 옳은 것은?

(가) $a>b$ (나) $c<a$
(다) $a+b=c+d$ (라) $a+c<b+d$

① $a<b<c<d$ ② $a<d<b<c$
③ $c<b<a<d$ ④ $c<b<d<a$
⑤ $d<a<c<b$

부등식의 해

24 주어진 일차부등식을 만족시키는 가장 큰 정수를 각각 구하시오.

ㄱ. $4(x-5)+1<-6x+7$
ㄴ. $\frac{1}{6}x-2(x-2)\ge-(x-1)+\frac{2}{3}x$

부등식의 해

25 일차부등식 $0.6x+0.4\geq-0.1x-1$의 해를 수직선 위에 올바르게 나타낸 것은?

①
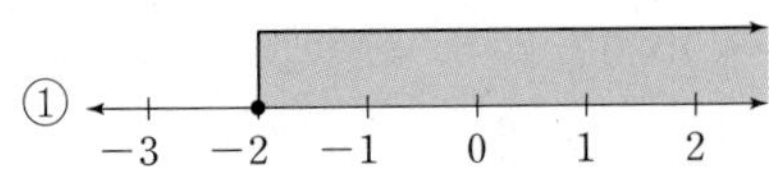

②
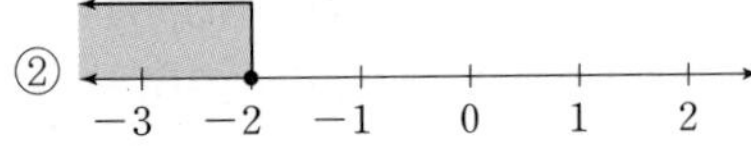

③
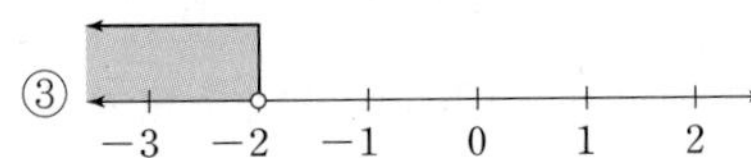

④
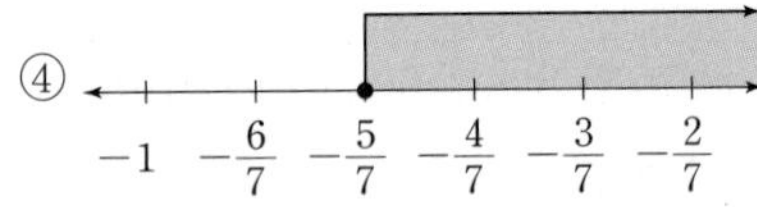

⑤
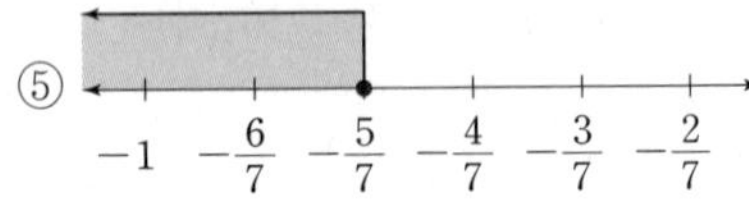

부등식의 해

26 일차부등식 $2(x-a)>ax+6$의 해가 다음과 같을 때, 상수 a의 값은?

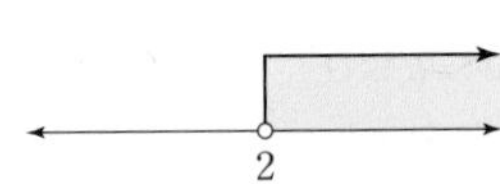

① -4 ② -2 ③ $-\frac{1}{2}$

④ $\frac{1}{2}$ ⑤ 2

부등식의 해

27 $a>1$일 때, x에 대한 부등식 $2+(a-1)x>2a$를 풀면?

① $x>2$ ② $x<2$

③ $x<0$ ④ $x>-1$

⑤ $x<-1$

부등식의 해

28 부등식 $\frac{x-2}{6}<1-\frac{1-3x}{3}$를 만족시키는 x의 값 중 가장 작은 정수를 구하시오.

해의 조건이 주어진 경우

29 일차부등식 $-4x-3>-x-a$의 해 중에서 가장 큰 정수가 -2일 때, 상수 a의 값의 범위는?

① $-4\leq a\leq-3$ ② $-4\leq a<-3$

③ $-4<a\leq-3$ ④ $-3\leq a<0$

⑤ $-3<a\leq0$

해의 조건이 주어진 경우

30 부등식 $\frac{3x-a}{2}\leq x-1$을 만족시키는 자연수 x가 1개일 때, 상수 a의 값의 범위는?

① $3\leq a<4$ ② $3<a\leq4$

③ $-3<a\leq4$ ④ $-3<a\leq3$

⑤ $-3<a\leq2$

유리한 방법을 선택하는 문제

31 어느 전시회의 입장료는 한 사람당 15000원이고 20명 이상의 단체인 경우에는 입장료의 10 %, 30명 이상의 단체인 경우에는 입장료의 20 %를 할인해 준다고 한다. 30명 미만의 단체에서 몇 명 이상이면 30명의 단체 입장권을 사는 것이 유리한가?

① 24명 ② 25명 ③ 26명
④ 27명 ⑤ 28명

유리한 방법을 선택하는 문제

32 원가가 8000원인 물건을 정가의 20 %를 할인하여 팔아서 원가의 15 % 이상의 이익을 얻으려고 한다. 이때 정가는 최소 얼마 이상이어야 하는가?

① 10600원 이상 ② 10780원 이상
③ 10960원 이상 ④ 11500원 이상
⑤ 12100원 이상

거리, 농도에 대한 문제

33 수업 시작하기 전까지 30분의 여유가 있어서 이 시간 동안 문구점에 가서 준비물을 사오려고 한다. 문구점까지는 시속 6 km로 달려갔다 온다고 할 때, 몇 km 이내에 위치한 문구점까지 다녀올 수 있는지 구하시오. (단, 물건을 사는 데 10분이 걸린다.)

거리, 농도에 대한 문제

34 16 %의 소금물 400 g에서 소금물을 퍼내고 퍼낸 양만큼의 물을 넣어 농도가 10 % 이하가 되게 하려고 한다. 소금물을 몇 g 이상 퍼내면 되겠는가?

① 92 g ② 96 g ③ 100 g
④ 112 g ⑤ 150 g

유리한 방법을 선택하는 문제

35 규진이는 다음과 같이 입장권 또는 자유 이용권을 이용할 수 있는 놀이공원에 가려고 한다. 놀이 기구를 몇 회 이상 탈 경우 자유 이용권을 이용하는 것이 더 유리한지 구하시오.

	입장권	자유 이용권
기본요금	20000원	35000원
놀이 기구	4회는 무료, 4회 초과 시 1회 탈 때마다 5000원	이용 무제한

일차부등식의 활용

36 그림과 같은 삼각형 ABC를 만들려고 할 때, x의 값의 범위를 구하시오.

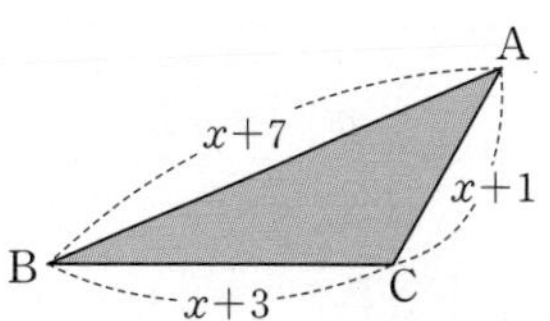

미지수가 2개인 일차방정식

37 〈보기〉에서 미지수가 2개인 일차방정식은 모두 몇 개인가?

보기
ㄱ. $x-2y=5$
ㄴ. $2x^2-3y=7$
ㄷ. $x-9y=x+6y+5$
ㄹ. $x+xy+1=0$
ㅁ. $y-2x^2=3+4x-2x^2$
ㅂ. $\frac{1}{x}-y=2$

① 1개 ② 2개 ③ 3개
④ 4개 ⑤ 5개

미지수가 2개인 일차방정식의 해

38 〈보기〉에서 해가 $x=2$, $y=5$인 일차방정식을 모두 고른 것은?

보기
ㄱ. $5x-y=9$ ㄴ. $x-4y=10$
ㄷ. $y=2x+1$ ㄹ. $3x-2y+4=0$
ㅁ. $\frac{x}{2}+\frac{y}{5}=2$

① ㄱ, ㄴ ② ㄴ, ㄷ
③ ㄱ, ㄷ ④ ㄴ, ㄹ, ㅁ
⑤ ㄷ, ㄹ, ㅁ

연립방정식의 풀이-가감법, 대입법

39 연립방정식 $\begin{cases} x+4y=7 \\ 4x-8y=-20 \end{cases}$의 해가 $(-1,\ k)$일 때, k의 값은?

① -3 ② -2 ③ -1
④ 1 ⑤ 2

연립방정식의 풀이-가감법, 대입법

40 연립방정식 $\begin{cases} y=-2x+a+1 \\ x+y=a \end{cases}$의 해가 일차방정식 $y=3x$의 해일 때, 상수 a의 값은?

① 1 ② 2 ③ 3
④ 4 ⑤ 5

$A=B=C$의 꼴인 방정식

41 방정식 $-2x+ay=bx-4y=8$의 해가 $(-3,\ 4)$일 때, 상수 a, b에 대하여 ab의 값은?

① -4 ② -2 ③ 0
④ 2 ⑤ 4

복잡한 연립방정식의 풀이

42 연립방정식 $\begin{cases} 6(x+y)-4y=-8 \\ 5x-2(x+y)=-10 \end{cases}$의 해가 $x=a$, $y=b$일 때, $a+b$의 값은?

① -1 ② 0 ③ 1
④ 2 ⑤ 3

특수한 해를 가지는 연립방정식

43 연립방정식 $\begin{cases} \frac{1}{2}x-\frac{2}{5}y=-2 & \cdots\cdots ㉠ \\ \frac{x}{4}-0.2y=a & \cdots\cdots ㉡ \end{cases}$의 해가 없을 때, 다음 중 상수 a의 값이 될 수 없는 것은?

① -1 ② $-\frac{1}{2}$ ③ 0
④ $\frac{1}{2}$ ⑤ 1

잘못 보고 해를 구한 연립방정식

44 연립방정식 $\begin{cases} ax-y=-8 \\ bx+cy=-6 \end{cases}$을 푸는데 A가 구한 해는 $x=2$, $y=4$이고, B가 구한 해는 $x=-2$, $y=2$이었다. A는 답을 맞혔고, B는 a를 잘못 보고 푼 것일 때, 상수 a, b, c에 대하여 $a+b+c$의 값은?

① -3 ② -2 ③ -1
④ 0 ⑤ 1

수에 대한 연립방정식의 활용

45 두 자리 자연수가 있다. 이 수의 각 자리의 숫자의 합은 11이고, 십의 자리의 숫자와 일의 자리의 숫자를 바꾼 수는 처음 수의 2배보다 47만큼 작다고 할 때, 처음 수를 구하시오.

거리, 속력, 시간에 대한 연립방정식의 활용

46 둘레의 길이가 45 km인 호수의 한 지점에서 민정이와 미영이가 동시에 반대 방향으로 출발하여 도중에 만났다. 민정이는 시속 10 km, 미영이는 시속 8 km로 달렸을 때, 민정이가 달린 거리는?

① 15 km ② 18 km ③ 20 km
④ 23 km ⑤ 25 km

농도에 대한 연립방정식의 활용

47 농도가 다른 두 설탕물 A, B가 있다. 설탕물 A와 설탕물 B를 각각 100 g씩 섞었더니 18 %의 설탕물이 되었고, 설탕물 A를 300 g, 설탕물 B를 100 g 섞었더니 19 %의 설탕물이 되었다. 이때 두 설탕물의 농도의 차가 몇 %인지 구하시오.

비율에 대한 연립방정식의 활용

48 학교의 작년 학생 수는 525명이었다. 올해는 작년보다 남학생이 8 % 증가하고, 여학생은 4 % 감소하여 전체적으로 9명이 증가하였다. 올해의 남학생 수를 구하시오.

비율에 대한 연립방정식의 활용

49 혼자 하면 솔지가 10시간, 명원이가 20시간 만에 끝낼 수 있는 일을 솔지가 혼자 하다가 도중에 명원이와 교대하였더니 끝내는 데 총 14시간이 걸렸다.

(1) 이때 솔지가 일한 시간은?

① 2시간 ② 3시간 ③ 4시간
④ 5시간 ⑤ 6시간

(2) 솔지와 명원이가 동시에 일하면 몇 시간 몇 분만에 끝낼 수 있는지 구하시오.

비율에 대한 연립방정식의 활용

50 어느 온라인 쇼핑몰에서 티셔츠와 바지를 각각 25 %, 10 % 할인하여 판매하기로 하였다. 할인하기 전 티셔츠와 바지의 판매 가격의 합은 64000원이고, 할인한 후 티셔츠와 바지의 판매 가격의 합은 할인하기 전보다 11800원이 더 적다고 한다. 할인한 후의 티셔츠의 가격을 구하시오.

memo

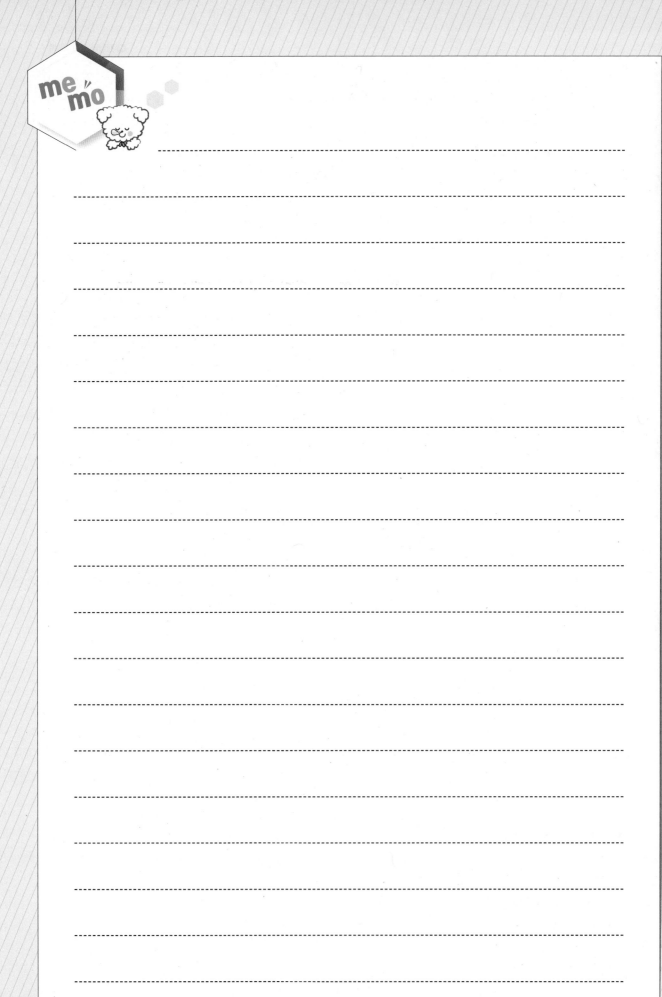

효과가 상상 이상입니다.

예전에는 아이들의 어휘 학습을 위해 학습지를 만들어 주기도 했는데,
이제는 이 교재가 있으니 어휘 학습 고민은 해결되었습니다.
아이들에게 아침 자율 활동으로 할 것을 제안하였는데,
"선생님, 더 풀어도 되나요?"라는 모습을 보면,
아이들의 기초 학습 습관 형성에도 큰 도움이 되고 있다고 생각합니다.

ㄷ초등학교 안00 선생님

어휘 공부의 힘을 느꼈습니다.

학습에 자신감이 없던 학생도 이미 배운 어휘가 수업에 나왔을 때 반가워합니다.
어휘를 먼저 학습하면서 흥미도가 높아지고
동기 부여가 되는 것을 보면서 어휘 공부의 힘을 느꼈습니다.

ㅂ학교 김00 선생님

학생들 스스로 뿌듯해해요.

처음에는 어휘 학습을 따로 한다는 것 자체가 부담스러워했지만,
공부하는 내용에 대해 이해도가 높아지는 경험을 하면서
스스로 뿌듯해하는 모습을 볼 수 있었습니다.

ㅅ초등학교 손00 선생님

앞으로도 활용할 계획입니다.

학생들에게 확인 문제의 수준이 너무 어렵지 않으면서도
교과서에 나오는 낱말의 뜻을 확실하게 배울 수 있었고,
주요 학습 내용과 관련 있는 낱말의 뜻과 용례를
정확하게 공부할 수 있어서 효과적이었습니다.

ㅅ초등학교 지00 선생님

중학도 역시 EBS

정답과 풀이

전국 중학교
기출문제
완벽 분석

시험 대비
적중 문항
수록

중학 수학 내신 대비 기출문제집

2-1 중간고사

부록

실전 모의고사
+
최종 마무리 50제

중학 수학 내신 대비 기출문제집

2-1 중간고사

정답과 풀이

정답과 풀이

I. 수와 식의 계산

1 유리수와 순환소수

개념 체크 본문 8~9쪽

01 (1) 0.25, 유한소수 (2) 0.8333⋯, 무한소수
(3) 0.625, 유한소수 (4) 0.2, 유한소수

02 (1) 3, $0.\dot{3}$ (2) 372, $1.\dot{3}7\dot{2}$ (3) 21, $0.9\dot{2}\dot{1}$
(4) 2341, $1.\dot{2}34\dot{1}$

03 (1) $0.\dot{4}$, 4 (2) $0.\dot{7}\dot{2}$, 72 (3) $-0.2\dot{3}$, 3 (4) $-0.6\dot{1}$, 1

04 (1) 순 (2) 유 (3) 유 (4) 유

05 (1) $\frac{2}{9}$ (2) $\frac{37}{99}$ (3) $\frac{143}{90}$ (4) $\frac{419}{990}$

06 (1) ○ (2) ○ (3) × (4) ○

07 (1) ○ (2) ○ (3) × (4) ×

대표 유형 본문 10~13쪽

01 ④	02 ⑤	03 ②	04 2	05 ①
06 ⑤	07 ④	08 $\frac{5}{4}$	09 7개	10 ②
11 ④	12 ⑤	13 ④	14 ①	15 ①
16 ⑤	17 ⑤	18 0.6	19 ②	20 ②
21 ③	22 ⑤	23 ③	24 ⑤	

01 순환소수 3.131313⋯의 소수점 아래에서 숫자의 배열이 한없이 되풀이되는 한 부분은 13이다.

02 ① 3.131313⋯은 순환마디가 13이므로 $3.\dot{1}\dot{3}$
② 0.525252⋯는 순환마디가 52이므로 $0.\dot{5}\dot{2}$
③ 1.3424242⋯는 순환마디가 42이므로 $1.3\dot{4}\dot{2}$
④ 5.012012012⋯는 순환마디가 012인데 순환마디의 숫자가 2개 이상일 때, 첫 번째 순환마디의 양 끝의 숫자 위에만 점을 찍어 나타내어야 하므로 $5.\dot{0}1\dot{2}$

03 ① $\frac{1}{3}=0.\dot{3}$이므로 순환마디는 1개
② $\frac{3}{11}=0.\dot{2}\dot{7}$이므로 순환마디는 2개
③ $\frac{7}{6}=1.1\dot{6}$이므로 순환마디는 1개
④ $\frac{8}{15}=0.5\dot{3}$이므로 순환마디는 1개
⑤ $\frac{17}{30}=0.5\dot{6}$이므로 순환마디는 1개

04 $\frac{9}{37}=0.\dot{2}4\dot{3}$이므로 순환마디의 숫자 3개가 반복된다. $100=3\times33+1$이므로 소수점 아래 100번째 자리의 숫자는 순환마디의 첫 번째 숫자인 2이다.

05 $\frac{11}{27}=0.\dot{4}0\dot{7}$이므로 순환마디의 숫자 4, 0, 7이 반복된다. $35=3\times11+2$이므로 소수점 아래 35번째 자리까지의 숫자는 순환마디 4, 0, 7이 11번 반복되고 순환마디의 1, 2번째 숫자인 4, 0까지이다.
따라서 구하는 숫자의 합은
$11\times(4+0+7)+4+0=125$이다.

06 ⑤ $1.\dot{3}6\dot{1}=1.361361\cdots$이므로 순환마디의 숫자 3개가 반복된다. $20=3\times6+2$이므로 소수점 아래 20번째 자리의 숫자는 순환마디의 두 번째 숫자인 6이다.

07 ① $\frac{5}{12}=\frac{5}{2^2\times3}$
② $\frac{25}{60}=\frac{5}{12}=\frac{5}{2^2\times3}$
③ $\frac{21}{2\times3^2\times5}=\frac{7}{2\times3\times5}$
④ $\frac{2\times3\times11}{55}=\frac{2\times3}{5}$
⑤ $\frac{28}{48}=\frac{7}{12}=\frac{7}{2^2\times3}$
따라서 유한소수로 나타낼 수 있는 것은 ④이다.

08 $\frac{1}{4}=\frac{9}{36}$, $\frac{7}{9}=\frac{28}{36}$이고 $\frac{1}{4}$과 $\frac{7}{9}$ 사이에 분모가 36인 분수를 $\frac{a}{36}$ (a는 자연수)라고 하면 $36=2^2\times3^2$이므로 유한소수로 나타낼 수 있는 분수가 되려면 a는 9의 배수이어야 한다.

9와 28 사이의 자연수 18개 중 9의 배수는 18, 27의 2개이므로 구하는 분수는 $\frac{18}{36}=\frac{1}{2}$, $\frac{27}{36}=\frac{3}{4}$이다.

따라서 구하는 두 분수의 합은 $\frac{1}{2}+\frac{3}{4}=\frac{5}{4}$이다.

09 유한소수로 나타내기 위해서는 분모의 소인수가 2나 5뿐이어야 하므로, 유한소수로 나타낼 수 있는 수는

$\frac{1}{2}$, $\frac{1}{4}=\frac{1}{2^2}$, $\frac{1}{5}$, $\frac{1}{8}=\frac{1}{2^3}$, $\frac{1}{10}=\frac{1}{2\times5}$, $\frac{1}{16}=\frac{1}{2^4}$,

$\frac{1}{20}=\frac{1}{2^2\times5}$의 7개이다.

10 $\frac{x}{480}=\frac{x}{2^5\times3\times5}$가 유한소수가 되려면 x는 3의 배수이어야 한다. 따라서 두 자리 자연수 중 가장 작은 3의 배수는 12이다.

11 ④ $\frac{42}{18}=\frac{2\times3\times7}{2\times3^2}=\frac{7}{3}$이므로 유한소수로 나타낼 수 없다.

12 $\frac{21}{72}=\frac{7}{24}=\frac{7}{2^3\times3}$이므로 $\frac{21}{72}\times x$가 유한소수가 되려면 x의 값은 3의 배수이어야 한다. 3의 배수 중 한 자리 자연수는 3, 6, 9이므로 그 합은 18이다.

13 $\frac{11}{28}=\frac{11}{2^2\times7}$, $\frac{14}{110}=\frac{7}{55}=\frac{7}{5\times11}$이므로 자연수 a는 7과 11의 공배수이어야 한다. 따라서 가장 작은 자연수 a는 7과 11의 최소공배수이므로 77이다.

14 $\frac{x}{420}=\frac{x}{2^2\times3\times5\times7}$이므로 $\frac{x}{420}$가 유한소수가 되려면 x는 21의 배수이어야 한다.

또 $\frac{x}{420}$를 기약분수로 나타내면 $\frac{2}{y}$이므로 x는 8의 배수이어야 한다. 즉, x는 200 이하의 21과 8의 공배수이므로 $x=168$

$\frac{168}{420}=\frac{2}{5}$이므로 $y=5$

따라서 $x-y=168-5=163$

15 분수 $\frac{21}{25\times x}=\frac{3\times7}{5^2\times x}$이 순환소수로만 나타내어지려면 분모에 2와 5 이외의 소인수가 존재해야 한다. 한 자리 자연수 중 x가 9인 경우에 $\frac{21}{25\times9}=\frac{7}{3\times5^2}$이므로 순환소수로만 나타내어진다.

따라서 조건을 만족시키는 x는 1개이다.

16 $x=0.1232323\cdots$ …… ㉠

㉠의 양변에 10, 1000을 각각 곱하면

$10x=1.2323\cdots$ …… ㉡

$1000x=123.2323\cdots$ …… ㉢

㉢에서 ㉡을 변끼리 빼면

$990x=122$

따라서 가장 편리한 식은 ⑤ $1000x-10x$이다.

17 $x=0.1\dot{5}$라고 하면

$x=0.1555\cdots$ …… ㉠

㉠의 양변에 $\boxed{100}$을 곱하면

$\boxed{100}x=15.555\cdots$ …… ㉡

㉠의 양변에 $\boxed{10}$을 곱하면

$\boxed{10}x=1.555\cdots$ …… ㉢

㉡에서 ㉢을 변끼리 빼면

$\boxed{90}x=\boxed{14}$, $x=\frac{14}{90}=\boxed{\frac{7}{45}}$

따라서 $0.1\dot{5}=\boxed{\frac{7}{45}}$이므로 정답은 ⑤이다.

18 $1.\dot{6}=\frac{15}{9}=\frac{5}{3}$이므로 $a=3$, $b=5$이다.

따라서 $\frac{a}{b}=\frac{3}{5}=0.6$

19 $0.\dot{2}=\frac{2}{9}$이므로 주어진 일차방정식은 $\frac{7}{15}=2x+\frac{2}{9}$이다.

$2x=\frac{7}{15}-\frac{2}{9}=\frac{11}{45}$

$x=\frac{11}{90}=0.1222\cdots=0.1\dot{2}$

20 $0.2\dot{4}=\frac{22}{90}=\frac{11}{45}$이므로 a는 45의 배수이어야 한다.

따라서 두 자리의 자연수 a는 45, 90으로 2개이다.

21 $1.2\dot{3}\dot{4}=\frac{1222}{990}=\frac{611}{495}=\frac{611}{5\times9\times11}$이므로 유한소수가 되기 위해서는 99의 배수를 곱해야 한다. 그러므로 곱할 수 있는 가장 작은 자연수는 99이다.

22 ① $\frac{5}{28}=\frac{5}{2^2\times7}$이므로 순환소수로만 나타낼 수 있다.

② 원주율 π는 순환하지 않는 무한소수이므로 유리수가 아니다.

③ 무한소수 중 순환하지 않는 무한소수는 유리수가 아니다.
④ 순환소수는 모두 유리수이다.

23 5.314851684…와 같이 순환하지 않는 무한소수는 유리수가 아니다.
유한소수 3.14, 순환소수 $-0.\dot{2}\dot{1}$, $-\frac{5}{9}=-0.\dot{5}$는 유리수이므로 그 개수는 3개이다.

24 ㄱ. 순환소수도 유리수이다.
ㄹ. 분모를 10의 거듭제곱 꼴로 고칠 수 있는 분수는 유한소수로 나타낼 수 있다.

기출 예상 문제

본문 14~15쪽

01 ⑤	02 ⑤	03 ②	04 ④	05 ④
06 ③	07 ⑤	08 ②	09 ①	10 ⑤
11 ③	12 ③			

01 ① $0.616161\cdots=0.\dot{6}\dot{1}$
② $0.353535\cdots=0.\dot{3}\dot{5}$
③ $1.2343434\cdots=1.2\dot{3}\dot{4}$
④ $2.34565656\cdots=2.34\dot{5}\dot{6}$

02 $\frac{11}{37}=0.\dot{2}9\dot{7}$이므로 순환마디의 숫자 3개가 반복된다.
$200=3\times66+2$이므로 소수점 아래 200번째 수는 순환마디의 두 번째 숫자인 9이다.

03 $\frac{3}{11}=0.2727\cdots$
$=0.2+0.07+0.002+0.0007+\cdots$
$=\frac{2}{10}+\frac{7}{10^2}+\frac{2}{10^3}+\frac{7}{10^4}+\cdots$
그러므로
$x_{2k-1}=2$, $x_{2k}=7$ (단, k는 자연수)
$x_1+x_2+x_3+\cdots+x_{50}$
$=2+7+2+7+\cdots+2+7$
$=25(2+7)$
$=25\times9=225$

04 $\frac{3}{250}=\frac{3}{2\times5^3}=\frac{3\times2^2}{2\times5^3\times2^2}=\frac{12}{1000}=0.012$
$A=2^2=4$, $B=1000$, $C=12$, $D=0.012$이므로
$\frac{C}{A}+BD=\frac{12}{4}+1000\times0.012=3+12=15$

05 순환소수로 나타낼 수 있는 분수를 모두 구하면
$\frac{2}{9}$, $\frac{4}{11}$, $\frac{5}{12}$, $\frac{6}{13}$, $\frac{8}{15}$, $\frac{10}{17}$, $\frac{11}{18}$, $\frac{12}{19}$, $\frac{14}{21}$, $\frac{15}{22}$,
$\frac{16}{23}$, $\frac{17}{24}$, $\frac{19}{26}$, $\frac{20}{27}$, $\frac{22}{29}$, $\frac{23}{30}$, $\frac{24}{31}$이므로 총 17개이다.

06 구하는 분수를 $\frac{a}{35}$라 할 때, $35=5\times7$이므로 $\frac{a}{35}$가 유한소수로 나타내어지려면 a는 7의 배수이어야 한다.
이때 $\frac{1}{7}=\frac{5}{35}$, $\frac{4}{5}=\frac{28}{35}$이므로 5와 28 사이의 7의 배수는 7, 14, 21이다.
따라서 유한소수로 나타낼 수 있는 분수는
$\frac{7}{35}$, $\frac{14}{35}$, $\frac{21}{35}$이므로 유한소수로 나타낼 수 없는 분수는 $22-3=19$(개)이다.

07 $\frac{7}{294}=\frac{7}{2\times3\times7^2}=\frac{1}{2\times3\times7}$이므로 a는 21의 배수이어야 한다. 그러므로 가장 작은 자연수 a는 21이다.

08 $0.2666\cdots=0.2\dot{6}=\frac{24}{90}=\frac{4}{15}$이므로 $x=4$

09 $0.\dot{6}\dot{3}=\frac{63}{99}=\frac{7}{11}$이므로 기약분수의 분자는 7이다.
$0.0\dot{4}\dot{7}=\frac{47}{990}$이므로 기약분수의 분모는 990이다.
그러므로 처음의 기약분수는 $\frac{7}{990}$이고, 이를 순환소수로 나타내면 $0.\dot{0}0\dot{7}$이다.

10 주어진 조건을 식으로 세우면
$0.\dot{5}x-0.5x=2$
계수를 분수로 나타내면
$\frac{5}{9}x-\frac{1}{2}x=2$
$10x-9x=36$
따라서 $x=36$

11 $0.\dot{3}\dot{2}=(0.\dot{2})^2\times\frac{b}{a}$에서 순환소수를 분수로 나타내면
$\frac{32}{99}=\left(\frac{2}{9}\right)^2\times\frac{b}{a}$, $\frac{b}{a}=\frac{72}{11}$이다. $\frac{b}{a}$가 기약분수이므로

$a=11$, $b=72$이다.
따라서 $a+b=11+72=83$

12 ③ 순환하지 않는 무한소수는 분수로 나타낼 수 없다.

고난도 집중 연습

본문 16~17쪽

1 14개	**1-1** 0.26	**2** 99	**2-1** $\frac{133}{330}$
3 100개	**3-1** 8개	**4** 5	**4-1** 13개

1 풀이 전략 분모를 소인수분해하여 2와 5가 아닌 분모의 소인수가 약분될 수 있도록 분자를 구한다.

$\frac{A}{3360}=\frac{A}{2^5\times3\times5\times7}$이므로 조건 (가)에 의하여 A는 21의 배수이다. 조건 (나)에서 A가 9의 배수이므로 A는 9와 21의 공배수이어야 한다. 즉, A는 63의 배수이어야 한다.
따라서 조건을 만족시키는 세 자리 자연수는 모두 14개이다.

1-1 풀이 전략 조건에 주어진 분모를 소인수분해하여 유한소수로 나타낼 수 있는 조건을 만족시키는 분자를 찾는다.

$\frac{b}{a}=\frac{b}{150}=\frac{b}{2\times3\times5^2}$이므로 조건 (다)에 의하여 b는 3의 배수이다.
조건 (나)에 의하여 b는 3과 13의 공배수이다. 즉, b는 39의 배수이다. b가 50 이하의 자연수이어야 하므로 b는 39이다.
따라서 $\frac{b}{a}=\frac{39}{150}=\frac{13}{50}=0.26$

2 풀이 전략 주어진 식의 반복되는 분수를 소수로 각각 나타내어 계산하면 순환소수로 간단히 할 수 있다.

$\frac{1}{4}\left(2+\frac{50}{10^2}+\frac{50}{10^4}+\frac{50}{10^6}+\cdots\right)$
$=\frac{1}{4}(2+0.5+0.005+0.00005+\cdots)$
$=\frac{1}{4}\times2.505050\cdots$
$=\frac{1}{4}\times2.\dot{5}\dot{0}$
$=\frac{1}{4}\times\frac{248}{99}=\frac{62}{99}$
따라서 $a=99$

2-1 풀이 전략 분배법칙을 이용하여 주어진 식의 분모를 10의 거듭제곱 꼴로 나타낸다.

$\frac{1}{2}\left(\frac{4}{5}+\frac{3}{2^2\times5^3}+\frac{3}{2^4\times5^5}+\frac{3}{2^6\times5^7}+\cdots\right)$
$=\frac{4}{2\times5}+\frac{3}{2^3\times5^3}+\frac{3}{2^5\times5^5}+\frac{3}{2^7\times5^7}+\cdots$
$=\frac{4}{10}+\frac{3}{10^3}+\frac{3}{10^5}+\frac{3}{10^7}+\cdots$
$=0.4+0.003+0.00003+0.0000003+\cdots$
$=0.4030303\cdots$
$=0.4\dot{0}\dot{3}=\frac{399}{990}=\frac{133}{330}$

3 풀이 전략 순환마디 2를 갖는 순환소수를 분수로 나타내어 주어진 분수와 비교한다.

$\frac{x}{9}$가 순환마디가 2인 순환소수이므로
$\frac{x}{9}=a.\dot{2}$ (a는 자연수)로 나타낼 수 있다.
$\frac{x}{9}=a.\dot{2}=a+\frac{2}{9}=\frac{9a+2}{9}$이므로 $x=9a+2$
x가 세 자리 자연수이므로 x는 101, 110, 119, $\cdots$, 992가 될 수 있다. 따라서 x는 100개이다.

3-1 풀이 전략 순환마디 45를 갖는 순환소수를 분수로 나타내어 등식을 세운다.

$\frac{x}{11}$가 순환마디가 45인 순환소수이므로
$\frac{x}{11}=a.\dot{4}\dot{5}$ (a는 0 또는 자연수)로 나타낼 수 있다.
$\frac{x}{11}=a.\dot{4}\dot{5}=a+\frac{45}{99}=a+\frac{5}{11}=\frac{11a+5}{11}$이므로
$x=11a+5$
x가 두 자리 자연수이므로 x는 16, 27, $\cdots$, 93이 될 수 있다. 따라서 x는 8개이다.

4 풀이 전략 일차방정식의 해 x의 분모의 소인수가 2 또는 5만 남을 수 있도록 분자를 구한다.

$30x+2=16a$를 풀면
$x=\frac{8a-1}{15}$이다. x가 유한소수가 되려면
$8a-1$이 3의 배수이어야 하므로 $a=5$

4-1 풀이 전략 주어진 일차방정식의 해를 구한 후 a, b에 5 이하의 자연수를 대입하여 순환소수로만 나타내어지는 순서쌍을 찾는다.

일차방정식 $2ax=-4x+8b$를 풀면
$(2a+4)x=8b$

$x=\frac{4b}{a+2}$

x가 순환소수로만 나타내어지게 하는 순서쌍 (a, b)를 구하면

(1, 1), (1, 2), (1, 4), (1, 5), (4, 1), (4, 2), (4, 4), (4, 5), (5, 1), (5, 2), (5, 3), (5, 4), (5, 5)

의 13개이다.

서술형 집중 연습

본문 18~19쪽

예제 1 879 **유제 1** 15
예제 2 $a=2$, $b=4$ **유제 2** $a=2$, $b=2$
예제 3 $\frac{4}{11}$ **유제 3** $\frac{17}{33}$
예제 4 2 **유제 4** 6

예제 1 $\frac{7}{80}=\frac{7}{2^4\times5}=\frac{7\times\boxed{5^3}}{2^4\times5\times\boxed{5^3}}$

$=\frac{\boxed{875}}{2^4\times5^{\boxed{4}}}=\frac{\boxed{875}}{10^{\boxed{4}}}=\frac{8750}{10^5}=\cdots$ · · · 1단계

따라서 $a=\boxed{875}$, $n=\boxed{4}$일 때, · · · 2단계

$a+n$의 값이 가장 작으므로

구하는 값은 $\boxed{879}$이다. · · · 3단계

채점 기준표

단계	채점 기준	비율
1단계	분모, 분자에 5^3을 곱한 경우	30 %
2단계	a, n의 값을 각각 구한 경우	50 %
3단계	$a+n$의 값을 구한 경우	20 %

유제 1 $\frac{3}{250}=\frac{3}{2\times5^3}=\frac{3\times2^2}{2\times5^3\times2^2}$

$=\frac{12}{2^3\times5^3}=\frac{12}{10^3}=\frac{120}{10^4}=\cdots$ · · · 1단계

따라서 $a=12$, $n=3$일 때, · · · 2단계

$a+n$의 값이 가장 작으므로

구하는 값은 15이다. · · · 3단계

채점 기준표

단계	채점 기준	비율
1단계	분모, 분자에 2^2을 곱한 경우	30 %
2단계	a, n의 값을 각각 구한 경우	50 %
3단계	$a+n$의 값을 구한 경우	20 %

예제 2 $\frac{1}{22}=\boxed{0.0\dot{4}\dot{5}}$이므로 · · · 1단계

순환마디 숫자 $\boxed{2}$개가 반복된다. · · · 2단계

이때 소수점 아래 $\boxed{\text{둘째}}$자리부터 순환마디 숫자가 반복되므로 소수점 아래 80번째 자리의 숫자는 순환마디 숫자 중 $\boxed{\text{첫}}$ 번째 숫자인 $\boxed{4}$이다. · · · 3단계

따라서 $a=\boxed{2}$, $b=\boxed{4}$이다.

채점 기준표

단계	채점 기준	비율
1단계	순환소수 $0.0\dot{4}\dot{5}$를 구한 경우	30 %
2단계	순환마디 숫자의 개수를 구한 경우	20 %
3단계	소수점 아래 80번째 자리의 숫자를 구한 경우	50 %

유제 2 $\frac{26}{55}=0.4\dot{7}\dot{2}$이므로 · · · 1단계

순환마디 숫자 2개가 반복된다. · · · 2단계

이때 소수점 아래 둘째 자리부터 순환마디 숫자가 반복되므로 소수점 아래 101번째 자리의 숫자는 순환마디 숫자 중 두 번째 숫자인 2이다. · · · 3단계

따라서 $a=2$, $b=2$이다.

채점 기준표

단계	채점 기준	비율
1단계	순환소수 $0.4\dot{7}\dot{2}$를 구한 경우	30 %
2단계	순환마디 숫자의 개수를 구한 경우	20 %
3단계	소수점 아래 101번째 자리의 숫자를 구한 경우	50 %

예제 3 $\frac{7}{11}=\boxed{0.\dot{6}\dot{3}}$이므로

$a=\boxed{6}$, $b=\boxed{3}$ · · · 1단계

따라서 $0.\dot{b}\dot{a}=\boxed{0.\dot{3}\dot{6}}$이므로

이 순환소수를 기약분수로 나타내면

$0.\dot{b}\dot{a}=0.\dot{3}\dot{6}=\frac{36}{99}=\boxed{\frac{4}{11}}$ · · · 2단계

채점 기준표

단계	채점 기준	비율
1단계	a, b의 값을 각각 구한 경우	50 %
2단계	$0.\dot{b}\dot{a}$를 기약분수로 나타낸 경우	50 %

유제 3 $\frac{5}{33}=0.\dot{1}\dot{5}$이므로 $a=1$, $b=5$ · · · 1단계

따라서 $0.\dot{b}\dot{a}=0.\dot{5}\dot{1}=\frac{51}{99}=\frac{17}{33}$ · · · 2단계

채점 기준표

단계	채점 기준	비율
1단계	a, b의 값을 각각 구한 경우	50 %
2단계	$0.\dot{b}\dot{a}$를 기약분수로 나타낸 경우	50 %

예제 4 $0.7\dot{a}=\dfrac{\boxed{(70+a)}-7}{90}=\dfrac{\boxed{a+63}}{90}$이고 ··· 1단계

$\dfrac{a+11}{18}=\dfrac{\boxed{a+63}}{90}$, 즉 $\dfrac{5(a+11)}{90}=\dfrac{a+63}{90}$이므로

$5a+55=\boxed{a+63}$

$4a=8$

따라서 $a=\boxed{2}$ ··· 2단계

채점 기준표

단계	채점 기준	비율
1단계	$0.7\dot{a}$를 분수로 나타낸 경우	40 %
2단계	a의 값을 구한 경우	60 %

유제 4 $0.4\dot{b}=\dfrac{(40+b)-4}{90}=\dfrac{b+36}{90}$이고 ··· 1단계

$\dfrac{b+36}{90}=\dfrac{b+1}{15}$, 즉 $\dfrac{b+36}{90}=\dfrac{6(b+1)}{90}$이므로

$b+36=6b+6$

$5b=30$

따라서 $b=6$ ··· 2단계

채점 기준표

단계	채점 기준	비율
1단계	$0.4\dot{b}$를 분수로 나타낸 경우	40 %
2단계	b의 값을 구한 경우	60 %

중단원 실전 테스트 1회

본문 20~22쪽

01 ① **02** ② **03** ⑤ **04** ⑤ **05** ①
06 ④ **07** ④ **08** ② **09** ② **10** ③
11 ④ **12** ⑤ **13** 2 **14** 847
15 6699 **16** 6개

01 ② $0.747474\cdots=0.\dot{7}\dot{4}$

③ $0.2545454\cdots=0.2\dot{5}\dot{4}$

④ $-1.4888\cdots=-1.4\dot{8}$

⑤ $0.369369369\cdots=0.\dot{3}6\dot{9}$

02 ② 무한소수 중 순환소수는 유리수이다.

03 주어진 수들의 순환마디 숫자들의 개수를 각각 구하면 다음과 같다.

$0.1232323\cdots=0.1\dot{2}\dot{3}$: 2개

$1.1428514285\cdots=1.\dot{1}428\dot{5}$: 5개

$3.2111\cdots=3.2\dot{1}$: 1개

$12.49282828\cdots=12.49\dot{2}\dot{8}$: 2개

$-2.458458\cdots=-2.\dot{4}5\dot{8}$: 3개

$a=5$, $b=1$이므로 $a+b=5+1=6$

04 ① 순환소수는 유리수이다.

② 순환마디는 6이다.

③ $100x-x=16.5$이다.

④ x는 $0.1\dot{6}$으로 나타낼 수 있다.

05 $\dfrac{1}{27}=0.\dot{0}3\dot{7}$이므로 3개의 숫자가 반복된다.

$A(1)+A(2)+A(3)+\cdots+A(40)$은 $\dfrac{1}{27}$의 소수점 아래 첫 번째 자리부터 40번째 자리까지 숫자의 합이다.

$40=3\times13+1$이므로 순환마디를 이루는 3개의 숫자가 13번 반복되고 순환마디 첫 번째 숫자인 0이 소수점 40번째 자리의 숫자가 된다. 그러므로

$A(1)+A(2)+A(3)+\cdots+A(40)$

$=13\times(0+3+7)+0$

$=13\times10$

$=130$

06 ④ $\dfrac{45}{120}=\dfrac{3}{8}=\dfrac{3}{2^3}$이므로 유한소수로 나타낼 수 있다.

07 (정 n각형의 한 변의 길이)$=\dfrac{1}{n}$이 유한소수로 나타내어지기 위해서는 분모의 소인수가 2나 5뿐인 기약분수이어야 한다. 또한 n은 3 이상 10 이하의 자연수이어야 하므로 n은 4, 5, 8, 10의 4개이다.

08 ② $0.\dot{5}6\dot{5}=0.565565\cdots$

$0.\dot{5}\dot{6}=0.565656\cdots$

이므로 $0.\dot{5}6\dot{5}<0.\dot{5}\dot{6}$

09 $\dfrac{11}{96}=\dfrac{11}{2^5\times3}$, $\dfrac{1}{105}=\dfrac{1}{3\times5\times7}$이므로

a는 3과 7의 공배수, 즉 21의 배수이어야 한다.

$60<a<70$이어야 하므로 $a=63$

10 주어진 일차방정식의 순환소수를 모두 분수로 나타내면 $\frac{7}{9}x+\frac{1}{3}=\frac{19}{18}+\frac{2}{9}x$

$14x+6=19+4x$

$10x=13$, $x=\frac{13}{10}$

따라서 $x=1.3$

11 $\frac{11}{12}=0.91666\cdots$

$=0.9+0.01+0.006+0.0006+0.00006+\cdots$

$=\frac{9}{10}+\frac{1}{10^2}+\frac{6}{10^3}+\frac{6}{10^4}+\frac{6}{10^5}+\cdots$

이므로

$a_1=9$, $a_2=1$, $a_3=6$, $a_4=6$, $a_5=6$, $\cdots$이고

$a_1+a_2+a_3+\cdots+a_{50}=9+1+6\times48=298$

12 $\frac{a}{130}=\frac{a}{2\times5\times13}$를 유한소수로 나타낼 수 있기 위해서는 a가 13의 배수이어야 한다. 또한 기약분수로 나타내었을 때, 분자에 2가 있으므로 a는 4의 배수이다. 즉, a는 52의 배수이다.

$50<a<60$을 만족시키는 $a=52$이고,

이때 $\frac{a}{130}=\frac{52}{130}=\frac{2}{5}$, $b=5$

따라서 $a-b=52-5=47$

13 $\frac{3}{7}=0.\dot{4}2857\dot{1}$이므로 ··· 1단계

순환마디 숫자 6개가 반복된다.

$50=8\times6+2$이므로

소수점 아래 50번째 자리의 숫자는 순환마디 숫자 중 두 번째 숫자인 2이다. ··· 2단계

채점 기준표

단계	채점 기준	비율
1단계	$0.\dot{4}2857\dot{1}$을 구한 경우	40 %
2단계	소수점 아래 50번째 자리의 숫자를 구한 경우	60 %

14 $\frac{a}{28}=\frac{a}{2^2\times7}$, $\frac{a}{55}=\frac{a}{5\times11}$이므로

a는 7과 11의 공배수, 즉 77의 배수이어야 한다. ··· 1단계

1000 이하의 77의 배수 중 가장 큰 수는 924이다.

하지만 $\frac{924}{28}=33$으로 정수가 아닌 유리수라는 조건에 모순이므로 정답은 847이다. ··· 2단계

채점 기준표

단계	채점 기준	비율
1단계	a가 77의 배수임을 구한 경우	50 %
2단계	가장 큰 a의 값을 구한 경우	50 %

15 $\frac{b}{2200}=\frac{b}{2^3\times5^2\times11}$는 유한소수로 나타낼 수 있으므로 b는 11의 배수이다. ··· 1단계

[힌트 4]에서 b는 3의 배수라고 했으므로, b는 3과 11의 공배수, 즉 33의 배수이다.

33의 배수 중 50 보다 작은 수는 33뿐이므로

$b=33$ ··· 2단계

따라서 자물쇠의 비밀번호는

(비밀번호)$=3(a+b)$

$=3(2200+33)$

$=6699$ ··· 3단계

채점 기준표

단계	채점 기준	비율
1단계	b가 11의 배수임을 구한 경우	30 %
2단계	$b=33$임을 구한 경우	30 %
3단계	비밀번호를 구한 경우	40 %

16 $\frac{33}{200\times x}=\frac{3\times11}{2^3\times5^2\times x}$이 유한소수가 되도록 하는 두 자리의 홀수 x는 다음과 같다.

(i) $x=3\times5^{\square}$꼴일 때

$x=3\times5$, 3×5^2이므로 $x=15$, 75 ··· 1단계

(ii) $x=11\times5^{\square}$의 꼴일 때 $x=55$ ··· 2단계

(iii) $x=3\times11$일 때 $x=33$ ··· 3단계

(iv) $x=5^{\square}$의 꼴일 때 $x=5^2=25$ ··· 4단계

(v) $x=11$

따라서 구하는 x의 값은 11, 15, 25, 33, 55, 75로 모두 6개이다. ··· 5단계

채점 기준표

단계	채점 기준	비율
1단계	$x=3\times5^{\square}$의 꼴을 구한 경우	20 %
2단계	$x=11\times5^{\square}$의 꼴을 구한 경우	20 %
3단계	$x=3\times11$의 꼴을 구한 경우	20 %
4단계	$x=5^{\square}$의 꼴을 구한 경우	20 %
5단계	x의 개수를 구한 경우	20 %

중단원 실전 테스트 2회

본문 23~25쪽

01 ⑤	02 ①	03 ⑤	04 ①	05 ④
06 ②	07 ②	08 ④	09 ⑤	10 ①
11 ③	12 ③	13 $\frac{25}{99}$	14 $0.\dot{4}\dot{5}$	15 $\frac{1}{2}$
16 8개				

01 ① $0.131313\cdots=0.\dot{1}\dot{3}$ ➡ 13

② $0.2545454\cdots=0.2\dot{5}\dot{4}$ ➡ 54

③ $2.762762762\cdots=2.\dot{7}6\dot{2}$ ➡ 762

④ $0.581581581\cdots=0.\dot{5}8\dot{1}$ ➡ 581

02 $\frac{9}{40}=\frac{9\times\boxed{5^2}}{2^3\times5\times\boxed{5^2}}=\frac{\boxed{225}}{10^{\boxed{3}}}=\boxed{0.225}$

$A=5^2=25$, $B=225$, $C=3$, $D=0.225$이므로

$A+B+C-1000D=25+225+3-225=28$

03 $x=0.3\dot{2}\dot{5}$라고 하면

$x=0.3252525\cdots$ …… ㉠

㉠의 양변에 $\boxed{1000}$을 곱하면

$\boxed{1000}x=325.2525\cdots$ …… ㉡

㉠의 양변에 $\boxed{10}$을 곱하면

$\boxed{10}x=3.2525\cdots$ …… ㉢

㉡에서 ㉢을 변끼리 빼면

$\boxed{990}x=\boxed{322}$, $x=\boxed{\frac{161}{495}}$

따라서 $0.3\dot{2}\dot{5}=\boxed{\frac{161}{495}}$

04 $0.578\dot{1}\dot{2}$는 소수점 아래 셋째 자리부터 3개의 숫자가 반복되는 순환소수이다. 그러므로 소수점 아래 1000번째 자리의 숫자는 순환마디를 이루는 수가 998번째 나오는 수이며, $998=3\times332+2$이므로 이 수는 순환마디 2번째 숫자인 1이다.

05 $\frac{17\times a}{5\times35\times15}=\frac{17\times a}{3\times5^3\times7}$이므로 a는 21의 배수이고 이를 만족시키는 자연수 중 가장 작은 a의 값은 21이다.

06 $0.0\dot{2}\dot{3}=\frac{23}{990}=23\times\frac{1}{990}$이므로

$A=\frac{1}{990}=0.0\dot{0}\dot{1}$

07 $0.\dot{4}\dot{5}=(0.\dot{3})^2\times\frac{b}{a}$의 순환소수를 분수로 나타내면

$\frac{45}{99}=\left(\frac{3}{9}\right)^2\times\frac{b}{a}$

$\frac{5}{11}=\frac{1}{9}\times\frac{b}{a}$, $\frac{b}{a}=\frac{45}{11}$

$\frac{b}{a}$가 기약분수이므로 $a=11$, $b=45$

따라서 $a+b=56$

08 순환소수는 모두 유리수이므로 연경의 설명은 옳지 않다.

09 $\frac{5}{72}=\frac{5}{2^3\times3^2}$이므로 a는 9의 배수.

$\frac{9}{88}=\frac{9}{2^3\times11}$이므로 a는 11의 배수가 아니다.

⑤ 99는 11의 배수이므로 위 조건을 만족시키지 않는다.

10 $1.\dot{2}=\frac{11}{9}$이므로 역수는 $\frac{9}{11}$이다.

$\frac{9}{11}$를 순환소수로 나타내면 $0.\dot{8}\dot{1}$이다.

11 $\frac{6}{11}=0.545454\cdots$이므로

$\frac{x_1-x_2+x_3-x_4+\cdots+x_{999}-x_{1000}}{100}$

$=\frac{(5-4)+(5-4)+\cdots+(5-4)}{100}$

$=\frac{500}{100}=5$

12 $\frac{n}{88}=\frac{n}{2^3\times11}$이므로 조건 (나)에 의하여 n은 11의 배수이어야 한다.

그러나 $\frac{n}{88}$이 자연수가 아니므로 n은 88의 배수가 아니어야 한다.

그러므로 주어진 조건을 만족시키는 n은 88의 배수를 제외한 11의 배수이다.

조건 (가)에 의하여 1000 미만의 11의 배수는 90개, 88의 배수는 11개이므로, 조건을 만족시키는 n은 $(90-11)$개, 즉 79개이다.

13

에서 '미, 라'가 무한히 반복되므로 이를 소수로 나타내면 $0.\dot{2}\dot{5}$이다. ··· 1단계

이를 분수로 나타내면

$0.\dot{2}\dot{5}=\frac{25}{99}$이다. ··· 2단계

채점 기준표

단계	채점 기준	비율
1단계	음을 소수 $0.\dot{2}\dot{5}$로 나타낸 경우	50 %
2단계	$0.\dot{2}\dot{5}$를 분수로 나타낸 경우	50 %

14 $0.\dot{3}\dot{6}=\frac{36}{99}=\frac{4}{11}$이므로

기약분수의 분모는 11이다. ··· 1단계

$0.2\dot{7}=\frac{25}{90}=\frac{5}{18}$이므로

기약분수의 분자는 5이다. ··· 2단계

그러므로 처음의 기약분수는 $\frac{5}{11}$이고, 이를 순환소수로 나타내면 $0.\dot{4}\dot{5}$이다. ··· 3단계

채점 기준표

단계	채점 기준	비율
1단계	기약분수의 분모를 구한 경우	30 %
2단계	기약분수의 분자를 구한 경우	30 %
3단계	처음 기약분수를 순환소수로 나타낸 경우	40 %

15 조건 (가), (나)에 의하여 $a=\frac{x}{70}$ (단, x는 자연수)로 나타내면 $\frac{1}{7}<\frac{x}{70}<\frac{2}{5}$이다.

분모를 70으로 통분하면 $\frac{10}{70}<\frac{x}{70}<\frac{28}{70}$이므로

$10<x<28$이다.

$\frac{x}{70}=\frac{x}{2\times5\times7}$이므로 조건 (다)에 의하여 x는 7의 배수이므로 조건을 만족시키는 x는 14, 21이다.

··· 1단계

따라서 a가 될 수 있는 분수는

$\frac{14}{70}$, $\frac{21}{70}$, 즉 $\frac{1}{5}$, $\frac{3}{10}$ ··· 2단계

이므로 그 합은 $\frac{1}{5}+\frac{3}{10}=\frac{1}{2}$이다. ··· 3단계

채점 기준표

단계	채점 기준	비율
1단계	a의 분자가 7의 배수임을 구한 경우	30 %
2단계	조건을 만족시키는 분수를 구한 경우	40 %
3단계	분수의 합을 구한 경우	30 %

16 m, n은 한 자리 자연수이므로 $10m+n$은 10의 배수일 수는 없다.

(i) $10m+n=2^x$(x는 자연수)인 경우

$\frac{7}{16}$, $\frac{7}{32}$, $\frac{7}{64}$ ··· 1단계

(ii) $10m+n=5^y$(y는 자연수)인 경우

$\frac{7}{25}$ ··· 2단계

(iii) $10m+n=7\times2^x$인 경우

$\frac{7}{14}$, $\frac{7}{28}$, $\frac{7}{56}$ ··· 3단계

(iv) $10m+n=7\times5^y$인 경우

$\frac{7}{35}$ ··· 4단계

따라서 유한소수가 되는 분수의 개수는 총 8개이다.

··· 5단계

채점 기준표

단계	채점 기준	비율
1단계	$10m+n=2^x$의 꼴을 구한 경우	20 %
2단계	$10m+n=5^y$의 꼴을 구한 경우	20 %
3단계	$10m+n=7\times2^x$의 꼴을 구한 경우	20 %
4단계	$10m+n=7\times5^y$의 꼴을 구한 경우	20 %
5단계	분수의 개수를 구한 경우	20 %

❷ 단항식과 다항식의 계산

개념 체크 (본문 28~29쪽)

01 (1) x^6 (2) a^{12} (3) x^5y^6

02 (1) a^6 (2) x^{17} (3) $a^{13}b^{17}$

03 (1) x^3 (2) $\frac{1}{a^2}$ (3) 1 (4) x^7

04 (1) a^6b^2 (2) $16x^8$ (3) $\frac{4x^6}{25y^8}$

05 (1) $15a^6$ (2) $-10x^3y$ (3) $-3x^7y^8$

06 (1) $2a^3b^2$ (2) $-\frac{3b}{a^2}$ (3) $-14x^7$

07 (1) $-a+b$ (2) $2x+4y-1$

08 (1) $4a^2-a-6$ (2) $-x^2+5x-11$

09 (1) $5a-5b$ (2) $-x^2-8x+5$

10 (1) $12a^2-3ab$ (2) $-2a^2+8ab$
(3) $-6x^2+2xy-10x$

11 (1) $15a^2+4a$ (2) $-x^2-2x$ (3) $7a^2-a$

12 (1) $4a^2b^2-3b$ (2) $-2x^2y^3-8x$

대표 유형 (본문 30~33쪽)

01 ①	**02** ③	**03** ③	**04** ⑤	**05** ②
06 6	**07** 1	**08** ①	**09** ⑤	**10** ③
11 A^3BC^3	**12** ④	**13** ⑤	**14** $10xy^2$	
15 $4a^2b^2$	**16** 13	**17** ②	**18** $-6x+6y$	
19 ①	**20** $11xy-10y^2$		**21** $3x+2y$	
22 ④	**23** $4a^4xy^3-a^2xy^4$		**24** ④	

01 $3^2\times27=3^2\times3^3=3^{2+3}=3^5$, $x=5$

02 $x^3\times x^6\times x^{\square}=x^{3+6+\square}=x^{12}$이므로 $\square=3$

03 $9\times10\times12\times14=3^2\times2\times5\times2^2\times3\times2\times7$
$=2^4\times3^3\times5\times7$
$a=4$, $b=3$, $c=1$, $d=1$이므로
$abcd=4\times3\times1\times1=12$

04 $16^{12}=(2^4)^{12}=2^{4\times12}=2^{3\times16}=A^{16}$

05 ② $(2a^2b)^3=2^3a^6b^3=8a^6b^3$

06 $3^x\div3^5=\frac{1}{27}=\frac{1}{3^3}=\frac{1}{3^{5-x}}$에서 $x=2$
$7^{3y}\div7^2=7^{10}=7^{3y-2}$에서 $y=4$
따라서 $x+y=2+4=6$

07 $\left(-\frac{x^2y^B}{Az^3}\right)^5=-\frac{(x^2y^B)^5}{(Az^3)^5}=-\frac{x^{10}y^{5B}}{A^5z^{15}}$이므로
$A=2$, $B=4$, $C=15$
따라서 $A^B-C=2^4-15=1$

08 $(5x^a)^b=5^bx^{ab}=625x^8$이므로
$b=4$, $a=2$
따라서 $a-b=2-4=-2$

09 ① $(x^3)^2=x^6$
② $\left(\frac{y^4}{x^2}\right)^3=\frac{y^{12}}{x^6}$
③ $(2x^2)^3\div x^3=8x^3$
④ $(-2x^3y^2)^3=-8x^9y^6$

10 $2^{13}\times5^{11}=2^2\times2^{11}\times5^{11}=4\times(2\times5)^{11}$
$=4\times10^{11}$
따라서 $2^{13}\times5^{11}$은 12자리 자연수이다.

11 $60^3=(2^2\times3\times5)^3=2^6\times3^3\times5^3$
$=(2^2)^3\times3^3\times5^3$
$=A^3BC^3$

12 $(-1)^{2n+1}\times(-1)^n\times(-1)^{5n-1}$
$=(-1)^{2n+1+n+5n-1}$
$=(-1)^{8n}=1^n=1$

13 ⑤ $x^2\div4xy^3\times8x^2y=x^2\times\frac{1}{4xy^3}\times8x^2y$
$=\frac{2x^3}{y^2}$

14 어떤 식을 $\square$라고 하면 주어진 등식은
$\square\times\left(-\frac{y}{5x}\right)=-2y^3$이므로
$\square=-2y^3\div\left(-\frac{y}{5x}\right)$

$=-2y^3\times\left(-\frac{5x}{y}\right)$

$=10xy^2$

15 밑변의 길이가 $8ab^3$, 높이가 $4a^3b$인 삼각형의 넓이는 $\frac{1}{2}\times 8ab^3\times 4a^3b=16a^4b^4$이다. 그러므로 정사각형의 한 변의 길이는 $4a^2b^2$이다.

16 $\frac{x-y}{3}-\frac{3x+4y}{5}=\frac{5x-5y-9x-12y}{15}$

$=\frac{-4x-17y}{15}$

이므로 $a=-4$, $b=17$

따라서 $a+b=(-4)+17=13$

17 $2(3x^2-x+1)-(5x^2-4x-1)$

$=6x^2-2x+2-5x^2+4x+1$

$=x^2+2x+3$

x^2의 계수는 1, x의 계수는 2이므로 그 합은 $1+2=3$이다.

18 $-4x-[3x-2y-\{5y-(x+y)+2x\}]$

$=-4x-\{3x-2y-(5y-x-y+2x)\}$

$=-4x-(3x-2y-4y-x)$

$=-4x-(2x-6y)$

$=-6x+6y$

19 $4x\left(\frac{3}{2}x-1\right)-\frac{2}{3}(6x-3)$

$=6x^2-4x-4x+2$

$=6x^2-8x+2$

$a=6$, $b=-8$, $c=2$이므로

$a+b+c=6+(-8)+2=0$

20 $\frac{4xy+A}{5y}=3x-2y$에서

$4xy+A=15xy-10y^2$이므로

$A=11xy-10y^2$

21 $3x\times 4y-\frac{1}{2}\times 3x\times(4y-2)-\frac{1}{2}\times 4y\times(3x-1)$

$=12xy-(6xy-3x)-(6xy-2y)$

$=12xy-6xy+3x-6xy+2y$

$=3x+2y$

다른 풀이 $\frac{1}{2}\times 2\times 3x+\frac{1}{2}\times 1\times 4y=3x+2y$

22 $(6x^2y-3x^4y^3)\div\left(-\frac{3}{2}xy\right)$

$=6x^2y\times\left(-\frac{2}{3xy}\right)-3x^4y^3\times\left(-\frac{2}{3xy}\right)$

$=-4x+2x^3y^2$

$a=2$, $b=2$, $c=-4$이므로

$a+b+c=2+2+(-4)=0$

23 $\square\div a^2xy^3=4a^2-y$이므로

$\square=a^2xy^3(4a^2-y)$

$=4a^4xy^3-a^2xy^4$

24 $\frac{8x^2-12xy}{2x}=4x-6y$이므로

$4x-6y$에 $x=\frac{1}{2}$, $y=-\frac{1}{3}$을 대입하면

$4\times\frac{1}{2}-6\times\left(-\frac{1}{3}\right)=2+2=4$

기출 예상 문제

본문 34~37쪽

01 ⑤	02 ②	03 ④	04 ③	05 ③
06 ⑤	07 ⑤	08 ②	09 ①	10 ⑤
11 ③	12 ①	13 ③	14 ⑤	15 ③
16 ④	17 ⑤	18 ①	19 ①	20 ②
21 ③	22 ⑤	23 ③	24 $4b$	

01 $2^2\times 2^2\times 2^2\times 2^2=2^{2\times 4}=2^8$에서 $x=8$

$(2^2)^y=2^{2y}=2^8$에서 $y=4$

따라서 $x+y=8+4=12$

02 $x^2\times(y^3)^2\times x^4\times y=x^{2+4}\times y^{6+1}=x^6y^7$에서

$a=6$, $b=7$

따라서 $a-b=6-7=-1$

03 $32\div 2^x\div 2=1$일 때 $32\div 2^x=2$이므로

$2^5\div 2^x=2$에서 $5-x=1$

따라서 $x=4$

04 $3^{x+1}=a$에서 $3\times 3^x=a$이므로 $3^x=\frac{a}{3}$

따라서 $27^x=(3^3)^x=(3^x)^3=\left(\frac{a}{3}\right)^3=\frac{a^3}{27}$

05 ① $a\times a^3=a^{\boxed{4}}$ ② $(a^3)^{\boxed{5}}=a^{15}$

③ $a^4\div a^{\boxed{6}}=\frac{1}{a^2}$ ④ $(-2a^2)^{\boxed{4}}=16a^8$

⑤ $a^3\times(a^{\boxed{5}})^2\div a^8=a^5$

따라서 □ 안에 들어갈 수가 가장 큰 것은 ③이다.

06 ㄱ. $(5^3)^3=5^9$

ㄴ. $5^{15}\div5^7=5^8$

ㄷ. $(2\times5^4)^2=2^2\times5^8=4\times5^8$

ㄹ. $5^9+5^9+5^9+5^9+5^9=5\times5^9=5^{10}$

ㄱ은 $5^9=5\times5^8$이므로 ㄷ보다 크다.

따라서 큰 값부터 작은 값 순으로 나열하면

ㄹ－ㄱ－ㄷ－ㄴ이다.

07 128MB$=2^7$ MB이므로 32개 파일의 용량은

$32\times2^7=2^5\times2^7=2^{12}$(MB)이다.

$2^{12}=2^2\times2^{10}=4\times2^{10}$이므로

전체 용량은 4 GB이다.

08 ② $\left(-\frac{b}{2a}\right)^2\times\frac{12a^3}{b}=\frac{b^2}{4a^2}\times\frac{12a^3}{b}=3ab$

09 $-6a^3b^5\div\boxed{}\times4ab^2=2a^3b^4$

$\frac{-6a^3b^5\times4ab^2}{\boxed{}}=2a^3b^4$이므로

$\boxed{}=\frac{-6a^3b^5\times4ab^2}{2a^3b^4}$

$=-12ab^3$

10 어떤 식을 $\boxed{}$라고 하면 주어진 등식은

$\boxed{}\div4x^3y^2=\frac{6}{xy}$이므로

$\boxed{}=\frac{6}{xy}\times4x^3y^2=24x^2y$

따라서 바르게 계산하면

$24x^2y\times4x^3y^2=96x^5y^3$

11 밑면의 반지름의 길이가 $4a$인 원뿔의 부피는 원뿔의 높이를 h라고 하면

$\frac{1}{3}\times\pi(4a)^2\times h=\frac{10}{3}\pi a^4$

$h=\frac{5}{8}a^2$

12 왼쪽 원기둥의 반지름의 길이를 r, 높이를 h라고 하면

(왼쪽 원기둥의 부피)$=\pi r^2h$이다.

오른쪽 원기둥의 반지름의 길이는 $\frac{1}{2}r$, 높이는 $4h$이므로

(오른쪽 원기둥의 부피)$=\pi\left(\frac{1}{2}r\right)^2\times4h=\pi r^2h$

따라서 두 원기둥의 부피는 같다.

13 $-(-x^2+x-3)+2(2x^2-x+1)$

$=x^2-x+3+4x^2-2x+2$

$=5x^2-3x+5$

14 어떤 식을 $\boxed{}$라고 하면 주어진 등식은

$\boxed{}+(-2a^2+4a-3)=a^2-2a$

$\boxed{}=3a^2-6a+3$

따라서 바르게 계산하면

$3a^2-6a+3-(-2a^2+4a-3)=5a^2-10a+6$

15 $\frac{x^2+2x-3}{2}+\frac{4x^2-x+1}{3}$

$=\frac{3x^2+6x-9}{6}+\frac{8x^2-2x+2}{6}$

$=\frac{11x^2+4x-7}{6}$

이므로

$a=\frac{11}{6},\ b=\frac{2}{3},\ c=-\frac{7}{6}$

따라서 $a-b+c=\frac{11}{6}-\frac{2}{3}+\left(-\frac{7}{6}\right)=0$

16 $2(A+3B)-A-4B=A+2B$이므로

주어진 A, B를 위 식에 대입하면

$A+2B=(x^2-4x-3)+2\left(\frac{1}{2}x^2+3x-1\right)$

$=2x^2+2x-5$

17 $4a(2a+1)-2a(a+4)=8a^2+4a-2a^2-8a$

$=6a^2-4a$

18 $5a\times\boxed{}=-11a^2+12a+3a(2a+1)$

$5a\times\boxed{}=-5a^2+15a$

$\boxed{}=-a+3$

19 $-\frac{9a^3b^5+6a^2b^4-12ab^3}{3ab^3}$

$=-(3a^2b^2+2ab-4)$

$=-3a^2b^2-2ab+4$

20 $(2a^2-ab)\div\frac{1}{2}a-(3ab+9b^2)\div(-3b)$

$=(2a^2-ab)\times\frac{2}{a}-(3ab+9b^2)\times\left(-\frac{1}{3b}\right)$

$=4a-2b+a+3b$

$=5a+b$

21 직육면체의 높이를 h라고 하면

$x\times2y\times h=2x^2y-6xy^2$이므로

$h=\frac{2x^2y-6xy^2}{2xy}=x-3y$

겉넓이는 $2\times$(밑넓이)+(옆넓이)이므로

(겉넓이)

$=2\times2xy+\{2\times x\times(x-3y)+2\times2y\times(x-3y)\}$

$=4xy+(2x^2-6xy+4xy-12y^2)$

$=2x^2+2xy-12y^2$

22 집에서부터 편의점을 거쳐 학교까지의 거리는

$(8x^2y+4xy^3+2x)$m이고, 속력은 분속 x m이므로

이때 걸린 시간은

$\frac{8x^2y+4xy^3+2x}{x}=8xy+4y^3+2$(분)

23 $-x(5x-9y)+(2x^2y-10xy)\div\frac{2}{3}x$

$=-5x^2+9xy+3xy-15y$

$=-5x^2+12xy-15y$

$x=1$, $y=-2$를 위 식에 대입하면

$-5\times1^2+12\times1\times(-2)-15\times(-2)=1$

24 아래 직육면체의 높이를 h_1, 위 직육면체의 높이를 h_2 라고 하면, 각 직육면체의 부피를 구하는 식으로부터 다음 두 등식이 성립한다.

$3ah_1=9a^2+6ab$, $2ah_2=6a^2-4ab$

$h_1=\frac{9a^2+6ab}{3a}=3a+2b$

$h_2=\frac{6a^2-4ab}{2a}=3a-2b$

a, b는 양수이므로 $h_1>h_2$

따라서 두 높이의 차는

$3a+2b-(3a-2b)=4b$

고난도 집중 연습

본문 38~39쪽

1 0　　**1-1** $m=17$, $n=5$

2 13자리　　**2-1** 134

3 $A=a^3b-\frac{a^2b^3}{2}$, $B=2a^4-a^3b^2$

3-1 $A=5a-4b$, $B=2a-2b$

4 $4\pi a^4b^4$　　**4-1** $\frac{4}{3}$

1 풀이 전략 거듭하여 더해진 식을 곱셈의 형태로 나타낸다.

$3\times(2^5+2^5)\times(5^4+5^4+5^4+5^4+5^4)$

$=3\times(2\times2^5)\times(5\times5^4)=3\times2^6\times5^5$

$=3\times2\times(2\times5)^5$

$=6\times10^5=600000$

따라서 $m=6$, $n=6$이므로

$m-n=6-6=0$

1-1 풀이 전략 거듭하여 더해진 식을 곱셈의 형태로 나타내고 지수법칙을 이용하여 밑을 간단히 한다.

$(4^7+4^7)\times(5^5+5^5+5^5+5^5)$

$=2\times4^7\times4\times5^5$

$=2\times2^{14}\times2^2\times5^5$

$=2^{17}\times5^5$

따라서 $m=17$, $n=5$

2 풀이 전략 밑이 2 또는 5인 거듭제곱을 10의 거듭제곱으로 나타낸다.

$x=10\times\left(\frac{1}{5^4}\right)^3\times\left(\frac{1}{2^6}\right)^3=10\times\frac{1}{5^{12}}\times\frac{1}{2^{18}}$

$=10\times\frac{1}{(2\times5)^{12}}\times\frac{1}{2^6}$

$=10\times\frac{1}{10^{12}}\times\frac{1}{2^6}$

$=\frac{1}{2^6\times10^{11}}$

$\frac{1}{x}=2^6\times10^{11}=64\times10^{11}$이므로 13자리 자연수이다.

2-1 풀이 전략 $2^n\times5^n=10^n$은 n개의 0이 연속되는 $(n+1)$자리 수임을 이용하여 자리 수를 구한다.

(i) $x=32$일 때: $2^{32}\times5^{32}\times11=11\times10^{32}$

(ii) $x=33$일 때: $2^{33}\times5^{32}\times11=22\times10^{32}$

(iii) $x=34$일 때: $2^{34}\times5^{32}\times11=44\times10^{32}$

(iv) $x=35$일 때: $2^{35}\times5^{32}\times11=88\times10^{32}$

위의 네 가지 경우에 34자리 자연수이다.

따라서 구하는 자연수 x는 32, 33, 34, 35로 그 합은 134이다.

3 풀이 전략 **전개도를 접었을 때 식을 모두 알 수 있는 마주 보는 한 쌍의 면을 찾는다.**

전개도를 접었을 때 서로 마주 보는 면의 식은 a^3b^2과 $2a-b^2$, $2ab$와 A, b^2과 B이다.

그러므로 마주 보는 한 쌍의 식의 곱은

$a^3b^2(2a-b^2)=2a^4b^2-a^3b^4$이다.

따라서

$$A=\frac{2a^4b^2-a^3b^4}{2ab}=a^3b-\frac{a^2b^3}{2}$$

$$B=\frac{2a^4b^2-a^3b^4}{b^2}=2a^4-a^3b^2$$

3-1 풀이 전략 **전개도를 접었을 때 식을 모두 알 수 있는 마주 보는 한 쌍의 면을 찾는다.**

전개도를 접었을 때 서로 마주 보는 면의 식은 $4a+2b$과 $a-5b$, b와 A, $3a-b$와 B이다.

그러므로 마주 보는 한 쌍의 식의 합은

$4a+2b+a-5b=5a-3b$이다.

따라서

$A=5a-3b-b=5a-4b$

$B=5a-3b-(3a-b)=2a-2b$

4 풀이 전략 **직각삼각형의 높이를 회전축으로 1회전시키면 원뿔이 생긴다.**

직각삼각형을 직선 l을 축으로 하여 1회전시킬 때 생기는 입체도형은 원뿔이다. 원뿔을 펼쳤을 때 옆면은 부채꼴이므로 부채꼴의 반지름은 원뿔의 모선의 길이 $4a^3b$이고 호의 길이는 밑면의 둘레의 길이인 $2\pi ab^3$이다.

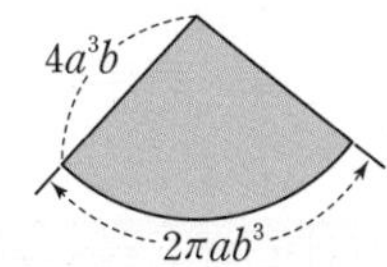

따라서 구하는 넓이는 부채꼴의 넓이와 같으므로

$$\frac{1}{2}\times 4a^3b\times 2\pi ab^3=4\pi a^4b^4$$

4-1 풀이 전략 **회전축에 따라 생기는 회전체의 부피를 각각 구한다.**

$V_1=\frac{1}{3}\pi(4a)^2\times 3a=16\pi a^3$

$V_2=\frac{1}{3}\pi(3a)^2\times 4a=12\pi a^3$이므로

$$V_1\div V_2=\frac{V_1}{V_2}=\frac{16\pi a^3}{12\pi a^3}=\frac{4}{3}$$

서술형 집중 연습

본문 40~41쪽

예제 1 16	**유제 1** 32
예제 2 $2x^2-6x+7$	**유제 2** $2x^2-7x+4$
예제 3 -8	**유제 3** $\frac{20}{3}$
예제 4 $5ab$	**유제 4** $-a^2+6ab$

예제 1 $ab=2^x\times 2^y=2^{\boxed{x+y}}$로 나타낼 수 있다. ··· 1단계

$x+y=4$이므로 위 식에 대입하면

$2^{\boxed{4}}$, 즉 $\boxed{16}$이다. ··· 2단계

채점 기준표

단계	채점 기준	비율
1단계	지수법칙을 이용한 경우	50 %
2단계	ab의 값을 구한 경우	50 %

유제 1 둘레의 길이가 10이므로

$2(2x+y)=10$

따라서 $2x+y=5$ ··· 1단계

$4^x\times 2^y=2^{2x}\times 2^y=2^{2x+y}$ ······ (＊) ··· 2단계

$2x+y=5$이므로 (＊)에 대입하면

$2^5=32$ ··· 3단계

채점 기준표

단계	채점 기준	비율
1단계	x, y에 관한 일차식을 구한 경우	20 %
2단계	지수법칙을 이용한 경우	50 %
3단계	$4^x\times 2^y$을 구한 경우	30 %

예제 2 어떤 식을 A라고 하자.

$A-(-x+3)=2x^2-4x+1$이므로

$A=\boxed{2x^2-5x+4}$이다. ··· 1단계

바르게 계산하면

$\boxed{2x^2-5x+4}+(-x+3)$

$=\boxed{2x^2-6x+7}$ ··· 2단계

채점 기준표

단계	채점 기준	비율
1단계	어떤 식을 구한 경우	40 %
2단계	바르게 계산한 결과를 구한 경우	60 %

유제 2 어떤 식을 A라고 하자.

$A+(x^2+2x-1)=4x^2-3x+2$이므로

$A=3x^2-5x+3$ ··· 1단계

바르게 계산하면

$3x^2-5x+3-(x^2+2x-1)$

$=2x^2-7x+4$ ··· 2단계

채점 기준표

단계	채점 기준	비율
1단계	어떤 식을 구한 경우	40 %
2단계	바르게 계산한 결과를 구한 경우	60 %

예제 3 $(-2x^a)^b=(-2)^b x^{\boxed{ab}}=16x^8$이므로

$a=\boxed{2}$, $b=\boxed{4}$이다. ··· 1단계

주어진 식 $(4a^3b^2)^2\div 2a^2b^3\div(-2a)^3$을 간단히 하면

$16a^6b^4\times\boxed{\frac{1}{2a^2b^3}}\times\boxed{-\frac{1}{8a^3}}$

$=\boxed{-ab}$ ··· 2단계

$a=2$, $b=4$를 이 식에 대입하면 $\boxed{-8}$이다.

··· 3단계

채점 기준표

단계	채점 기준	비율
1단계	a, b의 값을 구한 경우	20 %
2단계	주어진 식을 간단히 한 경우	50 %
3단계	식의 값을 구한 경우	30 %

유제 3 $(-3x^a)^b=(-3)^b x^{ab}=-27x^{15}$이므로

$a=5$, $b=3$ ··· 1단계

주어진 식 $\left(-\frac{1}{3}a^4b^3\right)^2\div\left(\frac{1}{2}ab^2\right)^2\div a^5b$를 간단히 하면

$\frac{a^8b^6}{9}\times\frac{4}{a^2b^4}\times\frac{1}{a^5b}=\frac{4}{9}ab$ ··· 2단계

$a=5$, $b=3$을 이 식에 대입하면 $\frac{20}{3}$이다.

··· 3단계

채점 기준표

단계	채점 기준	비율
1단계	a, b의 값을 구한 경우	20 %
2단계	주어진 식을 간단히 한 경우	50 %
3단계	식의 값을 구한 경우	30 %

예제 4 색칠한 부분의 넓이는 전체 직사각형에서 세 삼각형을 뺀 부분의 넓이를 구하면 된다.

$\square ABCD=4a\times 3b=12ab$

$\triangle AEG=\boxed{3ab}$

$\triangle BFE=\boxed{ab}$

$\triangle FCG=\boxed{3ab}$ ··· 1단계

따라서 색칠한 부분의 넓이는

$\square ABCD-(\triangle AEG+\triangle BFE+\triangle FCG)$

$=12ab-(\boxed{3ab}+\boxed{ab}+\boxed{3ab})$

$=12ab-\boxed{7ab}$

$=\boxed{5ab}$ ··· 2단계

채점 기준표

단계	채점 기준	비율
1단계	삼각형들의 넓이를 구한 경우	40 %
2단계	색칠한 부분의 넓이를 구한 경우	60 %

유제 4 색칠한 부분의 넓이는 전체 직사각형에서 세 삼각형을 뺀 부분의 넓이를 구하면 된다.

$\square ABCD=4a\times 3b=12ab$

$\triangle AED=3ab$

$\triangle BFE=\frac{1}{2}\times 2a\times(3b-a)=-a^2+3ab$

$\triangle FCD=2a^2$ ··· 1단계

따라서 색칠한 부분의 넓이는

$\square ABCD-(\triangle AED+\triangle BFE+\triangle FCD)$

$=12ab-(3ab-a^2+3ab+2a^2)$

$=12ab-(a^2+6ab)$

$=-a^2+6ab$ ··· 2단계

채점 기준표

단계	채점 기준	비율
1단계	삼각형들의 넓이를 구한 경우	40 %
2단계	색칠한 부분의 넓이를 구한 경우	60 %

중단원 실전 테스트 1회

본문 42~44쪽

01 ③ **02** ⑤ **03** ② **04** ④ **05** ⑤
06 ④ **07** ① **08** ② **09** ④ **10** ③
11 ① **12** ② **13** 17자리 **14** $\frac{1}{a^{12}}$
15 -1 **16** $\frac{4}{5}a$원

01 $2^3\times 8^2\div 16=2^3\times(2^3)^2\div 2^4$

$=2^{3+6-4}=2^5$

02 $5^x \div 5^y = \frac{1}{125} = \frac{1}{5^3}$이므로

$y-x=3$

03 ② $a^3 \times a^2 \div a^5 = a^5 \div a^5 = 1$

04 사각기둥의 부피는 밑넓이와 높이의 곱이다.

따라서 부피는 $\left(\frac{3b}{a}\right)^2 \times \frac{a^2}{b} = 9b$

05 $(-x^2y^3)^3 \div 4x^5y^7 \times 8xy^2$

$= (-x^6y^9) \times \frac{1}{4x^5y^7} \times 8xy^2$

$= -2x^2y^4$

$a=-2$, $b=2$, $c=4$이므로

$a+b+c=(-2)+2+4=4$

06 $4x-[x+2y-\{y-(5x-4y)\}]$

$=4x-\{x+2y-(5y-5x)\}$

$=4x-(6x-3y)$

$=-2x+3y$

$a=-2$, $b=3$이므로

$a+b=(-2)+3=1$

07 (원기둥의 겉넓이)$=2\times$(밑넓이)$+$(옆넓이)이다.

따라서 원기둥의 겉넓이는

$2\times\pi(2a)^2+2\pi\times 2a\times(a+b)$

$=8\pi a^2+4\pi a^2+4\pi ab$

$=12\pi a^2+4\pi ab$

08 (원기둥의 부피)$=\pi(2ab)^2\times 3ab=12\pi a^3b^3$

(원뿔의 부피)$=\frac{1}{3}\pi\left(\frac{2b}{a}\right)^2\times 12a^5b=16\pi a^3b^3$

$\frac{16\pi a^3b^3}{12\pi a^3b^3}=\frac{4}{3}$이므로 원뿔의 부피는 원기둥의 $\frac{4}{3}$배이다.

09 색칠한 면의 가로의 길이는 $2a^3b^2 \div 2a^2b - ab$이며,

이는 직육면체의 높이이다.

따라서 상자의 부피는

$(2a^2b)^2\times ab=4a^5b^3$

10 $\frac{2x^2+3x-1}{3}-\frac{3x^2+x-4}{5}$

$=\frac{10x^2+15x-5}{15}-\frac{9x^2+3x-12}{15}$

$=\frac{x^2+12x+7}{15}=\frac{1}{15}x^2+\frac{4}{5}x+\frac{7}{15}$

$a=\frac{1}{15}$, $b=\frac{4}{5}$, $c=\frac{7}{15}$이므로

$15(a+b-c)=15\times\left(\frac{1}{15}+\frac{4}{5}-\frac{7}{15}\right)$

$=15\times\frac{6}{15}=6$

11 $12^{n+1}(2\times 9^n-9^{n+2})$

$=(2^2\times 3)^{n+1}\times 9^n\times(2-9^2)$

$=2^{2n+2}\times 3^{n+1}\times 3^{2n}\times(-79)$

$=4\times(2^n)^2\times 3\times(3^n)^3\times(-79)$

$=-948\times(2^n)^2\times(3^n)^3$

$P=-948$, $Q=2$, $R=3$이므로

$P+Q+R=(-948)+2+3=-943$

12 $2^{10}=10^3$으로 가정하였으므로

$0.8^{20}=\left(\frac{8}{10}\right)^{20}=\frac{8^{20}}{10^{20}}=\frac{2^{60}}{10^{20}}=\frac{(2^{10})^6}{10^{20}}$

$=\frac{(10^3)^6}{10^{20}}=\frac{10^{18}}{10^{20}}=\frac{1}{10^2}=\frac{1}{100}$

13 $2^{11}\times 3^2\times 5^{15}\times 12^2$

$=2^{11}\times 3^2\times 5^{15}\times(2^2\times 3)^2$

$=2^{11}\times 3^2\times 5^{15}\times 2^4\times 3^2$

$=2^{15}\times 3^4\times 5^{15}$ ··· 1단계

$=81\times 10^{15}$ ··· 2단계

이므로 17자리 자연수이다. ··· 3단계

채점 기준표

단계	채점 기준	비율
1단계	지수법칙을 이용하여 소인수분해한 경우	30 %
2단계	$a\times 10^n$의 꼴로 변형한 경우	30 %
3단계	자리 수를 구한 경우	40 %

14 주어진 수를 지수법칙을 이용하여 2^2을 밑으로 하는 거듭제곱의 꼴로 변형한다.

$\left(\frac{1}{64}\right)^4=\frac{1}{(2^6)^4}=\frac{1}{2^{24}}$ ··· 1단계

$=\frac{1}{(2^2)^{12}}=\frac{1}{a^{12}}$ ··· 2단계

채점 기준표

단계	채점 기준	비율
1단계	지수법칙을 이용하여 $\left(\frac{1}{64}\right)^4$의 분모를 2의 거듭제곱의 꼴로 나타낸 경우	40 %
2단계	a를 사용한 식으로 나타낸 경우	60 %

15 구해야 하는 식 $2A-\{4A-2B-3(A-B)\}$를 간단히 하면

$2A-\{4A-2B-3(A-B)\}$

$=2A-(A+B)$

$=A-B$ ··· 1단계

이다. 그러므로 $A-B$에 $A=3x-2y$, $B=-x+3y$를 대입하여 간단히 하면

$A-B=3x-2y-(-x+3y)=4x-5y$ ··· 2단계

$p=4$, $q=-5$이므로

$p+q=4+(-5)=-1$ ··· 3단계

채점 기준표

단계	채점 기준	비율
1단계	주어진 A, B에 관한 식을 간단히 나타낸 경우	30 %
2단계	주어진 식을 x, y의 식으로 나타낸 경우	40 %
3단계	$p+q$의 값을 구한 경우	30 %

16 평균 요금은 전체 요금을 전체 탑승객 수로 나눈 값이다. 이때 탑승객 전체 요금은

$a\times 4n+\frac{3}{4}a\times 2n+\frac{1}{10}a\times n=\frac{28}{5}an$(원) ··· 1단계

전체 탑승객 수는

$4n+2n+n=7n$(명) ··· 2단계

이므로 1인당 평균 요금을 계산하면

(1인당 평균 요금)$=\frac{28}{5}an\div 7n$

$=\frac{28}{5}an\times\frac{1}{7n}$

$=\frac{4}{5}a$(원) ··· 3단계

채점 기준표

단계	채점 기준	비율
1단계	탑승객들의 전체 요금을 구한 경우	30 %
2단계	전체 탑승객 수를 구한 경우	20 %
3단계	1인당 평균 요금을 구한 경우	50 %

중단원 실전 테스트 2회

본문 45~47쪽

01 ③	02 ②	03 ⑤	04 ⑤	05 ①
06 ④	07 ①	08 ①	09 ④	10 ②
11 ①	12 ④	13 64배	14 $10ab^2+3b^2$	
15 $\frac{7}{6}x^2+\frac{5}{3}x+\frac{5}{3}$	16 18000			

01 $\left(\frac{1}{4}\right)^a\times 8^{a+1}=\frac{1}{2^{2a}}\times 2^{3a+3}$이므로

$3a+3-2a=6$, $a=3$

02 $32^2=(2^5)^2=(2^2)^5=A^5$이므로

$x=5$

03 $\left(-\frac{2x^a}{5y}\right)^3=-\frac{8x^{3a}}{125y^3}$이므로

$3a=12$, $b=3$

$a=4$, $b=3$이므로

$a+b=4+3=7$

04 ① $\frac{1}{a^3}\times a^2=\frac{1}{a}$

② $\frac{1}{a}\div\frac{1}{a}=1$

③ $(-2a)^2\div a^4=4a^2\div a^4=\frac{4a^2}{a^4}=\frac{4}{a^2}$

④ $3a^3\div(-a^2)^2=3a^3\div a^4=\frac{3a^3}{a^4}=\frac{3}{a}$

⑤ $(-a)^3\div(-a^2)^3\times a=-a^3\times\left(-\frac{1}{a^2}\right)^3\times a=\frac{1}{a^2}$

05 $(2x^3y)^3\div\square=2x^5y^2$에서

$\square=\frac{8x^9y^3}{2x^5y^2}=4x^4y$

06 $x^2\times(-3xy^2)\times 4y=-12x^3y^3=-12(xy)^3$이므로

위 식에 $xy=-1$을 대입하면 값은 12이다.

07 어떤 식을 $\square$라고 하면 주어진 등식은

$\square\div\frac{3}{2}xy=\frac{12x^3}{y}$이므로

$\square=\frac{12x^3}{y}\times\frac{3}{2}xy=18x^4$

따라서 바르게 계산하면

$18x^4\times\left(-\frac{3}{2}xy\right)=-27x^5y$

08 $4x-[5y+2x-\{2y-(3x+y)\}]$

$=4x-\{5y+2x-(y-3x)\}$

$=4x-(4y+5x)$

$=-x-4y$

$a=-1$, $b=-4$이므로

$a+b=(-1)+(-4)=-5$

09 ④ $(12x^3y^4-8y^5)\div(-4y^2)=-3x^3y^2+2y^3$

10 $(-2ab+b^2)\div\left(-\frac{1}{3}b\right)+(6ab^2-4a^2b)\div 2ab$

$=(-2ab+b^2)\times\left(-\frac{3}{b}\right)+(6ab^2-4a^2b)\times\frac{1}{2ab}$

$=6a-3b+3b-2a$

$=4a$

11 $4^5\times5^{11}\times7^a=(2^2)^5\times5^{11}\times7^a$

$=2^{10}\times5^{11}\times7^a$

$=5\times7^a\times(2\times5)^{10}$

이므로 주어진 수가 12자리 자연수가 되려면 5×7^a이 두 자리 자연수이어야 한다. 그러므로 $a=1$뿐이다.

12 음료수 한 통의 부피는

$\pi(2a)^2\times9a=36\pi a^3$

원뿔 컵의 부피는

$\frac{1}{3}\times\pi(2a)^2\times3a=4\pi a^3$

이므로 음료수 한 통으로 9명에게 나누어 줄 수 있다. 따라서 다섯 통의 음료수로는 45명에게 나누어 줄 수 있다.

13

운영일 차(일)	칭찬을 받은 시민 수(명)
1	2
2	2×2
3	$2\times2\times2$
4	$2\times2\times2\times2$
⋯	⋯
n	2^n

그러므로 15일째 되는 날 칭찬을 받은 시민 수는

2^{15}명 ··· 1단계

21일째 되는 날 칭찬을 받은 시민 수는

2^{21}명 ··· 2단계

따라서 $2^{21}\div2^{15}=2^6$으로 64배이다. ··· 3단계

채점 기준표

단계	채점 기준	비율
1단계	15일째 되는 날 칭찬을 받은 시민 수를 구한 경우	30 %
2단계	21일째 되는 날 칭찬을 받은 시민 수를 구한 경우	30 %
3단계	몇 배인지를 구한 경우	40 %

14 직육면체의 부피는 밑넓이와 높이의 곱이므로 높이를 h라고 하면

$2ab^2\times h=3ab^3$, $h=\frac{3}{2}b$ ··· 1단계

(밑넓이)$=2ab^2$

(옆넓이)$=(2ab+b+2ab+b)\times\frac{3}{2}b$

$=6ab^2+3b^2$

이므로 직육면체의 겉넓이는

$2\times2ab^2+6ab^2+3b^2=10ab^2+3b^2$ ··· 2단계

채점 기준표

단계	채점 기준	비율
1단계	직육면체의 높이를 구한 경우	40 %
2단계	직육면체의 겉넓이를 구한 경우	60 %

15 $\frac{1}{2}(x^2+4x+2)-\frac{2}{3}\left(-x^2+\frac{1}{2}x-1\right)$

$=\frac{1}{2}x^2+\frac{2}{3}x^2+2x-\frac{1}{3}x+1+\frac{2}{3}$ ··· 1단계

$=\frac{7}{6}x^2+\frac{5}{3}x+\frac{5}{3}$ ··· 2단계

채점 기준표

단계	채점 기준	비율
1단계	각 이차식을 전개한 경우	30 %
2단계	동류항을 정리하여 나타낸 경우	70 %

16 $\frac{9^{11}+9^{11}+9^{11}+9^{11}}{5^6+5^6+5^6}\times\frac{5^9+5^9+5^9+5^9}{3^{18}+3^{18}+3^{18}}$

$=\frac{4\times9^{11}}{3\times5^6}\times\frac{4\times5^9}{3\times3^{18}}$ ··· 1단계

$=\frac{4^2\times5^9\times9^{11}}{3^{20}\times5^6}$

$=2^4\times5^3\times3^2$ ··· 2단계

$=2\times3^2\times(2\times5)^3$

$=18\times10^3=18000$ ··· 3단계

채점 기준표

단계	채점 기준	비율
1단계	거듭되는 합을 곱으로 나타낸 경우	40 %
2단계	지수법칙을 이용하여 간단하게 나타낸 경우	40 %
3단계	값을 구한 경우	20 %

Ⅱ. 부등식과 연립방정식

1 일차부등식

개념 체크 본문 50~51쪽

01 (1) $3x-1<2x+2$ (2) 2
02 (1) < (2) > **03** $-3<2x-1\le3$
04 (1) 일차부등식 (2) 일차부등식이 아니다.
05 (1) $x>3$ (2) $x<2$ (3) $x>2$
06 (수직선: 1 초과, −1, 0, 1, 2, 3)
07 (1) $x\le3$ (2) $x>2$ **08** 6개

대표 유형 본문 52~55쪽

01 ①	**02** ③	**03** $40\le3x+6<50$	**04** ④
05 ②, ③	**06** 2, 3	**07** ③	**08** ④
09 >	**10** $-3\le-2x+3<5$	**11** ③	**12** $-1<B\le11$
13 풀이 참조	**14** ②	**15** 0	**16** −4
17 13	**18** 2	**19** $k>-2$	**20** ④
21 ②	**22** ④	**23** 5개	**24** 25명
25 7송이	**26** ④	**27** 25 km	**28** $\frac{20}{9}$ km
29 $\frac{400}{7}$ g			

01 ① 어떤 수 x의 3배에 2를 더하면 10보다 작지 않다.
➡ '작지 않다'는 '크거나 같다'이므로 $3x+2\ge10$

02 ③ '미만이다'는 '작다'이므로 $5x<50$

03 '작지 않다'는 '크거나 같다'이므로
$40\le x+x+2+x+4<50$에서
$40\le3x+6<50$

04 $2x-1=7$, $2x=8$, $x=4$
① $4+2>5$ (참)
② $4>-2\times4+5$, $4>-3$ (참)
③ $4-3\times4<1$, $-8<1$ (참)
④ $-2\times4+4\ge3$, $-4\ge3$ (거짓)
⑤ $2\times4-4\le4$, $4\le4$ (참)
따라서 $x=4$를 해로 갖지 않는 부등식은 ④이다.

05 ① $-2+5<3$, $3<3$ (거짓)
② $2\times2+2\ge6$, $6\ge6$ (참)
③ $5-2\le3\times2$, $3\le6$ (참)
④ $-2-5\ge3\times(-2)+2$, $-7\ge-4$ (거짓)
⑤ $0-1>2-2\times0$, $-1>2$ (거짓)

06 x가 10 이하의 소수이므로 $x=2, 3, 5, 7$을 부등식 $5x-1\le14$에 각각 대입하면
$x=2$일 때, $5\times2-1=9\le14$ (참)
$x=3$일 때, $5\times3-1=14\le14$ (참)
$x=5$일 때, $5\times5-1=24\le14$ (거짓)
$x=7$일 때, $5\times7-1=34\le14$ (거짓)
따라서 부등식의 해는 $x=2$ 또는 $x=3$이다.

07 ① $a<b$에서 $a-2<b-2$
② $a<b$에서 $4a<4b$
③ $a<b$에서 $-a>-b$, $3-a>3-b$
④ $a<b$에서 $\frac{a}{3}<\frac{b}{3}$, $\frac{a}{3}-1<\frac{b}{3}-1$
⑤ $a<b$에서 $b<0$이므로
$a\times b>b\times b$, $ab>b^2$
따라서 옳은 것은 ③이다.

08 $x>y$이므로
① $x>y$에서 $-x<-y$, $3-x<3-y$
② $x+2>y+2$
③ $\frac{x}{4}>\frac{y}{4}$
④ $x>y$에서 $-\frac{x}{3}<-\frac{y}{3}$, $1-\frac{x}{3}<1-\frac{y}{3}$
⑤ $2x>2y$
따라서 항상 성립하는 것은 ④이다.

09 $a-3<-b+1$의 양변에 −2를 곱하면
$-2\times(a-3)>-2\times(-b+1)$
$-2a+6>2b-2$
양변에 −1을 더하면
$-2a+6+(-1)>2b-2+(-1)$
$-2a+5>2b-3$
따라서 □에 알맞은 부등호는 >이다.

10 $-1<x\le3$의 각 변에 −2를 곱하면
$-6\le-2x<2$

위 식의 각 변에 3을 더하면

$-6+3\le -2x+3<2+3$

$-3\le -2x+3<5$

11 $-3\le x<6$에서 $-3+6\le x+6<6+6$

$3\le x+6<12$의 각 변을 3으로 나누면

$1\le \frac{x+6}{3}<4$

$1\le A<4$

따라서 A의 값의 범위는 ③이다.

12 $-3\le 2x+1<5$의 각 변에서 1을 빼면

$-4\le 2x<4$의 각 변을 2로 나누면

$-2\le x<2$

각 변에 -3을 곱하면 부등호가 바뀌므로

$-6<-3x\le 6$이다. 각 변에 5를 더하면

$-1<5-3x\le 11$

따라서 $-1<B\le 11$

13 (1) $-2x+8>3x-2$에서 $-2x-3x>-2-8$

$-5x>-10$, $x<2$

이를 수직선 위에 나타내면 다음 그림과 같다.

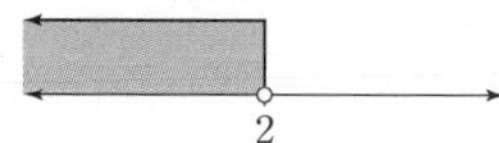

(2) $3(1-x)\ge 15+x$에서 괄호를 풀면

$3-3x\ge 15+x$, $-3x-x\ge 15-3$

$-4x\ge 12$, $x\le -3$

이를 수직선 위에 나타내면 다음 그림과 같다.

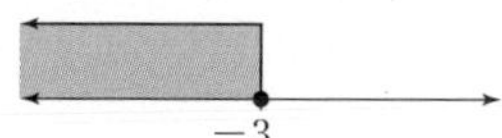

(3) $\frac{2-x}{3}\le \frac{x}{6}-1$의 양변에 6을 곱하면

$2(2-x)\le x-6$

$4-2x\le x-6$

$-3x\le -10$

$x\ge \frac{10}{3}$

이를 수직선 위에 나타내면 다음 그림과 같다.

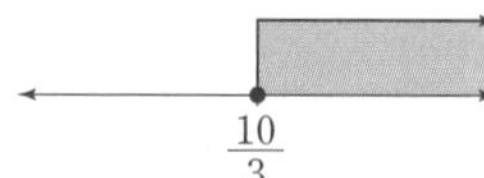

(4) $0.5x-1\le \frac{1}{5}(x+1)$의 양변에 10을 곱하면

$5x-10\le 2x+2$, $3x\le 12$

$x\le 4$

이를 수직선 위에 나타내면 다음 그림과 같다.

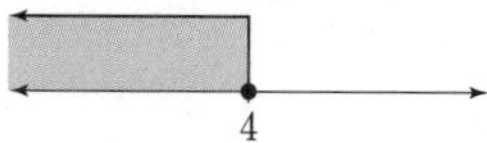

14 각 부등식을 풀면 다음과 같다.

① $-2x+8\le x+11$, $-2x-x\le 11-8$

$-3x\le 3$, $x\ge -1$

② $3x+3\le 5x-1$, $3x-5x\le -1-3$

$-2x\le -4$, $x\ge 2$

③ $-x+3\ge x+5$, $-x-x\ge 5-3$

$-2x\ge 2$, $x\le -1$

④ $2x+1\le x+3$, $2x-x\le 3-1$

$x\le 2$

⑤ $6x+1<3x+7$, $6x-3x<7-1$

$3x<6$, $x<2$

따라서 해를 수직선 위에 나타내었을 때 주어진 그림과 같은 것은 ②이다.

15 ㄱ의 양변에 10을 곱하면

$5(x+3)-10<2(2x-1)-10x$

$5x+15-10<4x-2-10x$

$11x<-7$, $x<-\frac{7}{11}$

이를 만족시키는 가장 큰 정수는 -1이므로 $a=-1$

ㄴ의 양변에 10을 곱하면

$5x-10(x-1)\ge 3(2x-5)+6x$

$5x-10x+10\ge 6x-15+6x$

$-17x\ge -25$, $x\le \frac{25}{17}$

이를 만족시키는 가장 큰 정수는 1이므로 $b=1$

따라서 $a+b=-1+1=0$

16 $2-3x\le a$에서 $-3x\le a-2$

$x\ge \frac{2-a}{3}$

$\frac{2-a}{3}=2$이므로 $2-a=6$

$a=-4$

17 양변에 4를 곱하면

$4-(x-a)>2(a+x)$, $4-x+a>2a+2x$

$-3x>a-4$, $x<\frac{4-a}{3}$

이 부등식의 해가 $x<-3$이므로

$\frac{4-a}{3}=-3$, $a=13$

18 $4+ax<2ax+2$에서 $ax-2ax<2-4$

$-ax<-2$

그런데 해가 $x>1$로 부등호의 방향이 바뀌므로

$-a$는 음수이다. 즉, $a>0$

$-ax<-2$에서 $x>\frac{2}{a}$

따라서 $\frac{2}{a}=1$이므로 $a=2$

19 $-3x+4\geq 3x+k$에서 $-6x\geq k-4$

$x\leq\frac{4-k}{6}$

이 부등식을 만족시키는 자연수 x가 존재하지 않으려면 아래 그림에서

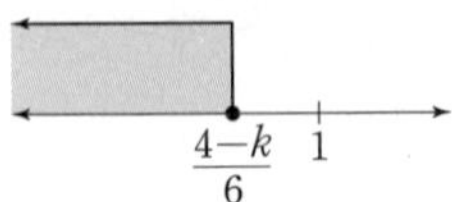

$\frac{4-k}{6}<1$, $4-k<6$

$-k<2$이므로 $k>-2$

20 $3x-a<2$에서 $3x<a+2$

$x<\frac{a+2}{3}$

이 부등식을 만족시키는 자연수 x가 4개이므로 다음 그림에서

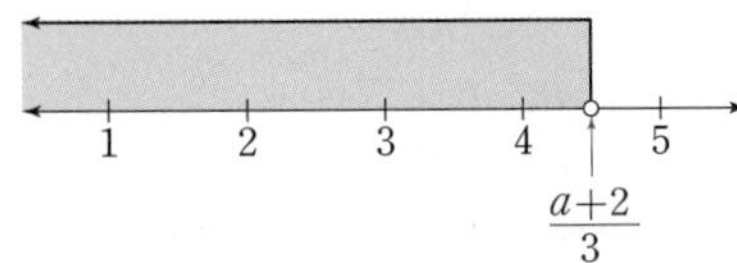

$4<\frac{a+2}{3}\leq 5$이어야 하므로 각 변에 3을 곱하면

$12<a+2\leq 15$

각 변에서 2를 빼면

$10<a\leq 13$

21 -4와 $-3x$를 각각 이항하여 정리하면

$x\leq a+4$

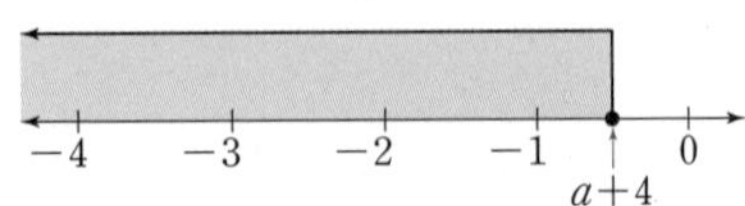

이를 만족시키는 가장 큰 정수가 -1이므로

$-1\leq a+4<0$

따라서 a의 값의 범위는 $-5\leq a<-4$

22 연속하는 두 홀수를 x, $x+2$라고 하면 작은 수의 5배에서 9를 뺀 수는 큰 수의 4배 이상이므로

$5x-9\geq 4(x+2)$

괄호를 풀면

$5x-9\geq 4x+8$

-9와 $4x$를 각각 이항하여 정리하면

$x\geq 17$

따라서 x의 값 중에서 가장 작은 홀수는 17이므로 구하는 두 홀수의 합은

$17+19=36$

23 800원짜리 사과의 개수를 x개라고 하면 600원짜리 자두의 개수는 $(15-x)$개이다.

$800x+600(15-x)\leq 10000$

$x\leq 5$

따라서 사과는 5개까지 살 수 있다.

24 x명 이상일 때 30명 단체권을 사는 것이 유리하다고 하면 $10000x>30\times 10000\times\frac{80}{100}$

$x>24$

x는 자연수이므로 $x=25$

따라서 25명부터 30명 단체권을 사는 것이 유리하다.

25 장미꽃을 x송이 산다고 하면

$1500x>1000x+3000$

$500x>3000$

$x>\frac{30}{5}=6$

따라서 7송이 이상 사야 꽃시장에서 사는 것이 더 싸다.

26 원가를 a원, 할인율을 x %라고 하면

정가는 $\left(1+\frac{25}{100}\right)a$(원)이다.

$\left(1+\frac{25}{100}\right)a\times\left(1-\frac{x}{100}\right)\geq a$

$a>0$이므로 양변을 a로 나누면

$\frac{125}{100}\times\left(1-\frac{x}{100}\right)\geq 1$

$1-\frac{x}{100}\geq\frac{4}{5}$, $-\frac{x}{100}\geq-\frac{1}{5}$

$x\leq 20$

따라서 손해를 보지 않으려면 최대 20 %까지 할인할 수 있다.

27 두 지점 A, B 사이의 거리를 x km라고 하면

$\frac{x}{30}+\frac{x}{50}\le\frac{80}{60}$, $5x+3x\le200$

$8x\le200$, $x\le25$

따라서 두 지점 A, B 사이의 거리는 25 km 이내이다.

28 시속 5 km로 걸은 거리를 x km라고 하면

$\frac{10-x}{8}+\frac{x}{5}+\frac{1}{6}\le\frac{95}{60}$

양변에 120을 곱하면

$15(10-x)+24x+20\le190$

$-15x+24x+170\le190$

$9x\le20$, $x\le\frac{20}{9}$

따라서 진호가 시속 5 km로 걸은 거리는 $\frac{20}{9}$ km 이하이다.

29 x g의 물을 증발시킨다고 하면

10 %	−	0 %	≥	14 %
200g		xg		$(200-x)$g

$\frac{10}{100}\times200\ge\frac{14}{100}(200-x)$에서

$2000\ge2800-14x$

$14x\ge800$

$x\ge\frac{400}{7}$

따라서 $\frac{400}{7}$ g 이상의 물을 증발시켜야 한다.

기출 예상 문제

본무 56~59쪽

01 ④	02 ①, ⑤	03 ②	04 ②	05 ②
06 ④	07 풀이 참조		08 ⑤	
09 2개	10 ⑤	11 ④	12 ①	13 $\frac{32}{9}$
14 ③	15 ③	16 ③	17 ③	18 ⑤
19 ⑤	20 ④	21 ①	22 8	23 ⑤
24 ①				

01 ① $x+4\le2x$ (일차부등식)

② $500-x>100$ (일차부등식)

③ $x+(x+15)\ge180$, $2x+15\ge180$ (일차부등식)

④ $x^2\le80$ (일차부등식이 아니다.)

⑤ $4x-5\ge8$ (일차부등식)

02 ① $x^2\ge x^2-2x$에서 $2x\ge0$이므로 일차부등식이다.

② $4x-4x\le2+1$, $0\le3$ 일차부등식이 아니다.

③ $2x+5=x-1$, $x=-6$으로 일차방정식이다.

④ $-x+1\le-x+13$, $0\le12$이므로 일차부등식이 아니다.

⑤ $3x<-x+2$에서 $4x-2<0$이므로 일차부등식이다.

03 $ax^2+2x+3>x^2+bx+8$에서

$(a-1)x^2+(2-b)x-5>0$

일차부등식이 되는 조건은

$a=1$, $b\ne2$

04 $x=1$을 각 식에 대입하면

ㄱ. $1+1>-2$, $2>-2$ (참)

ㄴ. $\frac{1-1}{3}\le-2$, $0\le-2$ (거짓)

ㄷ. $4-1<1+2$, $3<3$ (거짓)

ㄹ. $2\times(3-1)\ge1$, $4\ge1$ (참)

05 ① $a+2\le b+2$의 양변에서 2를 빼면

$a+2-2\le b+2-2$, $a\le b$

② $-1+a\ge-1+b$의 양변에 1을 더하면

$-1+a+1\ge-1+b+1$, $a\ge b$

③ $\frac{a}{2}\le\frac{b}{2}$의 양변에 2를 곱하면

$\frac{a}{2}\times2\le\frac{b}{2}\times2$, $a\le b$

④ $-\frac{a}{3}+1\ge-\frac{b}{3}+1$의 양변에서 1을 빼면

$-\frac{a}{3}+1-1\ge-\frac{b}{3}+1-1$

양변에 -3을 곱하면

$-\frac{a}{3}\times(-3)\le-\frac{b}{3}\times(-3)$

$a\le b$

⑤ $6-4a\ge6-4b$의 양변에서 6을 빼면

$6-4a-6\ge6-4b-6$

양변을 -4로 나누면

$\frac{-4a}{-4} \le \frac{-4b}{-4}$, $a \le b$

따라서 부등호의 방향이 나머지와 다른 것은 ②이다.

06 $-1 \le 4x-5 < 7$의 각 변에 5를 더하면

$-1+5 \le 4x-5+5 < 7+5$

$4 \le 4x < 12$의 각 변을 4로 나누면

$1 \le x < 3$

07 (1) $4x-30 < x+3$에서 -30과 x를 각각 이항하여 정리하면 $3x < 33$

양변을 3으로 나누면 $x < 11$

(2) 양변에 4를 곱하면 $10-x \ge 3$

10을 이항하여 정리하면 $-x \ge -7$

양변에 -1을 곱하면 $x \le 7$

(3) 양변에 10을 곱하면 $10-3x < 2x+5$

10과 $2x$를 각각 이항하여 정리하면

$-5x < -5$

양변을 -5로 나누면 $x > 1$

(4) 괄호를 풀면 $-2+x \ge 3-x$

-2와 $-x$를 각각 이항하여 정리하면

$2x \ge 5$

양변을 2로 나누면 $x \ge \frac{5}{2}$

(5) 괄호를 풀면 $3x-12 > x$

-12와 x를 각각 이항하여 정리하면

$2x > 12$, $x > 6$

08 $0.\dot{5}(x-1) \le 0.\dot{3}x+5$에서

$\frac{5}{9}(x-1) \le \frac{3}{9}x+5$

양변에 9를 곱하면

$5(x-1) \le 3x+45$, $5x-5 \le 3x+45$

$2x \le 50$, $x \le 25$

따라서 해 중에서 가장 큰 자연수는 25이다.

09 일차부등식의 양변에 12를 곱하면

$12-4(x+1) > 3(2x-5)$

$12-4x-4 > 6x-15$, $-10x > -23$

$x < 2.3$

따라서 주어진 일차부등식을 만족시키는 자연수 x는 2개이다.

10 양변에 10을 곱하면

$3(2x-1) \le 7x-20(0.4x-1)$

괄호를 풀면 $6x-3 \le 7x-8x+20$

$6x-3 \le -x+20$, $7x \le 23$

따라서 $x \le \frac{23}{7}$

11 $2ax > -2$에서 $a < 0$이므로 양변을 $2a$로 나누면

$x < -\frac{1}{a}$

12 $0.1(x-2) > 0.2(x-1)-0.7$에서

양변에 10을 곱하면

$x-2 > 2(x-1)-7$

$x-2 > 2x-9$, $-x > -7$

$x < 7$ ...... ㉠

$-\frac{x-2}{2} > a+2$의 양변에 2를 곱하면

$-x+2 > 2a+4$

$-x > 2a+2$

$x < -2a-2$ ...... ㉡

㉠과 ㉡이 같으므로

$-2a-2=7$

따라서 $a=-\frac{9}{2}$

13 $-\frac{2}{5}\left(3x-\frac{1}{2}\right) \le 0.2x-\frac{x+1}{2}$

$-\frac{6}{5}x+\frac{1}{5} \le \frac{1}{5}x-\frac{x+1}{2}$의 양변에 10을 곱하면

$-12x+2 \le 2x-5(x+1)$

$-12x+2 \le 2x-5x-5$

$-9x \le -7$

$x \ge \frac{7}{9}$ ...... ㉠

$4x-a \ge 2(x-1)$

$4x-a \ge 2x-2$

$2x \ge a-2$

$x \ge \frac{a-2}{2}$ ...... ㉡

두 부등식의 해 ㉠과 ㉡이 같으므로

$\frac{7}{9}=\frac{a-2}{2}$

$9a-18=14$, $a=\frac{32}{9}$

14 $6-3x \le a+2x$에서 $-5x \le a-6$

$x \ge \frac{6-a}{5}$

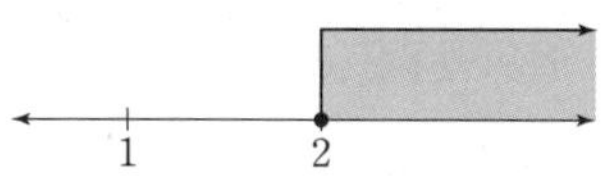

즉, $\frac{6-a}{5}=2$이므로 $a=-4$

15 $\frac{4x+a}{3} > 2x$의 양변에 3을 곱하면

$4x+a > 6x$, $-2x > -a$, $x < \frac{a}{2}$

주어진 부등식을 만족시키는 자연수 x가 2개이므로

$x < \frac{a}{2}$를 수직선 위에 나타내면 다음과 같다.

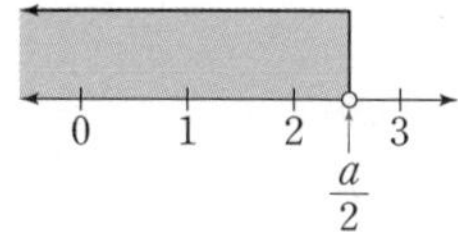

따라서 $2 < \frac{a}{2} \le 3$이므로

$4 < a \le 6$

16 $\frac{-x+1}{2}+\frac{2x-3}{5} > a$의 양변에 10을 곱하면

$5(-x+1)+2(2x-3) > 10a$, $-x-1 > 10a$

$x < -10a-1$

이 부등식을 만족시키는 자연수 x가 존재하지 않으므로

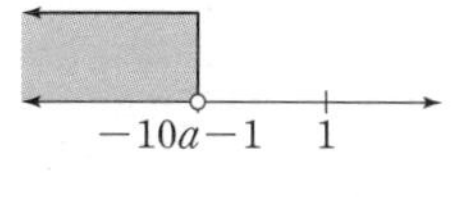

$-10a-1 \le 1$, $-10a \le 2$

$a \ge -\frac{1}{5}$

17 연속하는 21개의 정수를 $x-10$, $\cdots$, $x-2$, $x-1$, x, $x+1$, $x+2$, $\cdots$, $x+10$이라 하고 21개의 정수를 모두 더하면

$21x \le 84$, $x \le 4$

따라서 가장 작은 정수의 최댓값은 $4-10$이므로 -6이다.

18 5회째 받는 수학 성적을 x점이라고 하면 평균이 92점 이상이므로

$\frac{86+89+92+97+x}{5} \ge 92$

$364+x \ge 460$, $x \ge 96$

따라서 다음 번 시험에서 96점 이상을 받아야 한다.

19 공책을 x권 산다고 하면 볼펜은 $(15-x)$개 살 수 있고, 전체 금액이 40000원을 넘지 않아야 하므로

$3000x+1500(15-x) \le 40000$

$3000x+22500-1500x \le 40000$

$1500x+22500 \le 40000$

$1500x \le 17500$

$x \le \frac{35}{3}$

따라서 공책은 최대 11권까지 살 수 있다.

20 x개월 후, 선영이의 예금액은 $(10000x+30000)$원이고, 동생의 예금액은 $(5000x+50000)$원이므로

$10000x+30000 > 5000x+50000$

$5000x > 20000$, $x > 4$

따라서 5개월 후부터 선영이의 예금액이 동생의 예금액보다 많아진다.

21 귤 1개의 도매가격은 $\frac{30000}{50}=600$(원)

팔 수 있는 귤의 개수는 $45 \times 10=450$(개)

귤 구입비와 운반비를 합한 금액의 20 % 이상의 이익을 남기려고 할 때, 귤 한 개의 도매가격에 x %의 이익을 붙여서 판다고 하면

$450 \times 600\left(1+\frac{x}{100}\right) \ge 306000 \times 1.2$

$270000+2700x \ge 367200$

$2700x \ge 97200$

$x \ge 36$

따라서 귤 한 개의 도매가격에 36 % 이상의 이익을 붙여서 팔아야 한다.

22 선분 BP의 길이가 x이므로 $\overline{CP}=16-x$이고,

사다리꼴 ABCD의 넓이는 $\frac{1}{2} \times (10+14) \times 16=192$이므로 삼각형 APD의 넓이가 사다리꼴 ABCD의 넓이의 $\frac{1}{2}$ 이상이 되려면, 두 직각삼각형 ABP, DCP의 넓이의 합이 96 이하이어야 한다.

$\frac{1}{2} \times x \times 14+\frac{1}{2} \times 10 \times (16-x) \le 96$

$7x+80-5x \le 96$

$2x \le 16$

$x \le 8$

선분 BP의 길이는 8 이하이어야 한다.

따라서 구하는 x의 값 중 가장 큰 값은 8이다.

23 (거리)=(시간)×(속력)이므로
두 사람이 x시간 동안 걸었을 때 두 사람 사이의 거리가 300 m=0.3 km 이하가 된다면
$1-(1.8x+2.4x)\le0.3$
$1-4.2x\le0.3$
양변에 10을 곱하면
$10-42x\le3$
$-42x\le-7$
$x\ge\frac{7}{42}$, $x\ge\frac{1}{6}$
따라서 $\frac{1}{6}$시간, 즉 10분 후부터이다.

24 20 %의 소금물의 양을 x g이라고 하면
$\frac{12}{100}\times400+\frac{20}{100}\times x\ge\frac{18}{100}\times(x+400)$
$4800+20x\ge18x+7200$
$2x\ge2400$, $x\ge1200$
따라서 20 %의 소금물을 1200 g 이상 넣어야 한다.

고난도 집중 연습

본문 60~61쪽

1 ③	1-1 $x>3$	2 ⑤	2-1 ④
3 ④	3-1 ①	4 ⑤	4-1 ③

1 풀이 전략 부등식을 $ax\le b(a\ne0)$의 형태로 만들고 $a>0$이면 $x\le\frac{b}{a}$, $a<0$이면 $x\ge\frac{b}{a}$이다.
$ax+1>bx+2$에서 bx와 1을 이항하면
$(a-b)x>1$
① $a=b$이면 $0\times x>1$이므로 해가 없다.
② $a=0$, $b<0$이면 $(0-b)x>1$이고
$-bx>1$, $-b>0$이므로
$x>-\frac{1}{b}$이다.
③ $a>0$, $b=0$이면
$ax+1>2$, $ax>1$, $x>\frac{1}{a}$이다.
④ $a<b$이면 $a-b<0$이므로 $x<\frac{1}{a-b}$이다.
⑤ $a>b$이면 $a-b>0$이므로 $x>\frac{1}{a-b}$이다.

1-1 풀이 전략 부등식을 $ax\le b(a\ne0)$의 형태로 만들고 $a>0$이면 $x\le\frac{b}{a}$, $a<0$이면 $x\ge\frac{b}{a}$이다.
$\frac{1}{2}a-\frac{2}{3}>a-\frac{5}{3}$의 양변에 6을 곱한 후 정리하면
$3a-4>6a-10$, $-3a>-6$
$a<2$ …… ㉠
$ax-3a<2x-6$에서
$(a-2)x<3(a-2)$ …… ㉡
㉠에서 $a-2<0$이므로 ㉡의 양변을 $a-2$로 나누면
$x>3$

2 풀이 전략 부등식의 성질을 이용하여 주어진 식의 형태를 만들어 낸다.
① $c<b$, $a>0$이므로 $ac\ \boxed{<}\ ab$
② $d<b$이므로 $d-a\ \boxed{<}\ b-a$
③ $d<c$이므로 $d+a\ \boxed{<}\ c+a$
④ $c<b$, $a>0$이므로 $\frac{c}{a}<\frac{b}{a}$
$\frac{c}{a}-c\ \boxed{<}\ \frac{b}{a}-c$
⑤ $a>c$, $b>0$이므로 $ab>cb$
따라서 $ab-c\ \boxed{>}\ cb-c$
부등호의 방향이 나머지 넷과 다른 것은 ⑤이다.

2-1 풀이 전략 부등식의 성질을 이용하여 주어진 식의 형태를 만들어 낸다.
ㄱ. $a<b$이고 c가 양수인지 음수인지 모르므로 ac, bc의 대소 관계를 알 수 없다.
ㄴ. $a<b$이고 c가 양수인지 음수인지 모르므로 $\frac{a}{c}$, $\frac{b}{c}$의 대소 관계를 알 수 없다.
ㄷ. $a<b$이므로 $a+c<b+c$
ㄹ. $a<b$이므로 $a-c<b-c$
ㅁ. $a<b$이므로 $-a>-b$
$-a+c>-b+c$, 즉 $c-a>c-b$
ㅂ. $a<b<c$
ㅅ. $a<b$이면 $-2a>-2b$
$-2a+1>-2b+1$, 즉 $1-2a>1-2b$
ㅇ. $a<b$이면 $-\frac{a}{4}>-\frac{b}{4}$
$-\frac{a}{4}+1>-\frac{b}{4}+1$
따라서 옳은 것은 ㄷ, ㅁ, ㅂ, ㅅ의 4개이다.

3 풀이 전략 부등식을 만족시키는 자연수 x가 3개 존재할 경우를 수직선에 나타내고 확인한다.

$\frac{2x+a}{4} \geq 3x-1$에서

$2x+a \geq 12x-4$, $-10x \geq -a-4$

$x \leq \frac{a+4}{10}$

이 부등식을 만족시키는 자연수 x가 3개이므로 다음 그림에서

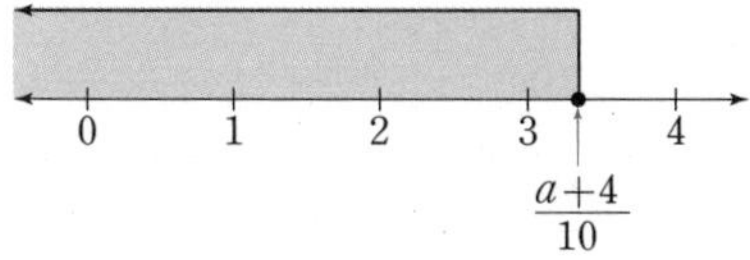

$3 \leq \frac{a+4}{10} < 4$

각 변에 10을 곱하면

$30 \leq a+4 < 40$

각 변에서 4를 빼면

$26 \leq a < 36$

3-1 풀이 전략 부등식을 만족시키는 가장 작은 정수가 존재하는 경우를 수직선에 나타내고 확인한다.

$x > \frac{3a-2}{2}$를 만족시키는 가장 작은 정수가 2이므로

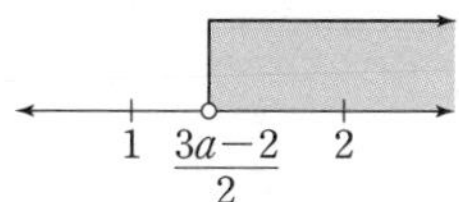

$1 \leq \frac{3a-2}{2} < 2$

각 변에 2를 곱하여 정리하면

$2 \leq 3a-2 < 4$, $4 \leq 3a < 6$

$\frac{4}{3} \leq a < 2$

4 풀이 전략 구하고자 하는 것을 x로 놓고 부등식을 세운 후 부등식의 성질을 이용하여 푼다.

사진을 x장 출력한다고 하면

$800x > 10000+300(x-10)$

$800x > 10000+300x-3000$

$500x > 7000$

$x > 14$

따라서 사진을 15장 이상 출력하면 출력소 B를 이용하는 것이 유리하다.

4-1 풀이 전략 구하고자 하는 것을 x로 놓고 부등식을 세운 후 부등식의 성질을 이용하여 푼다.

A요금제와 B요금제의 1분당 통화 요금은 각각 180원, 60원이므로 한 달 통화 시간을 x분이라고 하면

$18400+180x < 25000+60x$

$120x < 6600$

$x < 55$

따라서 한 달 휴대 전화 통화 시간이 55분 미만이면 A요금제를 선택하는 것이 유리하다.

서술형 집중 연습

본문 62~63쪽

예제 1 2	**유제 1** 풀이 참조
예제 2 1.4 km	**유제 2** 360 m
예제 3 $-\frac{1}{5}$	**유제 3** $x < \frac{3}{4}$
예제 4 80 g	**유제 4** 20 % 이상

예제 1 $-\frac{1}{2}\left(x-\frac{1}{5}\right) \leq 0.3x-\frac{x+3}{5}$의 괄호를 풀면

$-\frac{1}{2}x+\boxed{\frac{1}{10}} \leq 0.3x-\frac{x+3}{5}$

양변에 $\boxed{10}$을 곱하면

$-5x+\boxed{1} \leq 3x-2(x+3)$

$-6x \leq \boxed{-7}$

$x \geq \boxed{\frac{7}{6}}$ ··· 1단계

··· 2단계

따라서 부등식을 만족시키는 가장 작은 정수는 $\boxed{2}$이다. ··· 3단계

채점 기준표

단계	채점 기준	비율
1단계	부등식의 해를 구한 경우	50 %
2단계	수직선에 해를 표시한 경우	20 %
3단계	가장 작은 정수를 구한 경우	30 %

유제 1 $\frac{x+2}{3}+1 < x+\frac{1}{4}(x-1)$에 12를 곱하면

$4(x+2)+12 < 12x+3(x-1)$

$4x+8+12 < 12x+3x-3$

$-11x < -23$, $x > \frac{23}{11}$ ··· 1단계

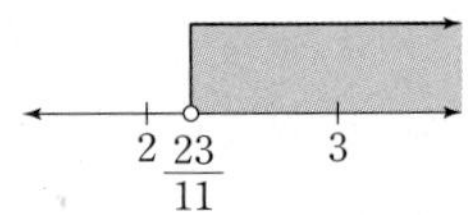

· · · 2단계

따라서 부등식을 만족시키는 가장 작은 정수는 3이다. · · · 3단계

채점 기준표

단계	채점 기준	비율
1단계	부등식의 해를 구한 경우	50 %
2단계	수직선에 해를 표시한 경우	20 %
3단계	가장 작은 정수를 구한 경우	30 %

예제 2 A 자전거의 속력은

200 m/분=0.2 km/분=$\boxed{12}$ km/시

지하철역에서 학교까지의 거리를 x km라고 하면

(시간)$=\dfrac{(\text{거리})}{(\text{속력})}$이므로

$\dfrac{x}{\boxed{12}}<\dfrac{x}{42}+\boxed{\dfrac{1}{12}}\left(\dfrac{5}{60}=\dfrac{1}{12}\right)$ · · · 1단계

$7x<2x+\boxed{7}$

$x<\dfrac{\boxed{7}}{5}$ · · · 2단계

따라서 지하철역에서 학교까지의 거리는 $\boxed{1.4}$ km 미만이어야 한다. · · · 3단계

채점 기준표

단계	채점 기준	비율
1단계	부등식을 세운 경우	40 %
2단계	부등식의 해를 구한 경우	30 %
3단계	몇 km 미만이어야 하는지 구한 경우	30 %

유제 2 걸은 거리를 x m라고 하면 뛴 거리는

$(3000-x)$m이므로

$\dfrac{x}{40}+\dfrac{3000-x}{240}\leq 20$ · · · 1단계

양변에 240을 곱하면

$6x+3000-x\leq 4800$

$5x\leq 1800$

$x\leq 360$ · · · 2단계

따라서 민석이가 걸은 거리는 최대 360 m이다.

· · · 3단계

채점 기준표

단계	채점 기준	비율
1단계	부등식을 세운 경우	40 %
2단계	부등식의 해를 구한 경우	30 %
3단계	최대 거리를 구한 경우	30 %

예제 3 두 일차부등식의 해를 구하기 위하여

$\dfrac{2x-4}{5}>x+1$의 양변에 $\boxed{5}$를 곱하면

$2x-4>\boxed{5}\times(x+1)$

$-3x>\boxed{9}$

$x<\boxed{-3}$ ······ ㉠ · · · 1단계

$x+\dfrac{1}{2}a<0.7x-1$의 양변에 $\boxed{10}$을 곱하면

$10x+5a<7x+\boxed{(-10)}$

$3x<-5a+\boxed{(-10)}$

$x<\dfrac{-5a+\boxed{(-10)}}{3}$ ······ ㉡ · · · 2단계

㉠, ㉡이 같으므로

$\boxed{-3}=\dfrac{-5a+\boxed{(-10)}}{3}$

따라서 $a=\boxed{-\dfrac{1}{5}}$ · · · 3단계

채점 기준표

단계	채점 기준	비율
1단계	첫 번째 부등식의 해를 구한 경우	35 %
2단계	두 번째 부등식의 해를 구한 경우	35 %
3단계	a의 값을 구한 경우	30 %

유제 3 $\dfrac{1}{4}(2x-1)<x-\dfrac{1}{2}$의 양변에 4를 곱하면

$2x-1<4x-2$, $-2x<-1$

$x>\dfrac{1}{2}$ ······ ㉠ · · · 1단계

$(a-b)x-2a-b<0$에서 $(a-b)x<2a+b$이고

㉠과 해가 같아야 하므로 $a-b<0$이어야 한다.

$x>\dfrac{2a+b}{a-b}$ · · · 2단계

두 일차부등식의 해가 같으므로

$\dfrac{2a+b}{a-b}=\dfrac{1}{2}$, $4a+2b=a-b$

$3a=-3b$, $a=-b$ ······ ㉡

$a-b<0$이므로 ㉡을 대입하면

$-b-b<0$

$-2b<0$, $b>0$ ······ ㉢

㉡을 $(3a-b)x-a+2b>0$에 대입하면

$(-3b-b)x+b+2b>0$

$-4bx>-3b$

$b>0$이므로 $-4b<0$

$x<\dfrac{3}{4}$ · · · 3단계

채점 기준표

단계	채점 기준	비율
1단계	부등식 $\frac{1}{4}(2x-1)<x-\frac{1}{2}$의 해를 구한 경우	30 %
2단계	부등식 $(a-b)x-2a-b<0$의 해를 구한 경우	30 %
3단계	부등식 $(3a-b)x-a+2b>0$의 해를 구한 경우	40 %

예제 4 (소금의 양)$=\frac{\boxed{농도}}{100}\times$(소금물의 양)이므로

증발시켜야 하는 물의 양을 x g이라고 하면

증발할 때 물만 증발하고 소금의 양은 변하지 않으므로

$\frac{\boxed{10}}{100}\times 800+x\geq\frac{\boxed{20}}{100}\times 800$ ··· 1단계

양변에 100을 곱하면

$\boxed{10}\times 800+100x\geq\boxed{20}\times 800$

$x\geq\boxed{80}$ ··· 2단계

따라서 최소 $\boxed{80}$ g의 물을 증발시켜야 한다. ··· 3단계

채점 기준표

단계	채점 기준	비율
1단계	부등식을 세운 경우	40 %
2단계	부등식의 해를 구한 경우	30 %
3단계	증발시켜야 하는 최소 물의 양을 구한 경우	30 %

유제 4 달걀 1개의 구입 가격을 a원이라고 하면

(총 구입가)$=3000a$ ······ ㉠

1개에 x%의 이익을 붙여서 판다면

(총 판매액)$=(3000-200)\times a\left(1+\frac{x}{100}\right)$ ······ ㉡

(총 구입 가격의 12 % 이익을 붙인 가격)

$=3000\times a\left(1+\frac{12}{100}\right)$ ······ ㉢

㉡, ㉢에서

$(3000-200)\times a\left(1+\frac{x}{100}\right)\geq 3000a\times\left(1+\frac{12}{100}\right)$ ··· 1단계

양변을 a로 나누고 간단히 하면

$2800+28x\geq 3000+360$

$28x\geq 560,\ x\geq 20$ ··· 2단계

따라서 달걀 한 개에 20 % 이상의 이익을 붙여서 팔아야 한다. ··· 3단계

채점 기준표

단계	채점 기준	비율
1단계	부등식을 세운 경우	50 %
2단계	부등식의 해를 구한 경우	30 %
3단계	몇 % 이상의 이익을 붙여야 하는지를 구한 경우	20 %

중단원 실전 테스트 1회

본문 64~66쪽

01 ② **02** ⑤ **03** ④ **04** 14 **05** ③
06 ⑤ **07** ①, ⑤ **08** $-\frac{3}{5}$ **09** ④ **10** ③
11 24번 **12** ① **13** 1 **14** 14개월
15 1500 mL **16** $a<-\frac{28}{3}$

01 ㄱ. $5-3x<4+x^2$을 이항하여 정리하면

$5-3x-x^2-4<0$

$-x^2-3x+1<0$은 일차부등식이 아니다.

ㄴ. $8\geq 1+6$은 일차부등식이 아니다.

ㄷ. $x-3-x-1\leq 0,\ -4\leq 0$

일차부등식이 아니다.

ㄹ. $8x+8x+1-5>0$

$16x-4>0$은 일차부등식이다.

ㅁ. $x^2-x^2-x-x-5>0$

$-2x-5>0$은 일차부등식이다.

따라서 일차부등식은 ㄹ, ㅁ의 2개이다.

02 ① $-3a-2>-3b-2$의 양변에 2를 더하면

$-3a-2+2>-3b-2+2$

$-3a>-3b$

양변을 -3으로 나누면 $a<b$

② $a<b$에서 양변에 -1을 곱하면

$-a>-b$

양변에 2를 더하면 $2-a>2-b$

③ $a<b$에서 양변에 4를 곱하면

$4a<4b$

양변에서 1을 빼면 $4a-1<4b-1$

④ $a<b$에서 양변을 5로 나누면 $\frac{a}{5}<\frac{b}{5}$

⑤ $a<b$에서 양변을 -3으로 나누면

$-\frac{a}{3}>-\frac{b}{3}$

양변에 2를 더하면 $2-\frac{a}{3}>2-\frac{b}{3}$

따라서 옳지 않은 것은 ⑤이다.

03 ① 1을 이항하면 $4x>16$, $x>4$

② -4를 이항하면 $x>4$

③ 양변을 2로 나누면 $x>4$

④ 양변에 -4를 곱하면 $x<4$

⑤ 양변에 -1을 곱하면 $x>4$

따라서 일차부등식의 해가 나머지와 다른 것은 ④이다.

04 $0.5x-2.6\le3\left(0.1x+\frac{1}{5}\right)-0.4$의 괄호를 풀면

$0.5x-2.6\le0.3x+0.6-0.4$

$0.5x-2.6\le0.3x+0.2$

양변에 10을 곱하면

$5x-26\le3x+2$

$5x-3x\le26+2$, $2x\le28$

$x\le14$

따라서 가장 큰 정수 x의 값은 14이다.

05 $-ax-8>-4x-2a$

$4x-ax>8-2a$

$(4-a)x>2(4-a)$

$a<4$이므로 $4-a>0$

$(4-a)x>2(4-a)$의 양변을 $4-a$로 나누면

$x>2$

06 $8+ax>5(ax+4)$의 괄호를 풀어 이항하면

$ax-5ax>20-8$

$-4ax>12$

그런데 해가 $x<-1$로 부등호의 방향이 바뀌었으므로

$-4a$는 음수이다.

즉, $-4ax>12$에서 $x<-\frac{3}{a}$

따라서 $-\frac{3}{a}=-1$이므로 $a=3$

07 수직선 위에 나타낸 해를 부등식으로 나타내면

$x\le1$

① -3을 이항하여 정리하면 $4x\le4$

양변을 4로 나누면 $x\le1$

② -9를 이항하여 정리하면 $5x\ge-5$

양변을 5로 나누면 $x\ge-1$

③ 6과 $2x$를 각각 이항하여 정리하면

$x\ge1$

④ 5와 $3x$를 각각 이항하여 정리하면

$-8x>-8$

양변을 -8로 나누면 $x<1$

⑤ -2와 x를 각각 이항하여 정리하면

$-5x\ge-5$

양변을 -5로 나누면 $x\le1$

따라서 해를 수직선 위에 나타내었을 때 주어진 그림과 같은 것은 ①, ⑤이다.

08 $\frac{x+2}{3}-1>x$의 양변에 3을 곱하면

$x+2-3>3x$, $x<-\frac{1}{2}$ ...... ㉠

$0.5+0.3x>\frac{1}{2}x-a$의 양변에 10을 곱하면

$5+3x>5x-10a$

$-2x>-5-10a$에서

$x<\frac{5+10a}{2}$ ...... ㉡

㉠, ㉡의 해가 같으므로

$-\frac{1}{2}=\frac{5+10a}{2}$

$-1=5+10a$

$10a=-6$, $a=-\frac{3}{5}$

09 주어진 부등식을 풀면

$4|x|\le8$, $|x|\le2$

절댓값은 원점으로부터의 거리이므로 x는 원점으로부터의 거리가 2 이하이다. 즉,

$-2\le x\le2$

10 집에서부터 편의점까지의 거리를 x m라고 하면

$\frac{x}{50}+20+\frac{x}{30}\le50$

$\frac{x}{50}+\frac{x}{30}\le30$

양변에 150을 곱하면

$3x+5x\le4500$

$x\le\frac{4500}{8}=562.5$

따라서 50분 이내에 다녀올 수 있는 편의점 중 가장 먼 곳은 C이다.

11 x번 꺼낸 후부터 저금통 A에 남아 있는 금액이 저금통 B에 남아 있는 금액보다 많아진다고 하면

$20000-200x>50000-1500x$

$1300x>30000$

$x>\frac{300}{13}=23.07\cdots$

따라서 24번 꺼낸 후부터 저금통 A에 남아 있는 금액이 저금통 B에 남아 있는 금액보다 많아진다.

12 $-6\le x\le 8$에서 $a<0$이므로

$8a\le ax\le -6a$

$2+8a\le 2+ax\le 2-6a$이고, $2+ax$의 최댓값은 14이므로

$2-6a=14$, $-6a=12$

$a=-2$

최솟값은 $b=2+8a=2+8\times(-2)=-14$이다.

따라서 $a+b=(-2)+(-14)=-16$

13 $ax-2a>3x-6$에서

$ax-3x>2a-6$, $(a-3)x>2(a-3)$ ··· 1단계

$a<3$에서 $a-3<0$이므로 $x<2$ ··· 2단계

따라서 x의 값 중 가장 큰 정수는 1이다. ··· 3단계

채점 기준표

단계	채점 기준	비율
1단계	부등식을 이항하여 정리한 경우	30 %
2단계	부등식의 해를 구한 경우	50 %
3단계	가장 큰 정수를 구한 경우	20 %

14 x개월 후에 선희의 예금액이 민재의 예금액보다 많아진다고 하면

$50000+4000x<30000+5500x$ ··· 1단계

$1500x>20000$

$x>13.33\cdots$ ··· 2단계

따라서 14개월 후면 선희의 예금액이 민재의 예금액보다 더 많다. ··· 3단계

채점 기준표

단계	채점 기준	비율
1단계	일차부등식을 세운 경우	30 %
2단계	부등식의 해를 구한 경우	50 %
3단계	선희의 예금액이 민재의 예금액보다 많아지는 개월 수를 구한 경우	20 %

15 처음에 들어 있던 이온 음료의 양을 x mL라고 하면 형이 마시고 남은 양은 $\frac{2}{3}x$ mL이다.

동생이 마시고 남은 양은

$\frac{2}{3}x\left(1-\frac{1}{4}\right)=\frac{1}{2}x$(mL)

동생이 흘리고 남은 양은

$\frac{1}{2}x\left(1-\frac{3}{5}\right)=\frac{1}{5}x$(mL) ··· 1단계

즉, $\frac{1}{5}x\ge 300$이므로 $x\ge 1500$ ··· 2단계

따라서 처음에 들어 있던 이온 음료의 양은 1500 mL 이상이다. ··· 3단계

채점 기준표

단계	채점 기준	비율
1단계	일차부등식을 세운 경우	30 %
2단계	부등식의 해를 구한 경우	50 %
3단계	처음 들어 있던 음료의 양을 구한 경우	20 %

16 $\frac{x+a}{5}\ge\frac{x}{3}-2$의 양변에 15를 곱하면

$3(x+a)\ge 5x-30$

$3x+3a\ge 5x-30$

$-2x\ge -3a-30$

$x\le\frac{3a+30}{2}$ ··· 1단계

이 부등식을 만족시키는 자연수 x가 존재하지 않으므로

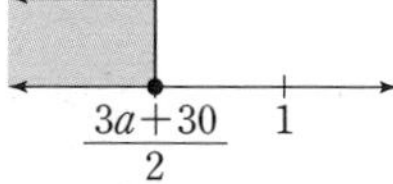

$\frac{3a+30}{2}<1$ ··· 2단계

$3a+30<2$

$3a<-28$

$a<-\frac{28}{3}$ ··· 3단계

채점 기준표

단계	채점 기준	비율
1단계	부등식의 해를 구한 경우	30 %
2단계	만족시키는 자연수가 존재하지 않는 범위를 구한 경우	50 %
3단계	a의 값의 범위를 구한 경우	20 %

중단원 실전 테스트 2회 본문 67~69쪽

01 ③ **02** ④ **03** 2개 **04** ④
05 $x>-6$ **06** 6 **07** -2 **08** ② **09** ⑤
10 ② **11** ③ **12** $-\frac{13}{6}<a\le-\frac{3}{2}$
13 $a<\frac{11}{9}$ **14** 36명 **15** 4.2 km **16** 84

01 ㄱ. (삼각형의 넓이)$=\frac{1}{2}\times x\times 8=4x(\text{cm}^2)$이고,
삼각형의 넓이가 15 cm^2 미만이므로
$4x<15$
ㄴ. 10 %의 소금물 x g에 녹아 있는 소금의 양은
$\frac{10}{100}\times x=\frac{10}{100}x(\text{g})$이고,
소금의 양은 20 g 이하이므로
$\frac{10}{100}x\le20$
ㄷ. 시속 x km로 5시간 동안 간 거리는 $5x$ km이고,
거리는 10 km 이상이므로 $5x\ge10$
ㄹ. 길이가 x m인 끈을 같은 길이로 3개를 잘라 내면
한 개의 끈의 길이 $\frac{x}{3}$ m는 3 m보다 짧으므로
$\frac{x}{3}<3$
따라서 옳지 않은 것은 ③ ㄷ이다.

02 ① $a<b$의 양변에 c를 더하면 $a+c<b+c$
② $c<d$이므로 $a+c<a+d$, $a+d>a+c$
③ $c<d$이므로 양변에 -1을 곱하면 $-c>-d$
양변에 b를 더하면 $b-c>b-d$
④ $c<d$이므로 양변에 $b<0$을 곱하면 $bd<bc$
⑤ $a<b$의 양변에 $c>0$을 곱하면 $ac<bc$
따라서 옳지 않은 것은 ④이다.

03 $7-2x-2>6x-15$
$-2x+5>6x-15$
$-8x>-20$, $x<\frac{5}{2}$
따라서 만족시키는 자연수 x는 1, 2의 2개이다.

04 x의 값이 -3, -2, -1, 0, 1, 2, 3일 때 부등식의 해의 개수를 구하면 다음과 같다.
① $5x-7\ge3$, $5x\ge10$, $x\ge2$
부등식의 해는 2, 3으로 2개이다.
② $8-2x>4$, $-2x>-4$, $x<2$
부등식의 해는 -3, -2, -1, 0, 1로 5개이다.
③ $3x+3x<7+5$, $6x<12$, $x<2$
부등식의 해는 -3, -2, -1, 0, 1로 5개이다.
④ $4x-3x\le2+3$, $x\le5$
부등식의 해는 -3, -2, -1, 0, 1, 2, 3으로 7개이다.
⑤ $-4x+x\le-7-5$, $-3x\le-12$, $x\ge4$
부등식을 만족시키는 해는 없다.
따라서 해의 개수가 가장 많은 부등식은 ④이다.

05 $(2a-3b)x+a+b<0$에서
$(2a-3b)x<-a-b$ …… ㉠
해가 $x>-\frac{2}{3}$이므로 $2a-3b<0$ …… ㉡
㉠의 양변을 $2a-3b$로 나누면
$x>\frac{-a-b}{2a-3b}$
$\frac{-a-b}{2a-3b}=-\frac{2}{3}$, $a=9b$ …… ㉢
㉢을 ㉡에 대입하면
$18b-3b<0$, $15b<0$, $b<0$
$(a-2b)x+5a-3b<0$에 ㉢을 대입하면
$7bx+42b<0$, $7bx<-42b$
그런데 $b<0$이므로 $x>-6$

06 $8-3(x-2)<2x+4$에서
$8-3x+6<2x+4$
$-5x<-10$, $x>2$
따라서 $3x>6$, $3x-1>6-1$
즉, $A>5$이므로 가장 작은 정수 A의 값은 6이다.

07 양변에 10을 곱하면
$4x-10\le6(x+1)+10a$
괄호를 풀면
$4x-10\le6x+6+10a$
-10과 $6x$를 각각 이항하여 정리하면
$-2x\le10a+16$
양변을 -2로 나누면
$x\ge-5a-8$
수직선의 해가 $x\ge2$이므로
$-5a-8=2$, $a=-2$

08 $\frac{x}{2}-1>\frac{6x-1}{5}$의 양변에 분모의 최소공배수 10을 곱하면

$5x-10>2(6x-1)$, $5x-10>12x-2$

$-7x>8$, $x<-\frac{8}{7}$

따라서 가장 큰 정수 x의 값은 -2이다.

09 괄호를 풀면

$6x-6-10\le 2x+2+2$

$4x\le 20$

양변을 4로 나누면

$x\le 5$

x가 5보다 작거나 같은 자연수는 1, 2, 3, 4, 5이므로 일차부등식을 만족시키는 자연수 x의 값들의 합은

$1+2+3+4+5=15$

10 $x(x\ge 10)$일 동안 대여한다면

$80000+(x-10)\times 5000<300000$

$5000x<270000$

$x<54$

따라서 53일 이내에 반납해야 한다.

11 사과를 x개 산다고 하면

$(1500\times 0.8)x>1000x+2800$

$1200x>1000x+2800$

$200x>2800$

$x>14$

따라서 사과를 최소 15개 이상 사야 도매시장에서 사는 것이 더 유리하다.

12 $x-\frac{4x-1}{2}<\frac{2-x}{3}+a$

양변에 6을 곱하면

$6x-3(4x-1)<2(2-x)+6a$

$6x-12x+3<4-2x+6a$

3과 $-2x$를 각각 이항하여 정리하면

$-4x<1+6a$

$x>\frac{-1-6a}{4}$

이를 만족시키는 가장 작은 정수가 3이므로

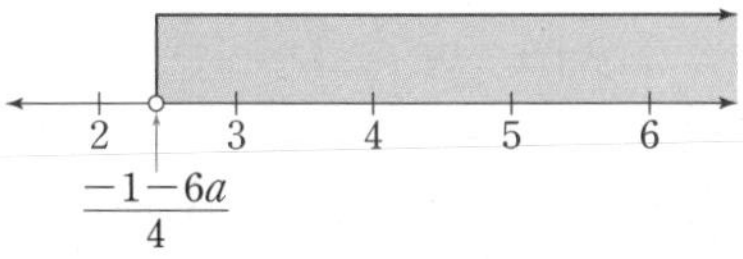

$2\le\frac{-1-6a}{4}<3$

양변에 4를 곱하면

$8\le -1-6a<12$

$8+1\le -6a<12+1$

$9\le -6a<13$

따라서 $-\frac{13}{6}<a\le -\frac{3}{2}$

13 $x=3$을 대입하면

$\frac{3}{2}-\frac{3a-1}{3}>\frac{a}{2}$ ··· 1단계

양변에 6을 곱하면

$9-2(3a-1)>3a$

$9-6a+2>3a$

$-9a>-11$

따라서 $a<\frac{11}{9}$ ··· 2단계

채점 기준표

단계	채점 기준	비율
1단계	$x=3$을 대입하여 식을 세운 경우	50 %
2단계	a의 값의 범위를 구한 경우	50 %

14 x명 이상일 때 40명의 단체 입장권을 구매하는 것이 유리하다고 하면

$(4000\times 0.8)\times 40<(4000\times 0.9)\times x$ ··· 1단계

$128000<3600x$

$x>35.555\cdots$ ··· 2단계

따라서 36명 이상이면 40명의 단체 입장권을 구매하는 것이 유리하다. ··· 3단계

채점 기준표

단계	채점 기준	비율
1단계	일차부등식을 세운 경우	50 %
2단계	부등식의 해를 구한 경우	30 %
3단계	몇 명 이상이면 단체권을 구매하는 것이 유리한지 구한 경우	20 %

15 올라간 거리를 x km라고 하면 내려온 거리도 x km이고, 올라갈 때 걸린 시간은 $\frac{x}{2}$시간, 정상에서 쉬는 시간은 $\frac{30}{60}=\frac{1}{2}$(시간), 내려올 때 걸린 시간은 $\frac{x}{3}$시간이므로

$\frac{x}{2}+\frac{1}{2}+\frac{x}{3}\le 4$ ··· 1단계

양변에 6을 곱하면

$3x+3+2x\leq24$

$5x\leq21$, $x\leq4.2$ ··· 2단계

따라서 최대 4.2 km 지점까지 오르고 내려올 수 있다.

··· 3단계

채점 기준표

단계	채점 기준	비율
1단계	일차부등식을 세운 경우	40 %
2단계	부등식의 해를 구한 경우	40 %
3단계	최대 지점까지의 거리를 구한 경우	20 %

16 $x=-a+2b$이므로

$19.5\leq a<20.5$에서

$-20.5<-a\leq-19.5$ ······ ㉠ ··· 1단계

$23.5\leq b<24.5$에서

$47\leq2b<49$ ······ ㉡ ··· 2단계

㉠+㉡을 하면

$26.5<x<29.5$

따라서 구하는 정수 x는 27, 28, 29이므로 ··· 3단계

정수의 합은 $27+28+29=84$이다. ··· 4단계

채점 기준표

단계	채점 기준	비율
1단계	$-a$의 값의 범위를 구한 경우	30 %
2단계	$2b$의 값의 범위를 구한 경우	30 %
3단계	x의 값의 범위를 구한 경우	30 %
4단계	정수 x의 값의 합을 구한 경우	10 %

2 연립일차방정식

개념 체크

본문 72~73쪽

01 (1) × (2) ○ (3) × (4) ×

02 $x=1$, $y=3$

x	1	2	3	4	···
y	3	0	-3	-6	···

03 (1) $x=1$, $y=-1$ (2) $x=-20$, $y=-7$

04 (1) $x=-11$, $y=8$ (2) $x=6$, $y=-6$

05 $x=1$, $y=1$

06 (1) 해가 없다. (2) 해가 무수히 많다.

대표 유형

본문 74~77쪽

01 ③ **02** ③ **03** ③ **04** ② **05** ②
06 ③ **07** ⑤ **08** ③ **09** ⑤
10 (1) $x=16$, $y=-21$ (2) $x=\frac{11}{3}$, $y=2$
11 ④ **12** ④ **13** (1) $x=4$, $y=1$
(2) $x=-4$, $y=-15$ **14** $x=\frac{1}{2}$, $y=-1$ **15** ①
16 $x=5$, $y=5$ **17** ④ **18** ④ **19** ④
20 ① **21** ① **22** 9 **23** $a=-4$, $b=-3$
24 (1) 3 (2) $x=19$, $y=-8$

01 ㄱ. $-2x+y+3=0$이므로 미지수가 2개인 일차방정식

ㄴ. 미지수가 2개인 일차방정식이 아니다.

ㄷ. $-x-3y+4=0$이므로 미지수가 2개인 일차방정식

ㄹ. $2x-4y+1=-4y+2$, 즉 $2x-1=0$이므로 미지수가 1개인 일차방정식

따라서 미지수가 2개인 일차방정식은 ㄱ, ㄷ이다.

02 ① 등식이 아니므로 방정식이 아니다.

② $4xy$는 곱해진 문자의 개수가 2개이므로 xy에 대한 이차방정식이다.

③ $2x^2-2y-2x^2-x=0$, 즉 $-x-2y=0$이므로 미지수가 2개인 일차방정식이다.

④ $3x+3xy-3xy+1=0$, 즉 $3x+1=0$이므로 미지수가 1개이다.

⑤ $x^2-x+1=0$이므로 미지수가 1개이다.

03 ① $5x=2y-1$, $5x-2y+1=0$

② $x=y-3$, $x-y+3=0$

③ $\frac{1}{2}\times(x+5)\times y=30$, $\frac{1}{2}xy+\frac{5}{2}y-30=0$

④ $5x+4y=85$, $5x+4y-85=0$

⑤ $300x+500y=5000$, $300x+500y-5000=0$

따라서 미지수가 2개인 일차방정식이 아닌 것은 ③이다.

04 $y=1$일 때, $x+3\times1=9$, $x=6$

$y=2$일 때, $x+3\times2=9$, $x=3$

$y=3$일 때, $x+3\times3=9$, $x=0$

따라서 x와 y는 자연수이므로 해는 $(6, 1)$, $(3, 2)$의 2개이다.

05 $x=1$일 때, $5\times1-y=1$, $y=4$

$x=2$일 때, $5\times2-y=1$, $y=9$

$x=3$일 때, $5\times3-y=1$, $y=14$

따라서 x와 y는 10보다 작은 자연수이므로 해는 $(1, 4)$, $(2, 9)$의 2개이다.

06 ③ $x=1$, $y=-3$을 $x-2y=6$에 대입하면

$1-2\times(-3)=7\neq6$

07 $x=-1$, $y=2$를 주어진 방정식에 대입하면

$3\times(-1)+a\times2=7$, $-3+2a=7$

$2a=10$, $a=5$

08 $x=-1$, $y=6$을 $ax+y=10$에 대입하면

$-a+6=10$, $a=-4$

따라서 주어진 일차방정식은 $-4x+y=10$

$x=2$, $y=m$을 대입하면 $-4\times2+m=10$

$-8+m=10$, $m=18$

09 $x=2$, $y=-3$을 주어진 방정식에 대입하면

$2a-3\times(-3)=7$, $a=-1$

$-x-3y=7$에 $x=-1$, $y=p$를 대입하면

$1-3p=7$, $p=-2$

따라서 $a-p=(-1)-(-2)=1$

10 (1) $\begin{cases} 3x+2y=6 & \cdots\cdots ㉠ \\ x=-y-5 & \cdots\cdots ㉡ \end{cases}$

㉡을 ㉠에 대입하면

$3(-y-5)+2y=6$, $-y=21$

$y=-21$

이를 ㉡에 대입하면

$x=-(-21)-5=16$

(2) $\begin{cases} 3x+2y=15 & \cdots\cdots ㉠ \\ -3x+2y=-7 & \cdots\cdots ㉡ \end{cases}$

㉠+㉡을 하면

$4y=8$, $y=2$

이를 ㉠에 대입하면

$3x+2\times2=15$

$x=\frac{11}{3}$

11 ④ ㉡의 $y=3x-2$를 ㉠에 대입한다.

12 $\begin{cases} x=y-2 & \cdots\cdots ㉠ \\ 4x=y+4 & \cdots\cdots ㉡ \end{cases}$

㉠을 ㉡에 대입하면

$4(y-2)=y+4$에서 $3y=12$, $y=4$

$x=2$, $y=4$

13 (1) $\begin{cases} 0.3x-y=0.2 & \cdots\cdots ㉠ \\ 0.5x-1.6y=0.4 & \cdots\cdots ㉡ \end{cases}$

㉠$\times10$, ㉡$\times10$을 하면

$\begin{cases} 3x-10y=2 & \cdots\cdots ㉢ \\ 5x-16y=4 & \cdots\cdots ㉣ \end{cases}$

㉢$\times5-$㉣$\times3$을 하면

$$\begin{array}{rr} & 15x-50y=10 \\ -) & 15x-48y=12 \\ \hline & -2y=-2 \end{array}$$

$y=1$

$y=1$을 ㉢에 대입하면 $x=4$

(2) $\begin{cases} \frac{x}{2}-\frac{y}{3}-3=0 & \cdots\cdots ㉠ \\ -\frac{x}{4}+\frac{y}{5}=-2 & \cdots\cdots ㉡ \end{cases}$

㉠$\times6$, ㉡$\times20$을 하면

$\begin{cases} 3x-2y=18 & \cdots\cdots ㉢ \\ -5x+4y=-40 & \cdots\cdots ㉣ \end{cases}$

㉢$\times2+$㉣을 하면

$$\begin{array}{rr} & 6x-4y=36 \\ +) & -5x+4y=-40 \\ \hline & x=-4 \end{array}$$

$x=-4$를 ㉣에 대입하면 $y=-15$

14 $\begin{cases} \dfrac{x}{2}-\dfrac{y}{4}=\dfrac{1}{2} & \cdots\cdots ㉠ \\ \dfrac{x}{6}+\dfrac{y}{3}=-\dfrac{1}{4} & \cdots\cdots ㉡ \end{cases}$ 에서 ㉠×4, ㉡×12를 하면

$\begin{cases} 2x-y=2 & \cdots\cdots ㉢ \\ 2x+4y=-3 & \cdots\cdots ㉣ \end{cases}$

㉢−㉣을 하면

$-5y=5$, $y=-1$

$y=-1$을 ㉢에 대입하면

$2x+1=2$, $x=\dfrac{1}{2}$

15 $\begin{cases} 0.2x-0.3y=1.4 & \cdots\cdots ㉠ \\ \dfrac{1}{3}x+\dfrac{y}{2}=1 & \cdots\cdots ㉡ \end{cases}$

㉠의 양변에 10을 곱하고, ㉡의 양변에 6을 곱하면

$\begin{cases} 2x-3y=14 & \cdots\cdots ㉢ \\ 2x+3y=6 & \cdots\cdots ㉣ \end{cases}$

㉢+㉣을 하면

$4x=20$, $x=5$

$x=5$를 ㉢에 대입하면

$10-3y=14$

$-3y=4$, $y=-\dfrac{4}{3}$

따라서 $a=5$, $b=-\dfrac{4}{3}$이므로

$a+3b=5+3\times\left(-\dfrac{4}{3}\right)=1$

16 $\begin{cases} -x+3y=10 \\ 2x-y+5=10 \end{cases}$ 을 정리하면

$\begin{cases} -x+3y=10 & \cdots\cdots ㉠ \\ 2x-y=5 & \cdots\cdots ㉡ \end{cases}$

㉠×2+㉡을 하면

$5y=25$, $y=5$

이를 ㉡에 대입하면

$2x-5=5$

$x=5$

17 연립방정식 $\begin{cases} x+y-1=-2x+3y-5 \\ -2x+3y-5=-4x+2y-3 \end{cases}$ 에서

$\begin{cases} 3x-2y=-4 & \cdots\cdots ㉠ \\ 2x+y=2 & \cdots\cdots ㉡ \end{cases}$

㉠+㉡×2를 하면

$7x=0$, $x=0$

$x=0$을 ㉠에 대입하면

$0-2y=-4$, $y=2$

따라서 $a=0$, $b=2$이므로

$a+b=0+2=2$

18 $x=\dfrac{1}{2}$, $y=1$을 주어진 식에 대입하면 주어진 방정식은 $3a-b=a+b=4$

$\begin{cases} 3a-b=4 \\ a+b=4 \end{cases}$

이 연립방정식을 풀면

$a=2$, $b=2$

따라서 $ab=2\times2=4$

19 ① $\dfrac{1}{5}=\dfrac{2}{10}\neq\dfrac{5}{-10}$이므로 해가 없다.

②, ③ 한 쌍의 해를 가진다.

④ $\dfrac{2}{4}=\dfrac{-3}{-6}=\dfrac{1}{2}$이므로 해가 무수히 많다.

⑤ $\dfrac{2}{4}=\dfrac{3}{6}\neq\dfrac{1}{-2}$이므로 해가 없다.

20 주어진 연립방정식을 정리하면

$\begin{cases} 2x-y=3 & \cdots\cdots ㉠ \\ -ax+3y=b & \cdots\cdots ㉡ \end{cases}$

㉠×(−3)을 하면

$-6x+3y=-9$

해가 무수히 많을 조건은

$-6=-a$, $-9=b$

$a=6$, $b=-9$

$a+b=6+(-9)=-3$

다른 풀이 $\dfrac{2}{-a}=\dfrac{-1}{3}=\dfrac{3}{b}$이므로

$a=6$, $b=-9$

따라서 $a+b=6+(-9)=-3$

21 ① $\dfrac{1}{-1}=\dfrac{-1}{1}\neq\dfrac{2}{-3}$이므로 해가 없다.

다른 풀이 $\begin{cases} x-y=2 & \cdots\cdots ㉠ \\ -x+y=-3 & \cdots\cdots ㉡ \end{cases}$

㉠×(−1)−㉡을 하면

$$\begin{array}{rr} & -x+y=-2 \\ -) & -x+y=-3 \\ \hline & 0\times x+0\times y=1 \end{array}$$

따라서 해가 없다.

22 $x=3$을 바르게 본 식 $x+3y=-6$에 대입하면
$3+3y=-6$, $y=-3$
$x=3$, $y=-3$을 $2x-y$에 대입하면
$2\times3-(-3)=9$
따라서 4를 9로 잘못 보았다.

23 a와 b를 바꾼 식은 $\begin{cases} ax-by=1 \\ bx-ay=6 \end{cases}$이고,
$x=2$, $y=3$을 대입하면
$\begin{cases} 2a-3b=1 & \cdots\cdots ㉠ \\ -3a+2b=6 & \cdots\cdots ㉡ \end{cases}$
㉠$\times3+$㉡$\times2$를 하면
$-5b=15$, $b=-3$
$b=-3$을 ㉡에 대입하면
$-3a-6=6$, $a=-4$

24 (1) -5를 a로 잘못 보았다고 한다면 $y=4$는
$\begin{cases} x+3y=a \\ 3x+7y=1 \end{cases}$의 해이다.
$y=4$를 $3x+7y=1$에 대입하면
$3x=-27$, $x=-9$
$x=-9$, $y=4$를 $x+3y=a$에 대입하면
$a=-9+3\times4=3$
(2) $\begin{cases} x+3y=-5 & \cdots\cdots ㉠ \\ 3x+7y=1 & \cdots\cdots ㉡ \end{cases}$
㉠, ㉡을 연립하여 풀면
$x=19$, $y=-8$

기출 예상 문제 본문 78~81쪽

01 ②, ⑤	**02** 6개	**03** 8	**04** ①, ⑤	
05 -3	**06** ⑤	**07** ⑤	**08** ④	**09** ①
10 ⑤	**11** -3	**12** ①	**13** 6	**14** 0
15 2	**16** ③	**17** ①	**18** $\frac{12}{5}$	
19 $-\frac{49}{2}$	**20** ④	**21** ③	**22** ③	
23 $\begin{cases} 2x+3y=3 \\ 3x-2y=-11 \end{cases}$	**24** 4			

01 ① $6xy=1$이므로 차수가 1이 아니다.
③ $2y-1=0$이므로 미지수가 1개이다.
④ $2x^2+y+x-4=0$이므로 차수가 1이 아니다.
⑤ $-2x+2y-1=0$이므로 미지수가 2개인 일차방정식이다.
따라서 미지수가 2개인 일차방정식은 ②, ⑤이다.

02 $x=1$, $y=-2$를 $2ax-by=14$에 대입하면
$2a+2b=14$
a, b는 자연수이므로 $a+b=7$이 참이 되게 하는 순서쌍 (a, b)는 $(1, 6)$, $(2, 5)$, $(3, 4)$, $(4, 3)$, $(5, 2)$, $(6, 1)$의 6개이다.

03 $x=3$, $y=-1$을 주어진 방정식에 대입하면
$6+a=8$, $a=2$
따라서 일차방정식은 $2x-2y=8$ $\cdots\cdots$ ㉠
이때 $y=4$를 ㉠에 대입하면 $x=8$

04 일차방정식 $2x-y=a$ $\cdots\cdots$ ㉠에 $x=4$, $y=6$을 대입하면 $2\times4-6=a$, $a=2$
$a=2$를 ㉠에 대입하면 $2x-y=2$이므로
이 일차방정식의 해를 구하면
$(2, 2)$, $(3, 4)$, $(4, 6)$, $(5, 8)$, $(6, 10)$, $\cdots$
따라서 ① $(1, 5)$, ⑤ $(6, 11)$은 해가 아니다.

05 해가 $(-1, -3)$이므로 $4x+ay=8$에 대입하면
$4\times(-1)+a\times(-3)=8$
$a=-4$
다른 해 $(b, -1)$을 $4x-4y=8$에 대입하면
$4\times b-4\times(-1)=8$, $b=1$
따라서 $a+b=-4+1=-3$

06 $a=k$, $b=3k(k\neq0)$로 놓고 주어진 일차방정식에 대입하면 $\frac{k-1}{3}=\frac{3k+1}{5}$
$5(k-1)=3(3k+1)$
$-4k=8$, $k=-2$
따라서 $a=-2$, $b=-6$이므로
$a+b=-8$

07 $x=2$, $y=-1$을 대입하여 두 일차방정식을 모두 참이 되게 하는 것은 ⑤이다.

08 가감법을 이용하여 x 또는 y를 없애기 위해서는 x의 계수 또는 y의 계수의 절댓값을 같게 만들어야 한다.

ㄴ. ①$-$②$\times 2$를 하면 $8x=-7$

ㄷ. ①$\times 3+$②$\times 2$를 하면 $16y=19$

따라서 x 또는 y를 없앨 때 필요한 식은 ㄴ, ㄷ이다.

09 $x=-3$, $y=1$을 $x+ay=-4$에 대입하면

$(-3)+a\times 1=-4$, $-3+a=-4$

$a=-1$

10 $\begin{cases} 3x=-4y+5 & \cdots\cdots ㉠ \\ 3x=-y-1 & \cdots\cdots ㉡ \end{cases}$

㉡을 ㉠에 대입하면

$3y=6$, $y=2$

$y=2$를 ㉡에 대입하면

$3x=-2-1$, $x=-1$

$x=-1$, $y=2$를 $3x+ay=3$에 대입하면

$-3+2a=3$

따라서 $a=3$

11 주어진 연립방정식을 정리하면

$\begin{cases} -2x+3y=0 & \cdots\cdots ㉠ \\ 2x+3y=-6 & \cdots\cdots ㉡ \end{cases}$

㉠+㉡을 하여 풀면

$y=-1$, $x=-\frac{3}{2}$

$x=a$, $y=b$이므로

$a=-\frac{3}{2}$, $b=-1$

따라서 $-2ab=-2\times\left(-\frac{3}{2}\right)\times(-1)=-3$

12 주어진 연립방정식을 정리하면

$\begin{cases} -2x+3y=12 & \cdots\cdots ㉠ \\ 2x+3y=6 & \cdots\cdots ㉡ \end{cases}$

㉠+㉡을 하여 풀면

$x=-\frac{3}{2}$, $y=3$

13 $\begin{cases} 0.2x+0.1y=1.5 & \cdots\cdots ㉠ \\ \frac{3}{2}x+\frac{1}{3}y=\frac{5}{2} & \cdots\cdots ㉡ \end{cases}$

㉠$\times 10$, ㉡$\times 6$을 하면

$\begin{cases} 2x+y=15 & \cdots\cdots ㉢ \\ 9x+2y=15 & \cdots\cdots ㉣ \end{cases}$

㉢$\times 2-$㉣을 하면

$-5x=15$, $x=-3$

이를 ㉢에 대입하면

$2\times(-3)+y=15$

$y=21$

따라서 $a=-3$, $b=21$이므로

$\frac{1}{3}(a+b)=\frac{1}{3}\times(-3+21)=6$

14 주어진 연립방정식의 해가 $(1, b)$이므로 $x=1$, $y=b$를 대입하면

$\begin{cases} -3a+2\times b=5 \\ a+3\times b=2 \end{cases}$, 즉 $\begin{cases} -3a+2b=5 & \cdots\cdots ㉠ \\ a+3b=2 & \cdots\cdots ㉡ \end{cases}$

㉠+㉡$\times 3$을 하여 풀면

$b=1$, $a=-1$

따라서 $a+b=-1+1=0$

15 연립방정식 $\begin{cases} 15x-y=13 & \cdots\cdots ㉠ \\ 15x-3y=9 & \cdots\cdots ㉡ \end{cases}$에서

㉠$-$㉡을 하여 풀면

$x=1$, $y=2$

이것은 연립방정식 $\begin{cases} ax+by=14 \\ by-3ax=6 \end{cases}$의 해이므로

$x=1$, $y=2$를 대입하면

$\begin{cases} a+2b=14 \\ 2b-3a=6 \end{cases}$, 즉 $\begin{cases} a+2b=14 & \cdots\cdots ㉢ \\ -3a+2b=6 & \cdots\cdots ㉣ \end{cases}$

㉢$-$㉣을 하여 풀면

$a=2$, $b=6$

따라서 $\frac{1}{4}(a+b)=\frac{1}{4}(2+6)=2$

16 x의 값과 y의 값이 서로 같으므로 $y=x$

즉, $\begin{cases} y=x \\ 2(x-2y)+3y=3 \end{cases}$에서

$\begin{cases} y=x & \cdots\cdots ㉠ \\ 2x-y=3 & \cdots\cdots ㉡ \end{cases}$

㉠을 ㉡에 대입하면

$2x-x=3$, $x=3$

㉠에 $x=3$을 대입하면

$y=3$

$3(x+2)-ky=6$에 $x=3$, $y=3$을 대입하면

$15-3k=6$, $k=3$

17 두 연립방정식의 해가 같으므로 상수 a, b가 없는 두 일차방정식 $2x+y=5$ ⋯ ㉠, $3x+4y=5$ ⋯ ㉡를 동시에 만족시키는 해를 구하기 위해 ㉠×4−㉡을 하여 풀면 $x=3$, $y=-1$

이것을 $ax+2y=1$에 $x=3$, $y=-1$을 대입하면

$3a-2=1$, $a=1$

또 $2x+by=9$에 $x=3$, $y=-1$을 대입하면

$6-b=9$, $b=-3$

따라서 $a+b=1+(-3)=-2$

18 방정식 $ax+3y=x+y-2$에 $x=5$, $y=b$를 대입하면

$5a+3b=5+b-2$

$5a+2b=3$ ⋯⋯ ㉠

방정식 $x+y-2=5+2x-3y$에 $x=5$, $y=b$를 대입하면 $5+b-2=5+2\times5-3b$에서

$b=3$

$b=3$을 ㉠에 대입하면

$5a+2\times3=3$, $a=-\frac{3}{5}$

따라서 $a+b=\frac{12}{5}$

19 주어진 방정식에서

$\begin{cases}4x-y-4=4\\1.\dot{3}x-0.\dot{9}y=4\end{cases}$, 즉 $\begin{cases}4x-y=8\\\frac{12}{9}x-\frac{9}{9}y=4\end{cases}$를 정리하면

$\begin{cases}4x-y=8 & \cdots\cdots ㉠\\12x-9y=36 & \cdots\cdots ㉡\end{cases}$

㉠×3−㉡을 하여 풀면

$y=-2$, $x=\frac{3}{2}$

이것을 $15x-y+a=0$에 대입하면

$15\times\frac{3}{2}-(-2)+a=0$

따라서 $a=-\frac{49}{2}$

20 $\begin{cases}x-3y=3 & \cdots\cdots ㉠\\4x-12y=5 & \cdots\cdots ㉡\end{cases}$

㉠×4−㉡을 하면

$$\begin{array}{rl} & 4x-12y=12\\ -) & 4x-12y=5\\ \hline & 0\times x+0\times y=7\end{array}$$

따라서 x, y의 값은 존재하지 않으므로 연립방정식의 해가 없다.

21 연립방정식 $\begin{cases}2x-4y=5 & \cdots\cdots ㉠\\3x+ay=-3 & \cdots\cdots ㉡\end{cases}$에서

㉠×3, ㉡×2를 하면

$6x-12y=15$, $6x+2ay=-6$

해가 없을 조건은

$-12=2a$, $a=-6$

다른 풀이 $\frac{2}{3}=\frac{-4}{a}\neq\frac{5}{-3}$에서 $a=-6$

22 연립방정식의 해가 무수히 많은 경우는 두 방정식이 일치하는 경우이므로

$\begin{cases}ax+5y=5 & \cdots\cdots ㉠\\8x-20y=-4b & \cdots\cdots ㉡\end{cases}$

㉠×(-4)를 하면

$\begin{cases}-4ax-20y=-20\\8x-20y=-4b\end{cases}$에서

$-4a=8$, $-20=-4b$

$a=-2$, $b=5$

따라서 $a+b=-2+5=3$

23 a와 b를 바꾸어 놓은 식 $\begin{cases}ax+by=3\\bx-ay=-11\end{cases}$의 해가 $(-1, 3)$이므로 $x=-1$, $y=3$을 대입하여 정리하면

$\begin{cases}-a+3b=3 & \cdots\cdots ㉠\\-3a-b=-11 & \cdots\cdots ㉡\end{cases}$

㉠×3−㉡을 하면

$10b=20$, $b=2$

$b=2$를 ㉡에 대입하면

$-3a-2=-11$, $a=3$

처음 주어진 방정식에 a, b의 값을 각각 대입하면

$\begin{cases}2x+3y=3\\3x-2y=-11\end{cases}$이다.

24 ㉠의 y의 계수를 a로 잘못 보고 풀었다고 하자.

연립방정식 $\begin{cases}x+ay=4 & \cdots\cdots ㉠\\3x+5y=-9 & \cdots\cdots ㉡\end{cases}$에서

$y=3$을 ㉡에 대입하면

$3x+15=-9$

$3x=-24$, $x=-8$

$x=-8$, $y=3$을 ㉠에 대입하면

$-8+3a=4$, $3a=12$, $a=4$

따라서 y의 계수를 4로 잘못 보고 풀었다.

고난도 집중 연습 (본문 82~83쪽)

1 34	**1-1** ④	**2** 8	**2-1** 6
3 $x=1,\ y=\frac{1}{3}$		**3-1** $x=\frac{3}{20},\ y=-\frac{1}{20}$	
4 13	**4-1** ④		

1 풀이 전략 $A:B=C:D$일 때 $AD=BC$임을 이용하여 방정식을 세워 해를 구한다.

$(x+y):(x-y)=4:1$에서

$x+y=4(x-y),\ x+y=4x-4y$

$3x-5y=0$ ······ ㉠

$(x+1):(y-1)=3:1$에서

$x+1=3(y-1),\ x+1=3y-3$

$x-3y=-4$ ······ ㉡

㉠$-$㉡$\times3$을 하면

$4y=12,\ y=3$

$y=3$을 ㉡에 대입하면

$x-3\times3=-4,\ x=5$

따라서 $x^2+y^2=5^2+3^2=34$

1-1 풀이 전략 $A:B=C:D$일 때 $AD=BC$임을 이용하여 방정식을 세워 해를 구한다.

$(2x+y):(x+y)=7:5$에서

$7(x+y)=5(2x+y)$

$3x=2y$

$(4-x):(4-y)=2:1$에서

$2(4-y)=4-x$

$x-2y=-4$

연립방정식 $\begin{cases}3x=2y & \cdots\cdots ㉠\\ x-2y=-4 & \cdots\cdots ㉡\end{cases}$에서

㉠을 ㉡에 대입하면

$x-3x=-4,\ -2x=-4,\ x=2$

$x=2$를 ㉠에 대입하면

$y=3$

따라서 $x^2-xy+y^2=2^2-2\times3+3^2=7$

2 풀이 전략 x와 y를 a에 대한 식으로 나타낸 후 식 $\frac{4x+4y}{a}$에 대입한다.

$\begin{cases}x+y=2a & \cdots\cdots ㉠\\ 2x-4y=-5a & \cdots\cdots ㉡\end{cases}$

㉠$\times2-$㉡을 하면

$6y=9a,\ y=\frac{3}{2}a$

$y=\frac{3}{2}a$를 ㉠에 대입하면

$x=\frac{1}{2}a$

따라서

$$\frac{4x+4y}{a}=\frac{4\times\left(\frac{1}{2}a\right)+4\times\left(\frac{3}{2}a\right)}{a}$$

$$=\frac{2a+6a}{a}=\frac{8a}{a}=8$$

2-1 풀이 전략 $a,\ b,\ x,\ y$가 자연수임을 이용하여 식의 값을 구한다.

$\begin{cases}ax-by=5 & \cdots\cdots ㉠\\ 3x-2by=7 & \cdots\cdots ㉡\end{cases}$

㉠$\times2-$㉡을 하면

$(2a-3)x=3,\ x=\frac{3}{2a-3}$

이때 a와 x는 모두 자연수이므로

(i) $a=2,\ x=3$일 때

$x=3$을 ㉡에 대입하면

$9-2by=7,\ by=1$

이때 $b,\ y$는 모두 자연수이므로

$b=1,\ y=1$

(ii) $a=3,\ x=1$일 때

$x=1$을 ㉡에 대입하면

$3-2by=7,\ -by=2$

이때 $b,\ y$는 모두 자연수이므로 만족하는 수가 없다.

따라서 자연수 $a,\ b$에 대하여

$a+b+xy=2+1+3\times1=6$

3 풀이 전략 $\frac{1}{x}=X,\ \frac{1}{y}=Y$로 놓고 연립방정식의 해를 구한다.

$\frac{1}{x}=X,\ \frac{1}{y}=Y$라고 하면 주어진 연립방정식은

$\begin{cases}3X+Y=6 & \cdots\cdots ㉠\\ 5X-2Y=-1 & \cdots\cdots ㉡\end{cases}$

㉠$\times2+$㉡을 하여 풀면

$X=1,\ Y=3$

따라서 $\frac{1}{x}=1,\ \frac{1}{y}=3$이므로

$x=1,\ y=\frac{1}{3}$

3-1 풀이 전략 $\frac{1}{x+y}=A,\ \frac{1}{x-y}=B$로 놓고 연립방정식의 해를 구한다.

$\frac{1}{x+y}=A$, $\frac{1}{x-y}=B$라고 하면

$\begin{cases} 2A-3B=5 & \cdots\cdots ㉠ \\ A+2B=20 & \cdots\cdots ㉡ \end{cases}$

㉠$-$㉡$\times 2$를 하면

$-7B=-35$, $B=5$

$B=5$를 ㉡에 대입하면

$A+10=20$, $A=10$

$\frac{1}{x+y}=10$, $\frac{1}{x-y}=5$이므로

$x+y=\frac{1}{10}$ $\cdots\cdots$ ㉢, $x-y=\frac{1}{5}$ $\cdots\cdots$ ㉣

㉢$+$㉣을 하면 $2x=\frac{3}{10}$, $x=\frac{3}{20}$

㉢$-$㉣을 하면 $2y=-\frac{1}{10}$, $y=-\frac{1}{20}$

4 풀이 전략 $\begin{cases} ax+by+c=0 \\ a'x+b'y+c'=0 \end{cases}$에서 $\frac{a}{a'}=\frac{b}{b'}=\frac{c}{c'}$이면 해가 무수히 많다는 것을 이용하여 구한다.

$(2a-1)x-y=4$의 양변에 3을 곱하면

$3(2a-1)x-3y=12$ $\cdots\cdots$ ㉠

연립방정식의 해가 무수히 많으므로 ㉠과

$(a+2)x-3y=b$가 같아야 한다.

따라서 계수와 상수항이 같아야 하므로

$3(2a-1)=a+2$, $12=b$

$a=1$, $b=12$

다른 풀이 연립방정식의 해가 무수히 많으므로

$\frac{2a-1}{a+2}=\frac{-1}{-3}=\frac{4}{b}$

$\frac{2a-1}{a+2}=\frac{-1}{-3}$에서 $3(2a-1)=a+2$

$6a-3=a+2$, $a=1$

$\frac{-1}{-3}=\frac{4}{b}$에서 $b=12$

따라서 $a+b=1+12=13$

4-1 풀이 전략 바르게 본 식에 수를 대입하여 푼다.

혜리가 a를 m으로 잘못 보았다고 하면 연립방정식

$\begin{cases} 3x+by=6 \\ mx+3y=-9 \end{cases}$

의 해가 무수히 많으므로

$\frac{3}{m}=\frac{b}{3}=\frac{6}{-9}$

$\frac{b}{3}=\frac{6}{-9}$에서 $b=-2$

또, 영진이는 b를 잘못 보았으므로 $x=-2$, $y=1$은 일차방정식 $ax+3y=-9$의 해이다.

따라서 $x=-2$, $y=1$을 $ax+3y=-9$에 대입하면

$-2a+3=-9$, $a=6$

서술형 집중 연습

본문 84~85쪽

예제 1 2
예제 2 0
예제 3 $x=1$, $y=2$
예제 4 -1

유제 1 -2
유제 2 0
유제 3 $x=4$, $y=3$
유제 4 -6

예제 1 $y=\boxed{3x}$를 주어진 연립방정식에 대입하면

$\begin{cases} 4x-\boxed{3x}-3=0 & \cdots\cdots ㉠ \\ 5x-a\times\boxed{3x}+3=0 & \cdots\cdots ㉡ \end{cases}$ ··· 1단계

㉠에서 $x=\boxed{3}$ ··· 2단계

$x=\boxed{3}$을 ㉡에 대입하면

$15-\boxed{9}a+3=0$

따라서 $a=\boxed{2}$ ··· 3단계

채점 기준표

단계	채점 기준	비율
1단계	$y=3x$를 대입하여 식을 세운 경우	40 %
2단계	x의 값을 구한 경우	30 %
3단계	a의 값을 구한 경우	30 %

유제 1 $\begin{cases} -2x+y=5 & \cdots\cdots ㉠ \\ x+ay-a-4=0 & \cdots\cdots ㉡ \end{cases}$

$x+y=3y+2$에서 $x-2y=2$ $\cdots\cdots$ ㉢

㉠$+2\times$㉢을 하면

$-3y=9$, $y=-3$ ··· 1단계

$y=-3$을 ㉠에 대입하면

$-2x+(-3)=5$, $x=-4$ ··· 2단계

$x=-4$, $y=-3$을 ㉡에 대입하면

$(-4)+a\times(-3)-a-4=0$

$-4a=8$, $a=-2$ ··· 3단계

채점 기준표

단계	채점 기준	비율
1단계	y의 값을 구한 경우	30 %
2단계	x의 값을 구한 경우	30 %
3단계	a의 값을 구한 경우	40 %

예제 2 두 연립방정식의 해는 상수 a, b가 없는 두 방정식 $\begin{cases} 5x+2y=4 \\ x-y=5 \end{cases}$를 연립하여 푼 해와 같으므로

$\begin{cases} 5x+2y=4 & \cdots\cdots ㉠ \\ x-y=5 & \cdots\cdots ㉡ \end{cases}$

㉠$+\boxed{2}\times$㉡을 하면

$x=\boxed{2}$

$x=\boxed{2}$를 ㉡에 대입하면

$\boxed{2}-y=5$

$y=\boxed{-3}$ ··· 1단계

$x=\boxed{2}$, $y=\boxed{-3}$을 $x+y=2a$, $bx-y=4$에 대입하면

$\boxed{2}+\boxed{-3}=2a$, $b\times\boxed{2}-\boxed{(-3)}=4$

$a=\boxed{-\frac{1}{2}}$, $b=\boxed{\frac{1}{2}}$ ··· 2단계

따라서 $a+b=-\frac{1}{2}+\frac{1}{2}=\boxed{0}$ ··· 3단계

채점 기준표

단계	채점 기준	비율
1단계	x, y의 값을 구한 경우	40 %
2단계	a, b의 값을 구한 경우	40 %
3단계	$a+b$의 값을 구한 경우	20 %

유제 2 두 연립방정식의 해가 같으므로 미지수가 없는 두 방정식 $\begin{cases} 2x-3y=7 & \cdots\cdots ㉠ \\ 3x-5y=10 & \cdots\cdots ㉡ \end{cases}$을 연립하여 푼 해와 같다.

㉠$\times3-$㉡$\times2$를 하면 $y=1$

$y=1$을 ㉠에 대입하면 $x=5$ ··· 1단계

이를 a, b를 포함하는 일차방정식에 각각 대입하면

$\begin{cases} 5a-b=16 & \cdots\cdots ㉢ \\ 5a+2b=28 & \cdots\cdots ㉣ \end{cases}$

㉢$-$㉣을 하면

$-3b=-12$, $b=4$

$b=4$를 ㉢에 대입하면

$5a-4=16$, $5a=20$

$a=4$ ··· 2단계

따라서 $a-b=0$ ··· 3단계

채점 기준표

단계	채점 기준	비율
1단계	x, y의 값을 구한 경우	40 %
2단계	a, b의 값을 구한 경우	40 %
3단계	$a-b$의 값을 구한 경우	20 %

예제 3 $\begin{cases} 3x-5y=a \\ bx+y=-5 \end{cases}$에 $x=\boxed{2}$, $y=\boxed{-1}$을 대입하면

$\begin{cases} 3\times\boxed{2}-5\times\boxed{(-1)}=a \\ b\times\boxed{2}+\boxed{(-1)}=-5 \end{cases}$

이므로 간단히 하면 ··· 1단계

$\begin{cases} 6+5=a \\ 2b-1=-5 \end{cases}$에서

$a=\boxed{11}$, $b=\boxed{-2}$ ··· 2단계

$a=\boxed{11}$, $b=\boxed{-2}$를 $\begin{cases} ax+3by=-1 \\ (a-1)x-(b+5)y=4 \end{cases}$에 대입하면

$\begin{cases} 11x-6y=-1 & \cdots\cdots ㉠ \\ 10x-3y=4 & \cdots\cdots ㉡ \end{cases}$

㉠$-$㉡$\times2$를 하면

$-9x=\boxed{-9}$

따라서 $x=\boxed{1}$, $y=\boxed{2}$ ··· 3단계

채점 기준표

단계	채점 기준	비율
1단계	x, y의 값을 대입하여 식을 구한 경우	20 %
2단계	a, b의 값을 구한 경우	40 %
3단계	x, y의 값을 구한 경우	40 %

유제 3 주어진 연립방정식의 해가 $x=-4$, $y=-3$이므로

$x=-4$, $y=-3$을 $\begin{cases} x-3y=a \\ 2x+by=-2 \end{cases}$에 대입하면

$\begin{cases} -4-3\times(-3)=a \\ 2\times(-4)+b\times(-3)=-2 \end{cases}$ ··· 1단계

따라서 $a=5$, $b=-2$ ··· 2단계

$a=5$, $b=-2$를 $\begin{cases} x-(a-3)y=b \\ ax-2y=-7b \end{cases}$에 대입하면

$\begin{cases} x-2y=-2 & \cdots\cdots ㉠ \\ 5x-2y=14 & \cdots\cdots ㉡ \end{cases}$

㉠$-$㉡을 하여 풀면

$x=4$, $y=3$ ··· 3단계

채점 기준표

단계	채점 기준	비율
1단계	x, y의 값을 대입하여 식을 구한 경우	20 %
2단계	a, b의 값을 구한 경우	40 %
3단계	x, y의 값을 구한 경우	40 %

예제 4 c를 잘못 보았으므로

$x=-5$, $y=-2$와 $x=-1$, $y=-1$은

방정식 $\boxed{ax+by=-3}$의 해이므로

각각을 대입하면

$a\times(-5)+b\times(-2)=-3$ ...... ㉠

$a\times(-1)+b\times(-1)=-3$ ...... ㉡

··· 1단계

㉠을 정리하면 $-5a-2b=-3$ ...... ㉠′

㉡을 정리하면 $-a-b=-3$ ...... ㉡′

㉠′$-2\times$㉡′을 하여 풀면

$a=\boxed{-1}$, $b=\boxed{4}$

$x=-1$, $y=-1$은 $-x+cy=5$의 해이므로

$x=-1$, $y=-1$을 대입하면

$1-c=5$

$c=\boxed{-4}$ ··· 2단계

따라서 $a+b+c=\boxed{(-1)}+\boxed{4}+\boxed{-4}=\boxed{-1}$

··· 3단계

채점 기준표

단계	채점 기준	비율
1단계	x, y의 값을 대입하여 식을 구한 경우	20 %
2단계	a, b, c의 값을 구한 경우	60 %
3단계	$a+b+c$의 값을 구한 경우	20 %

유제 4 a를 잘못 보았으므로

$x=-3$, $y=1$과 $x=2$, $y=-1$은

방정식 $bx+cy=3$의 해이므로

각각을 대입하면

$b\times(-3)+c=3$ ...... ㉠

$b\times2-c=3$ ...... ㉡ ··· 1단계

㉠을 정리하면

$-3b+c=3$ ...... ㉠′

㉡을 정리하면

$2b-c=3$ ...... ㉡′

㉠′+㉡′을 하여 풀면

$b=-6$, $c=-15$

$x=2$, $y=-1$은 $ax+3y=3$의 해이므로

$x=2$, $y=-1$을 대입하면

$2a-3=3$

$a=3$ ··· 2단계

따라서 $a-b+c=3-(-6)+(-15)=-6$

··· 3단계

채점 기준표

단계	채점 기준	비율
1단계	x, y의 값을 대입하여 식을 구한 경우	20 %
2단계	a, b, c의 값을 구한 경우	60 %
3단계	$a-b+c$의 값을 구한 경우	20 %

중단원 실전 테스트 1회

본문 86~88쪽

01 ②, ③ **02** ④ **03** ㄱ, ㄴ, ㅂ **04** ⑤
05 -1 **06** ④ **07** ④ **08** ④ **09** ①
10 ③ **11** 14 **12** 1 **13** 5 **14** 10
15 3 **16** -15

01 ① (거리)=(속력)×(시간)이므로 $xy=50$

② $700x+2000y=7500$, 즉 $7x+20y-75=0$

③ (소금의 양)$=\dfrac{(\text{소금물의 농도})}{100}\times$(소금물의 양)

$y=\dfrac{5}{100}x+\dfrac{10}{100}\times100$, 즉 $\dfrac{1}{20}x-y+10=0$

④ (정사각형의 넓이)=(한 변의 길이)^{2}이므로

$y=x^2$

⑤ (사다리꼴의 넓이)

$=\dfrac{1}{2}\times\{$(윗변의 길이)+(아랫변의 길이)$\}\times$(높이)

이므로 $\dfrac{1}{2}y(x+6)=50$

따라서 미지수가 2개인 일차방정식으로 나타낼 수 있는 것은 ②, ③이다.

02 ㄱ. $x=2$, $y=-1$을 $x+2y=6$에 대입하면

$2+2\times(-1)=0\neq6$ (거짓)

ㄴ. $x=2$, $y=-1$을 $4x+3y=5$에 대입하면

$4\times2+3\times(-1)=5$ (참)

ㄷ. $x=2$, $y=-1$을 $4x-y=9$에 대입하면

$4\times2-(-1)=9$ (참)

ㄹ. $x=2$, $y=-1$을 $3x+5y=15$에 대입하면

$3\times2+5\times(-1)=1\neq15$ (거짓)

따라서 $(2, -1)$을 해로 갖는 일차방정식은 ㄴ, ㄷ이다.

03 ㄱ. $x=1$, $y=-1$을 $2x-3y=5$에 대입하면

$2\times1-3\times(-1)=5$ (참)

ㄴ. $x=3$, $y=\dfrac{1}{3}$을 $2x-3y=5$에 대입하면

$2\times3-3\times\dfrac{1}{3}=5$ (참)

ㄷ. $x=2$, $y=4$를 $2x-3y=5$에 대입하면

$2\times2-3\times4=-8\neq5$ (거짓)

ㄹ. $x=4$, $y=6$을 $2x-3y=5$에 대입하면

$2\times4-3\times6=-10\neq5$ (거짓)

ㅁ. $x=5$, $y=7$을 $2x-3y=5$에 대입하면

$2\times5-3\times7=-11\neq5$ (거짓)

ㅂ. $x=7$, $y=3$을 $2x-3y=5$에 대입하면

$2\times7-3\times3=5$ (참)

따라서 일차방정식 $2x-3y=5$의 해인 것은 ㄱ, ㄴ, ㅂ이다.

04 x, y가 자연수이므로 $x+4y=24$의 y에 자연수 6, 5, 4, 3, 2, 1을 차례대로 대입하여 x의 값을 구하면 다음과 같다.

y	6	5	4	3	2	1
x	0	4	8	12	16	20

따라서 구하는 순서쌍의 개수는 5개이다.

05 연립방정식 $\begin{cases} 4ax+3y=2x-15 & \cdots\cdots ㉠ \\ 2x-y=4 & \cdots\cdots ㉡ \end{cases}$

의 해가 없어야 하므로 ㉡$\times(-3)$을 하면

$\begin{cases} (4a-2)x+3y=-15 \\ -6x+3y=-12 \end{cases}$ 에서

$4a-2=-6$

따라서 $a=-1$

다른 풀이 $\begin{cases} (4a-2)x+3y=-15 \\ 2x-y=4 \end{cases}$

의 해가 없어야 하므로

$\dfrac{4a-2}{2}=\dfrac{3}{-1}\neq\dfrac{-15}{4}$

$\dfrac{4a-2}{2}=\dfrac{3}{-1}$

$-4a+2=6$

따라서 $a=-1$

06 $\begin{cases} x-2y=3 & \cdots\cdots ㉠ \\ ax-5y=10 & \cdots\cdots ㉡ \end{cases}$ 의 해가 $x=b$, $y=1$이므로

$x=b$, $y=1$을 ㉠에 대입하면

$b-2=3$, $b=5$

㉡에 대입하면

$a\times5-5=10$, $a=3$

따라서 $a+b=8$

07 x항의 계수를 같게 만든 후 빼서 없앤다. ⇨ ㉠$\times3-$㉡

08 연립방정식 $\begin{cases} 0.4x+0.3y-1=0 & \cdots\cdots ㉠ \\ \frac{1}{2}x-\frac{1}{3}y+\frac{1}{6}=0 & \cdots\cdots ㉡ \end{cases}$

계수를 정수로 만들기 위해 ㉠$\times10$, ㉡$\times6$을 하면

$\begin{cases} 4x+3y=10 & \cdots\cdots ㉢ \\ 3x-2y=-1 & \cdots\cdots ㉣ \end{cases}$

㉢$\times2+$㉣$\times3$을 하면

$17x=17$, $x=1$

$x=1$을 ㉢에 대입하면 $y=2$

09 주어진 식을 $\begin{cases} 4(x-y)=-4x-1 \\ -4x-1=-2x+3(x-y) \end{cases}$ 로 놓고

정리하면 $\begin{cases} 8x-4y=-1 & \cdots\cdots ㉠ \\ -5x+3y=1 & \cdots\cdots ㉡ \end{cases}$

㉠$\times3+$㉡$\times4$를 하면

$4x=1$, $x=\dfrac{1}{4}$

$x=\dfrac{1}{4}$을 ㉠에 대입하면

$2-4y=-1$, $y=\dfrac{3}{4}$

해가 (a, b)이므로

$a+b=\dfrac{1}{4}+\dfrac{3}{4}=1$

10 $x=-1$, $y=3$이 m, n을 바꾸어 놓은 연립방정식

$\begin{cases} nx+my=5 \\ mx+ny=1 \end{cases}$ 의 해이므로 $x=-1$, $y=3$을 대입하면

$\begin{cases} -n+3m=5 & \cdots\cdots ㉠ \\ -m+3n=1 & \cdots\cdots ㉡ \end{cases}$

㉠$\times3+$㉡을 하면

$8m=16$, $m=2$

$m=2$를 ㉠에 대입하면

$-n+6=5$, $n=1$

따라서 처음 연립방정식은

$\begin{cases} 2x+y=5 & \cdots\cdots ㉢ \\ x+2y=1 & \cdots\cdots ㉣ \end{cases}$ 이므로

㉢$\times2-$㉣을 하여 풀면

$x=3$, $y=-1$

따라서 $x+y=3+(-1)=2$

11 y의 값이 x의 값의 3배이므로 $y=3x$

연립방정식 $\begin{cases} 2x-y=-9 \\ -3x+2y=2a-1 \end{cases}$ 의 해는 연립방정식

$\begin{cases} 2x-y=-9 & \cdots\cdots ㉠ \\ y=3x & \cdots\cdots ㉡ \end{cases}$ 의 해와 같다.

㉡을 ㉠에 대입하면

$2x-3x=-9$, $x=9$

$x=9$를 ㉡에 대입하면 $y=27$

$x=9$, $y=27$을 $-3x+2y=2a-1$에 대입하면

$-27+54=2a-1$, $a=14$

12 두 연립방정식의 해가 같으므로 상수 a, b가 없는 두 식

$\begin{cases} \frac{5}{x}+\frac{8}{y}=3 \\ \frac{5}{x}-\frac{8}{y}=-1 \end{cases}$ 의 해를 구해도 된다.

두 식을 더하면 $\frac{10}{x}=2$, $\frac{5}{x}=1$이므로 $x=5$

$\frac{5}{x}+\frac{8}{y}=3$에 $x=5$를 대입하면

$\frac{5}{5}+\frac{8}{y}=3$, $y=4$

$x=5$, $y=4$를 $ax+4y=6$에 대입하면

$5a+16=6$, $5a=-10$

$a=-2$

$x=5$, $y=4$, $a=-2$를 $bx+ay=7$에 대입하면

$5b+(-2)\times4=7$, $b=3$

따라서 $a+b=(-2)+3=1$

13 $\begin{cases} 4x-y=7 \\ 5x+2y=5k \end{cases}$ 의 해가 $x:y=3:5$, 즉 $3y=5x$를 만족시킨다. ··· 1단계

$\begin{cases} 4x-y=7 & \cdots\cdots ㉠ \\ 3y=5x & \cdots\cdots ㉡ \end{cases}$ 에서 ㉠×3+㉡을 하여 풀면

$x=3$, $y=5$ ··· 2단계

따라서 $x=3$, $y=5$를 $5x+2y=5k$에 대입하면

$15+10=5k$, $25=5k$이므로

$k=5$ ··· 3단계

채점 기준표

단계	채점 기준	비율
1단계	$3y=5x$의 식을 세운 경우	20 %
2단계	x, y의 값을 구한 경우	60 %
3단계	k의 값을 구한 경우	20 %

14 a를 잘못 보고 풀었으므로 $bx+cy=26$은 바르게 보고 풀었고, 이 방정식은 $x=4$, $y=-\frac{1}{2}$과 $x=3$, $y=-2$를 모두 해로 갖는다.

$bx+cy=26$에 각각 대입하면

$\begin{cases} 4b-\frac{1}{2}c=26 & \cdots\cdots ㉠ \\ 3b-2c=26 & \cdots\cdots ㉡ \end{cases}$ ··· 1단계

㉠×4−㉡을 하여 풀면

$b=6$, $c=-4$

$4x+ay=-4$는 $x=3$, $y=-2$를 해로 가지므로

$12-2a=-4$, $a=8$ ··· 2단계

따라서 $a+b+c=8+6+(-4)=10$ ··· 3단계

채점 기준표

단계	채점 기준	비율
1단계	x, y의 값을 대입하여 식을 세운 경우	20 %
2단계	a, b, c의 값을 구한 경우	60 %
3단계	$a+b+c$의 값을 구한 경우	20 %

15 $\frac{2}{b-1}=\frac{a+3}{3}=\frac{4}{6}$가 성립하므로

$\frac{2}{b-1}=\frac{4}{6}$, $\frac{a+3}{3}=\frac{4}{6}$ ··· 1단계

$a=-1$, $b=4$ ··· 2단계

따라서 $a+b=3$ ··· 3단계

채점 기준표

단계	채점 기준	비율
1단계	해가 무수히 많기 위한 식을 구한 경우	20 %
2단계	a, b의 값을 구한 경우	60 %
3단계	$a+b$의 값을 구한 경우	20 %

16 연립방정식 $\begin{cases} x-ay=-10 \\ 2x-3y=1 \end{cases}$ 의 해를 각각 $x=m$, $y=n$이라고 하면 연립방정식 $\begin{cases} -2x+y=-5 \\ 5x+by=12 \end{cases}$ 의 해는 x, y보다 각각 2만큼씩 작으므로

$x=m-2$, $y=n-2$이다. ··· 1단계

$2x-3y=1$에 $x=m$, $y=n$을 대입하면

$2m-3n=1$ $\cdots\cdots$ ㉠

$-2x+y=-5$에 $x=m-2$, $y=n-2$를 대입하면

$-2(m-2)+n-2=-5$

$-2m+n=-7$ $\cdots\cdots$ ㉡

㉠과 ㉡을 연립하여 풀면

$n=3$, $m=5$ ··· 2단계

$x=5$, $y=3$을 $x-ay=-10$에 대입하면

$5-3a=-10$, $a=5$

$x=3$, $y=1$을 $5x+by=12$에 대입하면

$15+b=12$, $b=-3$ ··· 3단계

따라서 $ab=5\times(-3)=-15$ ··· 4단계

채점 기준표

단계	채점 기준	비율
1단계	x, y를 m, n의 식으로 나타낸 경우	10 %
2단계	m, n의 값을 구한 경우	40 %
3단계	a, b의 값을 구한 경우	40 %
4단계	ab의 값을 구한 경우	10 %

중단원 실전 테스트 2회

본문 89~91쪽

01 ②, ④ 02 ② 03 ⑤ 04 ② 05 ②
06 3 07 ③ 08 9 09 ⑤ 10 ④
11 ⑤ 12 ⑤ 13 -2 14 $x=4$, $y=-4$
15 2 16 $\frac{1}{6}$

01 ① $3x-y+4$는 등식이 아니므로 일차방정식이 아니다.
② $2x+y=3-2x$의 우변의 항을 좌변으로 이항하면 $2x+y-3+2x=0$, $4x+y-3=0$이므로 미지수가 2개인 일차방정식이다.
③ $xy+3=0$에서 x, y는 곱해진 문자의 개수가 2개로 일차가 아니므로 일차방정식이 아니다.
④ $x+y-10=0$이므로 미지수가 2개인 일차방정식이다.
⑤ $x-3y=3(x-y)$의 우변의 항을 좌변으로 이항하면 $x-3y-3x+3y=0$, $-2x=0$이므로 미지수가 2개인 일차방정식이 아니다.

02 $ax^2+2bx+5y+c=x^2+\frac{b-5}{3}x+2$에서
좌변으로 이항하여 정리하면
$ax^2+2bx+5y+c-x^2-\frac{b-5}{3}x-2=0$
간단히 하면
$(a-1)x^2+\left(2b-\frac{b-5}{3}\right)x+5y+c-2=0$
이므로 미지수가 2개인 일차방정식이 되기 위해서는 이차항의 계수 $a-1=0$, $a=1$이어야 하고 일차항의 계수 $2b-\frac{b-5}{3}\neq0$, 즉 $b\neq-1$이어야 한다.

03 $ax-3y=-1$에 $x=-2$, $y=-3$을 대입하면
$-2a-3\times(-3)=-1$
$-2a+9=-1$, $a=5$

04 $2x+5y=21$의 y에 자연수 1, 2, 3, …을 차례대로 대입하여 x의 값을 구하면 다음 표와 같다.

x	8	$\frac{11}{2}$	3	$\frac{1}{2}$	-2	…
y	1	2	3	4	5	…

x와 y가 자연수인 순서쌍을 구하면 (x, y)는 $(8, 1)$, $(3, 3)$의 2개이다.

05 $x=1$, $y=a$를 $(y-3)a-a(a+2x)-15=0$에 대입하면
$(a-3)a-a(a+2\times1)-15=0$
$a^2-3a-a^2-2a-15=0$
$-5a-15=0$, $a=-3$
따라서 $a=-3$을 주어진 일차방정식에 대입하면
$(y-3)\times(-3)-(-3)\times(-3+2x)-15=0$
$-3y+6x-15=0$, $2x-y=5$
$2x-y=5$에 $x=-2$, $y=b$를 대입하면
$2\times(-2)-b=5$, $b=-9$
따라서 $a+b=-12$

06 $\begin{cases}3x+2y=11\\2x+ay=4\end{cases}$의 해가 $\frac{x+5}{2}=\frac{-8y-1}{3}$의 해이므로
$\begin{cases}3x+2y=11 & \cdots\cdots ㉠\\ \frac{x+5}{2}=\frac{-8y-1}{3} & \cdots\cdots ㉡\end{cases}$의 해와 같다.
해를 구하기 위해 ㉡$\times6$을 하여 정리하면
$\begin{cases}3x+2y=11 & \cdots\cdots ㉠\\3x+16y=-17 & \cdots\cdots ㉢\end{cases}$이다.
㉠$-$㉢을 하면
$-14y=28$, $y=-2$
$y=-2$를 ㉠에 대입하면 $3x-4=11$, $x=5$
$x=5$, $y=-2$를 $2x+ay=4$에 대입하면
$2\times5+a\times(-2)=4$
따라서 $a=3$

07 괄호를 풀어서 정리하면
$\begin{cases}2x-5y=-18 & \cdots\cdots ㉠\\x+4y=17 & \cdots\cdots ㉡\end{cases}$
㉠$-$㉡$\times2$를 하면
$-13y=-52$, $y=4$
$y=4$를 ㉡에 대입하면
$x+16=17$, $x=1$
따라서 주어진 연립방정식의 해는
$x=1$, $y=4$

08 $\begin{cases}\frac{x}{4}+\frac{2}{3}y=\frac{5}{6} & \cdots\cdots ㉠\\y=8-3(x-3) & \cdots\cdots ㉡\end{cases}$
에서 ㉠$\times12$를 한 후 정리하면
$\begin{cases}3x+8y=10 & \cdots\cdots ㉢\\y=-3x+17 & \cdots\cdots ㉣\end{cases}$

㉣을 ㉢에 대입하면

$3x+8(-3x+17)=10$

$-21x=-126$

$x=6$

$x=6$을 ㉣에 대입하면

$y=-18+17=-1$

$x=6,\ y=-1$을 $ax-2by=3$에 대입하면

$6a+2b=3$

따라서 $18a+6b=3(6a+2b)=3\times3=9$

09 ㉠의 -3을 a로 보고 풀어서 $y=1$의 값을 구했다면

㉡에서 $x+2y=2$에 $y=1$을 대입하면

$x+2=2,\ x=0$

$x=0,\ y=1$을 $x+ay=7$에 대입하면

$0+a=7,\ a=7$

10 ① $a=3,\ b=2$이면

$\begin{cases}8x+3y=4\\4x+3y=2\end{cases}$에서 $x=\frac{1}{2},\ y=0$

② $a=4,\ b=5$이면

$\begin{cases}8x+4y=4\\4x+3y=5\end{cases}$에서 $x=-1,\ y=3$

③ $a=6,\ b=0$이면 $\begin{cases}8x+6y=4\\4x+3y=0\end{cases}$

따라서 해가 없다.

④ $a=6,\ b=1$이면 $\begin{cases}8x+6y=4\\4x+3y=1\end{cases}$

따라서 해가 없다.

⑤ $a=6,\ b=2$이면 $\begin{cases}8x+6y=4\\4x+3y=2\end{cases}$

따라서 해는 무수히 많다.

11 $\begin{cases}2x+y+1=3x-y+2\\2x+y+1=5x-ky+6\end{cases}$에서

$\begin{cases}-x+2y=1\\-3x+(k+1)y=5\end{cases}$

이 연립방정식의 해가 없으므로

$\frac{1}{3}=\frac{2}{(k+1)}\neq\frac{1}{5}$

즉, $\frac{1}{3}=\frac{2}{k+1}$

$k+1=6,\ k=5$

12 $x=2,\ y=1$이 $a,\ b$를 서로 바꾸어 놓은 연립방정식

$\begin{cases}bx+ay=-3\\ax+by=3\end{cases}$의 해이므로 $x=2,\ y=1$을 대입하면

$\begin{cases}a+2b=-3 & \cdots\cdots ㉠\\2a+b=3 & \cdots\cdots ㉡\end{cases}$

㉠$-$㉡$\times2$를 하면

$-3a=-9,\ a=3$

$a=3$을 ㉡에 대입하면

$b=-3$

따라서 $a-b=3-(-3)=6$

13 A: $\begin{cases}4x+2y=-2 & \cdots\cdots ㉠\\3ax+by=6 & \cdots\cdots ㉡\end{cases}$

A의 해 x와 B의 해 y가 같고, A의 해 y와 B의 해 x가 같으므로 B의 해 $x,\ y$를 바꿔놓으면

B': $\begin{cases}by+5ax=8 & \cdots\cdots ㉢\\3y-x=11 & \cdots\cdots ㉣\end{cases}$

이라고 하면 연립방정식 A와 B'의 해는 같으므로

해를 구하기 위하여 ㉠$+$㉣$\times4$를 하여 풀면

$14y=42,\ y=3,\ x=-2$ ··· 1단계

따라서 해 $x=-2,\ y=3$을 ㉡, ㉢에 대입하면

$\begin{cases}-6a+3b=6 & \cdots\cdots ㉤\\-10a+3b=8 & \cdots\cdots ㉥\end{cases}$

㉤$-$㉥을 하여 풀면

$4a=-2,\ a=-\frac{1}{2},\ b=1$ ··· 2단계

따라서 $2a-b=2\times\left(-\frac{1}{2}\right)-1=-2$ ··· 3단계

채점 기준표

단계	채점 기준	비율
1단계	$x,\ y$의 값을 구한 경우	40 %
2단계	$a,\ b$의 값을 구한 경우	40 %
3단계	$2a-b$의 값을 구한 경우	20 %

14 $\begin{cases}3(x-y)+(y-6)=14 & \cdots\cdots ㉠\\\frac{x-2}{4}-\frac{y+3}{2}=1 & \cdots\cdots ㉡\end{cases}$

㉠의 괄호를 풀어서 정리하고, ㉡의 양변에 4를 곱하여 정리하면

$\begin{cases}3x-2y=20 & \cdots\cdots ㉢\\x-2y=12 & \cdots\cdots ㉣\end{cases}$ ··· 1단계

㉢－㉣을 하면

$2x=8$, $x=4$

$x=4$를 ㉢에 대입하면

$12-2y=20$, $y=-4$ ··· 2단계

채점 기준표

단계	채점 기준	비율
1단계	복잡한 연립방정식을 간단히 정리한 경우	40 %
2단계	x, y의 값을 구한 경우	60 %

15 $\begin{cases} 0.2(x+2y)-0.3(x-y)=0.4-a & \cdots\cdots ㉠ \\ 0.3x-\frac{1}{5}y=\frac{1}{2}a & \cdots\cdots ㉡ \end{cases}$

에서 ㉠×10, ㉡×10을 하면

$\begin{cases} -x+7y=4-10a & \cdots\cdots ㉢ \\ 3x-2y=5a & \cdots\cdots ㉣ \end{cases}$

··· 1단계

x의 값이 y의 값보다 4만큼 크므로

$x=y+4$ ······ ㉤

··· 2단계

㉤을 ㉢, ㉣에 각각 대입하면

$\begin{cases} 6y+10a=8 & \cdots\cdots ㉢' \\ y-5a=-12 & \cdots\cdots ㉣' \end{cases}$

㉢'+2×㉣'을 하여 풀면

$8y=-16$, $y=-2$

$y=-2$를 ㉣'에 대입하면

$a=2$

$y=-2$를 ㉤에 대입하면

$x=2$ ··· 3단계

따라서 $a+x+y=2+2+(-2)=2$ ··· 4단계

채점 기준표

단계	채점 기준	비율
1단계	복잡한 연립방정식을 간단히 정리한 경우	20 %
2단계	$x=y+4$의 식을 세운 경우	10 %
3단계	a, x, y의 값을 구한 경우	60 %
4단계	$a+x+y$의 값을 구한 경우	10 %

16 $\frac{1}{x+1}=A$, $\frac{1}{y}=B$로 놓으면 주어진 연립방정식은

$\begin{cases} 3A+B=3 & \cdots\cdots ㉠ \\ A+2B=-4 & \cdots\cdots ㉡ \end{cases}$ ··· 1단계

㉠×2－㉡을 하면

$5A=10$, $A=2$

㉠에 $A=2$를 대입하면

$6+B=3$, $B=-3$ ··· 2단계

$\frac{1}{x+1}=2$, $\frac{1}{y}=-3$이므로

$x=-\frac{1}{2}$, $y=-\frac{1}{3}$ ··· 3단계

따라서 $a=-\frac{1}{2}$, $b=-\frac{1}{3}$이므로

$a\times b=\left(-\frac{1}{2}\right)\times\left(-\frac{1}{3}\right)=\frac{1}{6}$ ··· 4단계

채점 기준표

단계	채점 기준	비율
1단계	$\frac{1}{x+1}=A$, $\frac{1}{y}=B$로 놓고 방정식을 세운 경우	10 %
2단계	A, B의 값을 구한 경우	40 %
3단계	x, y의 값을 구한 경우	40 %
4단계	ab의 값을 구한 경우	10 %

3 연립방정식의 활용

개념 체크 본문 94~95쪽

01 (1) 예 과자의 개수: x, 우유의 개수: y

(2) $\begin{cases} x+y=9 \\ 1200x+800y=8800 \end{cases}$ (3) $x=4$, $y=5$

(4) 과자 4개, 우유 5개

02 23, 15 **03** 5 cm

04 뛰어간 거리 2 km, 걸어간 거리 1 km

	뛰어갈 때	걸어갈 때	총
거리	x km	y km	3 km
속력	시속 6 km	시속 3 km	–
시간	$\frac{x}{6}$시간	$\frac{y}{3}$시간	$\frac{2}{3}$시간

05 2 % 소금물 250 g, 6 % 소금물 250 g

	A	B	섞은 후
농도	2 %	6 %	4 %
소금물의 양	x g	y g	500 g
소금의 양	$\frac{2}{100}x$ g	$\frac{6}{100}y$ g	$\frac{4}{100}\times500=20$ g

06 올해의 여자 지원자 수 260명

	남자 지원자 수	여자 지원자 수	전체 지원자 수
작년	x명	y명	600명
변화	$\frac{10}{100}x$ 감소	$\frac{30}{100}y$ 증가	20명 증가
올해	$\left(1-\frac{10}{100}\right)x$명	$\left(1+\frac{30}{100}\right)y$명	620명

대표 유형 본문 96~99쪽

01 15살 **02** ② **03** ⑤ **04** ④ **05** ①
06 ③ **07** 48 **08** 49 **09** ④
10 40 cm^2 **11** ② **12** ④ **13** ③ **14** ④
15 ⑤ **16** 30분 후 **17** ③
18 6 % **19** 175 g **20** 300 g **21** 15일
22 28일 **23** 468명 **24** 80개

01 가은이의 나이를 x살, 동생의 나이를 y살이라고 하자.
가은이와 동생의 나이의 합이 31살이고 가은이의 나이가 동생들보다 7살이 더 많으므로

$\begin{cases} x+2y=31 & \cdots\cdots ㉠ \\ x=y+7 & \cdots\cdots ㉡ \end{cases}$

㉠과 ㉡을 연립하여 풀면

$x=15$, $y=8$

따라서 가은이의 나이는 15살이다.

02 현재 소정이 어머니의 나이를 x살, 소정이의 나이를 y살이라고 하자.
현재 소정이 어머니의 나이가 소정이의 나이의 3배이고, 14년 후에 어머니의 나이가 소정이의 나이의 2배가 되므로

$\begin{cases} x=3y & \cdots\cdots ㉠ \\ x+14=2(y+14) & \cdots\cdots ㉡ \end{cases}$

㉠과 ㉡을 연립하여 풀면

$x=42$, $y=14$

따라서 현재 소정이 어머니의 나이는 42살, 소정이의 나이는 14살이므로, 두 사람의 나이의 차는 28살이다.

03 입장한 어른의 수를 x명, 어린이의 수를 y명이라고 하자.
어른과 어린이를 합하여 10명이고 입장료가 69000원이므로

$\begin{cases} x+y=10 \\ 9000x+6000y=69000 \end{cases}$

➡ $\begin{cases} x+y=10 & \cdots\cdots ㉠ \\ 3x+2y=23 & \cdots\cdots ㉡ \end{cases}$

㉠과 ㉡을 연립하여 풀면

$x=3$, $y=7$

따라서 입장한 어린이의 수는 7명이다.

04 희성이가 넣은 2점 슛의 개수를 x개, 3점 슛의 개수를 y개라고 하자.
희성이가 모두 9골을 넣었고 희성이가 얻은 점수가 21점이므로

$\begin{cases} x+y=9 & \cdots\cdots ㉠ \\ 2x+3y=21 & \cdots\cdots ㉡ \end{cases}$

㉠과 ㉡을 연립하여 풀면

$x=6$, $y=3$

따라서 희성이가 넣은 2점 슛의 개수는 6개이다.

05 서현이가 맞힌 문제의 개수를 x개, 틀린 문제의 개수를 y개라고 하자.
서현이가 총 15문제를 풀었고 서현이가 얻은 점수가 170점이므로

$$\begin{cases} x+y=15 \\ 30x-10y=170 \end{cases}$$

$$\Rightarrow \begin{cases} x+y=15 & \cdots\cdots ㉠ \\ 3x-y=17 & \cdots\cdots ㉡ \end{cases}$$

㉠과 ㉡을 연립하여 풀면
$x=8$, $y=7$
따라서 서현이가 맞힌 문제의 개수는 8개이다.

06 가위바위보에서 준우가 이긴 횟수를 x회, 현수가 이긴 횟수를 y회라고 하자.
두 사람이 비기는 경우가 없으므로, 준우가 진 횟수는 현수가 이긴 횟수와 같은 y회이고, 현수가 진 횟수는 준우가 이긴 횟수와 같은 x회이다.
준우가 처음 위치보다 3계단 올라가 있고 현수가 처음 위치보다 9계단 올라가 있었으므로

$$\begin{cases} 2x-y=3 & \cdots\cdots ㉠ \\ 2y-x=9 & \cdots\cdots ㉡ \end{cases}$$

㉠과 ㉡을 연립하여 풀면
$x=5$, $y=7$
따라서 $x+y=12$이므로 두 사람이 가위바위보를 한 전체 횟수는 12회이다.

07 십의 자리의 숫자를 x, 일의 자리의 숫자를 y라고 하자.
이 수의 각 자리의 숫자의 합이 12이고 이 수의 십의 자리의 숫자와 일의 자리의 숫자를 바꾼 수는 처음 수보다 36이 크므로

$$\begin{cases} x+y=12 \\ 10y+x=10x+y+36 \end{cases}$$

$$\Rightarrow \begin{cases} x+y=12 & \cdots\cdots ㉠ \\ x-y=-4 & \cdots\cdots ㉡ \end{cases}$$

㉠과 ㉡을 연립하여 풀면
$x=4$, $y=8$
따라서 처음 수는 48이다.

08 십의 자리의 숫자를 x, 일의 자리의 숫자를 y라고 하자.
일의 자리의 숫자는 십의 자리의 숫자의 2배보다 1만큼 크고 이 수의 십의 자리의 숫자와 일의 자리의 숫자를 바꾼 수는 처음 수보다 45만큼 크므로

$$\begin{cases} y=2x+1 \\ 10y+x=10x+y+45 \end{cases}$$

$$\Rightarrow \begin{cases} y=2x+1 & \cdots\cdots ㉠ \\ -x+y=5 & \cdots\cdots ㉡ \end{cases}$$

㉠과 ㉡을 연립하여 풀면
$x=4$, $y=9$
따라서 처음 수는 49이다.

09 서로 다른 두 자연수를 x, $y(x>y)$라고 하자.
두 수의 합은 45이고 큰 수는 작은 수의 3배보다 7만큼 작으므로

$$\begin{cases} x+y=45 & \cdots\cdots ㉠ \\ x=3y-7 & \cdots\cdots ㉡ \end{cases}$$

㉠과 ㉡을 연립하여 풀면
$x=32$, $y=13$
따라서 두 수는 32, 13이므로, 두 수의 차는 19이다.

10 직사각형의 가로의 길이를 x cm, 세로의 길이를 y cm라고 하자.
직사각형의 둘레의 길이가 28 cm이고 직사각형의 가로의 길이가 세로의 길이의 2배보다 2 cm만큼 길다고 했으므로

$$\begin{cases} 2(x+y)=28 \\ x=2y+2 \end{cases}$$

$$\Rightarrow \begin{cases} x+y=14 & \cdots\cdots ㉠ \\ x=2y+2 & \cdots\cdots ㉡ \end{cases}$$

㉠과 ㉡을 연립하여 풀면
$x=10$, $y=4$
따라서 가로의 길이는 10 cm, 세로의 길이는 4 cm이므로, 직사각형의 넓이는 40 cm^2이다.

11 철사로 만든 직사각형의 가로의 길이를 x cm, 세로의 길이를 y cm라고 하자.
철사의 총 길이가 34 cm이고 직사각형의 가로의 길이가 세로의 길이보다 7 cm만큼 길다고 했으므로

$$\begin{cases} 2(x+y)=34 \\ x=y+7 \end{cases}$$

$$\Rightarrow \begin{cases} x+y=17 & \cdots\cdots ㉠ \\ x=y+7 & \cdots\cdots ㉡ \end{cases}$$

㉠과 ㉡을 연립하여 풀면
$x=12$, $y=5$
따라서 가로의 길이는 12 cm이다.

12 사다리꼴의 윗변의 길이를 x cm, 아랫변의 길이를 y cm라고 하자.

아랫변의 길이가 윗변의 길이의 2배이고 사다리꼴의 높이는 6 cm이고, 넓이가 36 cm^{2}이므로

$$\begin{cases} y=2x \\ \frac{1}{2}(x+y)\times 6=36 \end{cases}$$

$$\Rightarrow \begin{cases} y=2x & \cdots\cdots ㉠ \\ x+y=12 & \cdots\cdots ㉡ \end{cases}$$

㉠과 ㉡을 연립하여 풀면

$x=4$, $y=8$

따라서 윗변의 길이는 4 cm이다.

13 집에서 편의점까지의 거리를 x km, 편의점에서 학교까지의 거리를 y km라고 하자.

집에서 학교까지 걸은 총 시간이 1시간 45분이고 채원이가 걸은 총 거리가 6 km이므로

$$\begin{cases} \frac{x}{3}+\frac{y}{4}=\frac{7}{4} \\ x+y=6 \end{cases}$$

$$\Rightarrow \begin{cases} 4x+3y=21 & \cdots\cdots ㉠ \\ x+y=6 & \cdots\cdots ㉡ \end{cases}$$

㉠과 ㉡을 연립하여 풀면

$x=3$, $y=3$

따라서 편의점에서 학교까지의 거리는 3 km이다.

14 수아가 등산할 때 올라간 거리를 x km, 내려온 거리를 y km라고 하자.

등산을 하는 데 총 2시간이 걸렸고 내려온 길이 올라간 길보다 3 km 더 길다고 했으므로

$$\begin{cases} \frac{x}{3}+\frac{y}{6}=2 \\ y=x+3 \end{cases}$$

$$\Rightarrow \begin{cases} 2x+y=12 & \cdots\cdots ㉠ \\ y=x+3 & \cdots\cdots ㉡ \end{cases}$$

㉠과 ㉡을 연립하여 풀면

$x=3$, $y=6$

따라서 $x+y=9$이므로 수아가 걸은 총 거리는 9 km이다.

15 다온이가 걸은 거리를 x m, 현덕이가 걸은 거리를 y m라고 하자.

다온이네 집과 현덕이네 집 사이의 거리가 2 km, 즉 2000 m이고 둘이 걸은 시간이 같으므로

$$\begin{cases} x+y=2000 \\ \frac{x}{60}=\frac{y}{40} \end{cases}$$

$$\Rightarrow \begin{cases} x+y=2000 & \cdots\cdots ㉠ \\ 2x=3y & \cdots\cdots ㉡ \end{cases}$$

㉠과 ㉡을 연립하여 풀면

$x=1200$, $y=800$

따라서 다온이는 1200 m, 현덕이는 800 m를 걸었으므로, 다온이는 현덕이보다 400 m 더 걸었다.

16 수민이가 출발한 지 x분 후, 동생이 출발한 지 y분 후에 둘이 만난다고 하자.

수민이가 출발한 지 20분 후에 동생이 출발했고 두 사람이 만나려면 두 사람이 이동한 거리가 같아야 하므로

$$\begin{cases} x=y+20 \\ 50x=150y \end{cases}$$

$$\Rightarrow \begin{cases} x=y+20 & \cdots\cdots ㉠ \\ x=3y & \cdots\cdots ㉡ \end{cases}$$

㉠과 ㉡을 연립하여 풀면

$x=30$, $y=10$

따라서 수민이가 출발한 지 30분 후에 동생을 만난다.

17 1 %의 소금물의 양을 x g, 4 %의 소금물의 양을 y g이라고 하자.

두 소금물을 섞어 만든 소금물의 양은 600 g이고 두 소금물을 섞어도 소금의 양은 변하지 않으므로 소금의 양을 비교하면

$$\begin{cases} x+y=600 \\ \frac{1}{100}x+\frac{4}{100}y=\frac{2}{100}\times 600 \end{cases}$$

$$\Rightarrow \begin{cases} x+y=600 & \cdots\cdots ㉠ \\ x+4y=1200 & \cdots\cdots ㉡ \end{cases}$$

㉠과 ㉡을 연립하여 풀면

$x=400$, $y=200$

따라서 4 %의 소금물을 200 g 넣었다.

18 A 소금물의 농도를 x %, B 소금물의 농도를 y %라고 하자.

A 소금물 200 g과 B 소금물 200 g을 섞으면 8 %의 소금물 400 g이 되므로, 소금의 양을 비교하면

$$\frac{x}{100}\times 200+\frac{y}{100}\times 200=\frac{8}{100}\times 400$$

또한 A 소금물 300 g과 B 소금물 100 g을 섞으면 7 %의 소금물 400 g이 되므로, 소금의 양을 비교하면

$\frac{x}{100}\times 300+\frac{y}{100}\times 100=\frac{7}{100}\times 400$

즉, $\begin{cases} x+y=16 & \cdots\cdots ㉠ \\ 3x+y=28 & \cdots\cdots ㉡ \end{cases}$

㉠과 ㉡을 연립하여 풀면

$x=6$, $y=10$

따라서 A 소금물의 농도는 6 %이다.

19 넣은 4 %의 A 용액의 양을 x g, 넣은 물의 양을 y g이라고 하자. 넣은 4 %의 A 용액과 6 %의 A 용액의 비가 1 : 2이므로, 6 %의 A 용액은 $2x$ g을 넣었다.

따라서 섞기 전과 후의 용액의 양을 비교하면

$x+2x+y=400$

또한 섞기 전과 후의 용질의 양도 같으므로

$\frac{4}{100}x+\frac{6}{100}\times 2x=\frac{3}{100}\times 400$

즉, $\begin{cases} 3x+y=400 & \cdots\cdots ㉠ \\ x=75 & \cdots\cdots ㉡ \end{cases}$

㉠과 ㉡을 연립하여 풀면

$x=75$, $y=175$

따라서 넣은 물의 양은 175 g이다.

20 섭취한 식품 A의 양을 x g, 식품 B의 양을 y g이라고 하자.

두 식품을 합하여 500 g 섭취했고 255 kcal의 열량을 얻었으므로

$\begin{cases} x+y=500 \\ \frac{45}{100}x+\frac{60}{100}y=255 \end{cases}$

➡ $\begin{cases} x+y=500 & \cdots\cdots ㉠ \\ 3x+4y=1700 & \cdots\cdots ㉡ \end{cases}$

㉠과 ㉡을 연립하여 풀면

$x=300$, $y=200$

따라서 식품 A를 300 g 섭취하였다.

21 전체 일의 양을 1로 놓고 원석이와 아준이가 하루에 할 수 있는 일의 양을 각각 x, y라고 하자. 둘이서 함께 작업하면 완료하는 데 6일이 걸리고 원석이가 먼저 3일 작업하고, 아준이가 8일을 작업하면 완료되므로

$\begin{cases} 6(x+y)=1 \\ 3x+8y=1 \end{cases}$

➡ $\begin{cases} 6x+6y=1 & \cdots\cdots ㉠ \\ 3x+8y=1 & \cdots\cdots ㉡ \end{cases}$

㉠과 ㉡을 연립하여 풀면

$x=\frac{1}{15}$, $y=\frac{1}{10}$

따라서 원석이가 하루에 할 수 있는 일의 양은 $\frac{1}{15}$이므로, 혼자 작업하여 마치려면 15일이 걸린다.

22 전체 일의 양을 1로 놓고 규린이와 승원이가 하루에 할 수 있는 일의 양을 각각 x, y라고 하자.

규린이가 10일 동안 작업을 한 후 승원이가 8일 동안 작업을 하면 완료되고, 규린이가 8일 동안 작업한 다음 승원이가 12일 동안 작업을 하면 완료되므로

$\begin{cases} 10x+8y=1 & \cdots\cdots ㉠ \\ 8x+12y=1 & \cdots\cdots ㉡ \end{cases}$

㉠과 ㉡을 연립하여 풀면

$x=\frac{1}{14}$, $y=\frac{1}{28}$

따라서 승원이가 하루에 할 수 있는 일의 양은 $\frac{1}{28}$이므로, 혼자 작업하여 마치려면 28일이 걸린다.

23 작년의 남학생 수를 x명, 작년의 여학생 수를 y명이라고 하자.

작년의 전체 학생 수는 1000명이고 올해는 작년보다 7명이 증가했으므로

$\begin{cases} x+y=1000 & \cdots\cdots ㉠ \\ \frac{4}{100}x-\frac{2}{100}y=7 & \cdots\cdots ㉡ \end{cases}$

㉠과 ㉡을 연립하여 풀면

$x=450$, $y=550$

따라서 올해의 남학생 수는

$\left(1+\frac{4}{100}\right)\times 450=468$(명)이다.

24 재영이가 구입한 A 제품의 개수를 x개, B 제품의 개수를 y개라고 하자.

재영이가 두 제품을 합하여 100개를 구입했고 재영이가 35000원의 이익을 얻었으므로

$\begin{cases} x+y=100 \\ \left(1500\times\frac{10}{100}\right)x+\left(2000\times\frac{20}{100}\right)y=35000 \end{cases}$

➡ $\begin{cases} x+y=100 & \cdots\cdots ㉠ \\ 3x+8y=700 & \cdots\cdots ㉡ \end{cases}$

㉠과 ㉡을 연립하여 풀면

$x=20$, $y=80$

따라서 구입한 B 제품의 개수는 80개이다.

기출 예상 문제

본문 100~103쪽

01 ③	**02** ②	**03** ③	**04** ④	**05** ③
06 40살	**07** ②	**08** ④	**09** 84	**10** 73
11 ⑤	**12** ②	**13** 50 cm^2	**14** 5 cm	
15 2 km	**16** ④	**17** ③	**18** ④	**19** ③
20 ⑤	**21** ①	**22** 392명	**23** ⑤	**24** ④

01 입장한 청소년의 수를 x명, 어린이의 수를 y명이라고 하자.

어른 2명과 청소년, 어린이를 합하여 총 15명이 입장했고 입장료가 97000원이므로

$\begin{cases} x+y+2=15 \\ 10000\times2+7000x+5000y=97000 \end{cases}$

➡ $\begin{cases} x+y=13 & \cdots\cdots ㉠ \\ 7x+5y=77 & \cdots\cdots ㉡ \end{cases}$

㉠과 ㉡을 연립하여 풀면

$x=6$, $y=7$

따라서 입장한 청소년의 수는 6명이다.

02 기훈이가 맞힌 문제의 개수를 x개, 틀린 문제의 개수를 y개라고 하자.

기훈이가 총 25문제를 풀었고 기훈이가 얻은 점수가 82점이므로

$\begin{cases} x+y=25 \\ 4x-2y=82 \end{cases}$

➡ $\begin{cases} x+y=25 & \cdots\cdots ㉠ \\ 2x-y=41 & \cdots\cdots ㉡ \end{cases}$

㉠과 ㉡을 연립하여 풀면

$x=22$, $y=3$

따라서 기훈이가 맞힌 문제의 개수는 22개이다.

03 가위바위보에서 어진이가 이긴 횟수를 x회, 석민이가 이긴 횟수를 y회라고 하자.

두 사람이 비기는 경우가 없으므로, 어진이가 진 횟수는 석민이가 이긴 횟수와 같은 y회이고, 석민이가 진 횟수는 어진이가 이긴 횟수와 같은 x회이다.

어진이가 처음 위치보다 11계단 올라가 있었고 석민이가 처음 위치보다 4계단 내려가 있었으므로

$\begin{cases} 3x-2y=11 & \cdots\cdots ㉠ \\ 3y-2x=-4 & \cdots\cdots ㉡ \end{cases}$

㉠과 ㉡을 연립하여 풀면

$x=5$, $y=2$

따라서 $x+y=7$이므로 두 사람이 가위바위보를 한 전체 횟수는 7회이다.

04 농장에서 닭을 x마리, 돼지를 y마리 기른다고 하자.

닭과 돼지가 합하여 100마리이고 닭의 다리는 2개, 돼지의 다리는 4개이므로

$\begin{cases} x+y=100 \\ 2x+4y=270 \end{cases}$

➡ $\begin{cases} x+y=100 & \cdots\cdots ㉠ \\ x+2y=135 & \cdots\cdots ㉡ \end{cases}$

㉠과 ㉡을 연립하여 풀면

$x=65$, $y=35$

따라서 이 농장에서는 닭을 65마리, 돼지를 35마리 기른다.

05 판매된 빵의 개수를 x개, 음료수의 개수를 y개라고 하자.

빵과 음료수가 합쳐서 34개가 판매되었고 판매 금액이 25100원이므로

$\begin{cases} x+y=34 \\ 800x+700y=25100 \end{cases}$

➡ $\begin{cases} x+y=34 & \cdots\cdots ㉠ \\ 8x+7y=251 & \cdots\cdots ㉡ \end{cases}$

㉠과 ㉡을 연립하여 풀면

$x=13$, $y=21$

따라서 빵은 13개, 음료수는 21개 판매되었다.

06 올해 민성이 아버지의 나이를 x살, 민성이의 나이를 y살이라고 하자.

올해의 민성이 아버지가 민성이의 나이의 6배이고 12년 후에 민성이 아버지의 나이가 민성이의 나이의 3배가 되므로

$\begin{cases} x=6y \\ x+12=3(y+12) \end{cases}$

➡ $\begin{cases} x=6y & \cdots\cdots ㉠ \\ x-3y=24 & \cdots\cdots ㉡ \end{cases}$

㉠과 ㉡을 연립하여 풀면

$x=48,\ y=8$

따라서 $x-y=40$이므로 민성이와 아버지의 나이의 차는 40살이다.

07 상자의 개수를 x개, 배의 개수를 y개라고 하자.

배를 한 상자에 7개씩 넣으면 2개가 남고 배를 한 상자에 8개씩 넣으면 13개가 부족하다고 했으므로

$\begin{cases} y=7x+2 & \cdots\cdots ㉠ \\ y=8x-13 & \cdots\cdots ㉡ \end{cases}$

㉠과 ㉡을 연립하여 풀면

$x=15,\ y=107$

따라서 배의 개수는 107개이다.

08 서로 다른 두 자연수를 $x,\ y\ (x>y)$라고 하자.

두 수 중 큰 수를 작은 수로 나누면 몫과 나머지가 모두 7이고 큰 수의 절반은 작은 수의 4배보다 3만큼 작으므로

$\begin{cases} x=7y+7 \\ \frac{1}{2}x=4y-3 \end{cases}$

➡ $\begin{cases} x=7y+7 & \cdots\cdots ㉠ \\ x=8y-6 & \cdots\cdots ㉡ \end{cases}$

㉠과 ㉡을 연립하여 풀면

$x=98,\ y=13$

따라서 두 수는 98, 13이므로 두 수의 차는 85이다.

09 서로 다른 두 자연수를 $x,\ y\ (x>y)$라고 하자.

두 수의 차가 70이고 두 수 중 큰 수를 작은 수로 나누면 몫이 6이고, 나누어떨어지므로 나머지는 0이다.

$\begin{cases} x-y=70 & \cdots\cdots ㉠ \\ x=6y & \cdots\cdots ㉡ \end{cases}$

㉠과 ㉡을 연립하여 풀면

$x=84,\ y=14$

따라서 두 수는 84, 14이므로 두 수 중 큰 수는 84이다.

10 십의 자리의 숫자를 x, 일의 자리의 숫자를 y라고 하자.

십의 자리의 숫자는 일의 자리의 숫자의 2배보다 1만큼 크다고 했고 이 수는 십의 자리의 숫자와 일의 자리의 숫자를 바꾼 수의 2배보다 1만큼 작으므로

$\begin{cases} x=2y+1 \\ 10x+y=2(10y+x)-1 \end{cases}$

➡ $\begin{cases} x=2y+1 & \cdots\cdots ㉠ \\ 8x-19y=-1 & \cdots\cdots ㉡ \end{cases}$

㉠과 ㉡을 연립하여 풀면

$x=7,\ y=3$

따라서 처음 수는 73이다.

11 긴 끈의 길이를 x cm, 짧은 끈의 길이를 y cm라고 하자.

길이가 긴 끈의 길이는 짧은 끈의 길이의 3배보다는 2 cm가 짧고 길이가 긴 끈의 길이는 짧은 끈의 길이의 2배보다는 5 cm가 길다고 했으므로

$\begin{cases} x=3y-2 & \cdots\cdots ㉠ \\ x=2y+5 & \cdots\cdots ㉡ \end{cases}$

㉠과 ㉡을 연립하여 풀면

$x=19,\ y=7$

따라서 $x+y=19+7=26$이므로, 나누기 전의 끈의 길이는 26 cm이다.

12 직사각형의 세로의 길이를 x cm, 가로의 길이를 y cm라고 하자.

직사각형의 둘레의 길이가 20 cm이고 직사각형의 세로의 길이가 가로의 길이의 3배보다 2 cm만큼 짧으므로

$\begin{cases} 2(x+y)=20 \\ x=3y-2 \end{cases}$

➡ $\begin{cases} x+y=10 & \cdots\cdots ㉠ \\ x=3y-2 & \cdots\cdots ㉡ \end{cases}$

㉠과 ㉡을 연립하여 풀면

$x=7,\ y=3$

따라서 세로의 길이는 7 cm이다.

13 직사각형의 가로의 길이를 x cm, 세로의 길이를 y cm라고 하자.

직사각형의 둘레의 길이가 30 cm이고 직사각형의 가로의 길이를 5 cm 줄이고, 세로의 길이를 2배로 늘였으므로, 새로운 직사각형의 가로와 세로의 길이는 각각 $(x-5)$cm, $2y$ cm이다. 둘레의 길이가 변하지 않았으므로

$\begin{cases} 2(x+y)=30 \\ 2\{(x-5)+2y\}=30 \end{cases}$

➡ $\begin{cases} x+y=15 & \cdots\cdots ㉠ \\ x+2y=20 & \cdots\cdots ㉡ \end{cases}$

㉠과 ㉡을 연립하여 풀면

$x=10$, $y=5$

처음 직사각형의 가로의 길이는 10 cm, 세로의 길이는 5 cm이다.

따라서 처음 직사각형의 넓이는 50 cm²이다.

14 사다리꼴의 윗변의 길이를 x cm, 아랫변의 길이를 y cm라고 하자.

윗변의 길이가 아랫변의 길이의 2배보다 1 cm 길고 사다리꼴의 높이는 4 cm이고, 넓이가 14 cm²이므로

$$\begin{cases} x=2y+1 \\ \frac{1}{2}(x+y)\times4=14 \end{cases}$$

$$\Rightarrow \begin{cases} x=2y+1 & \cdots\cdots \text{㉠} \\ x+y=7 & \cdots\cdots \text{㉡} \end{cases}$$

㉠과 ㉡을 연립하여 풀면

$x=5$, $y=2$

따라서 윗변의 길이는 5 cm이다.

15 예서가 시속 4 km로 걸은 거리를 x km, 시속 6 km로 걸은 거리를 y km라고 하자.

집에서 공원 입구까지 걸은 총 시간이 35분이고 예서의 집에서 공원 입구까지의 거리는 3 km이므로

$$\begin{cases} \frac{x}{4}+\frac{y}{6}=\frac{7}{12} \\ x+y=3 \end{cases}$$

$$\Rightarrow \begin{cases} 3x+2y=7 & \cdots\cdots \text{㉠} \\ x+y=3 & \cdots\cdots \text{㉡} \end{cases}$$

㉠과 ㉡을 연립하여 풀면

$x=1$, $y=2$

따라서 예서가 시속 6 km로 걸은 거리는 2 km이다.

16 윤서가 등산할 때 올라간 거리를 x km, 내려간 거리를 y km라고 하자.

올라가는 등산로가 내려오는 등산로보다 1 km 더 길다고 했고 등산을 하는 데 총 3시간이 걸렸으므로

$$\begin{cases} x=y+1 \\ \frac{x}{3}+\frac{y}{5}=3 \end{cases}$$

$$\Rightarrow \begin{cases} x=y+1 & \cdots\cdots \text{㉠} \\ 5x+3y=45 & \cdots\cdots \text{㉡} \end{cases}$$

㉠과 ㉡을 연립하여 풀면

$x=6$, $y=5$

따라서 윤서가 올라갈 때 걸은 거리는 6 km이다.

17 동생이 출발한 지 x분 후, 형이 출발한지 y분 후에 둘이 만난다고 하자.

동생이 출발한 지 30분 후에 형이 출발했고 두 사람이 만나려면 두 사람이 걸은 거리가 같아야 하므로

$$\begin{cases} x=y+30 \\ 40x=100y \end{cases}$$

$$\Rightarrow \begin{cases} x=y+30 & \cdots\cdots \text{㉠} \\ 2x=5y & \cdots\cdots \text{㉡} \end{cases}$$

㉠과 ㉡을 연립하여 풀면

$x=50$, $y=20$

따라서 9시에 출발한 동생이 50분 후에 형을 만나게 되므로, 만나는 시각은 9시 50분이다.

18 희재의 속력을 분속 x m, 연호의 속력을 분속 y m라고 하자. $(y>x)$ 반지름의 길이가 $\frac{1000}{\pi}$ m인 원 모양의 호수의 둘레의 길이는

$\left(2\times\pi\times\frac{1000}{\pi}\right)m=2000$ (m)이다.

두 사람이 서로 반대 방향으로 돌 때, 10분 동안 희재가 이동한 거리와 연호가 이동한 거리의 합이 2000 m이고, 두 사람이 서로 같은 방향으로 돌 때, 40분 동안 희재가 이동한 거리와 연호가 이동한 거리의 차가 2000 m이므로

$$\begin{cases} 10x+10y=2000 \\ 40y-40x=2000 \end{cases}$$

$$\Rightarrow \begin{cases} x+y=200 & \cdots\cdots \text{㉠} \\ y-x=50 & \cdots\cdots \text{㉡} \end{cases}$$

㉠과 ㉡을 연립하여 풀면

$x=75$, $y=125$

따라서 연호의 속력은 분속 125 m이다.

19 넣은 2 %의 소금물의 양을 x g, 5 %의 소금물의 양을 y g이라고 하자.

두 소금물을 섞어 만든 소금물의 양은 300 g이고 두 소금물을 섞어도 소금의 양은 변하지 않으므로, 소금의 양을 비교하면

$$\begin{cases} x+y=300 \\ \frac{2}{100}x+\frac{5}{100}y=\frac{3}{100}\times300 \end{cases}$$

$$\Rightarrow \begin{cases} x+y=300 & \cdots\cdots \text{㉠} \\ 2x+5y=900 & \cdots\cdots \text{㉡} \end{cases}$$

㉠과 ㉡을 연립하여 풀면

$x=200$, $y=100$

따라서 넣는 2 %의 소금물의 양은 200 g이다.

20 섭취해야 하는 식품 A의 양을 x g, 식품 B의 양을 y g이라고 하자.

두 식품에서 단백질을 40 g 섭취해야 하고 두 식품에서 탄수화물을 30 g 섭취해야 하므로

$$\begin{cases} \frac{20}{100}x+\frac{20}{100}y=40 \\ \frac{30}{100}x+\frac{10}{100}y=30 \end{cases}$$

$$\Rightarrow \begin{cases} x+y=200 & \cdots\cdots ㉠ \\ 3x+y=300 & \cdots\cdots ㉡ \end{cases}$$

㉠과 ㉡을 연립하여 풀면

$x=50$, $y=150$

따라서 섭취해야 하는 두 식품의 양의 차는 100 g이다.

21 필요한 합금 A의 양을 x g, 합금 B의 양을 y g이라고 하자.

두 합금 A, B를 녹여서 만든 새로운 합금이 구리와 주석의 비율을 2 : 1로 포함하므로, 만들기 전과 후의 구리와 주석의 양을 비교하여 식을 세우면

$$\begin{cases} \frac{1}{2}x+\frac{3}{4}y=\frac{2}{3}\times 390 \\ \frac{1}{2}x+\frac{1}{4}y=\frac{1}{3}\times 390 \end{cases}$$

$$\Rightarrow \begin{cases} 2x+3y=1040 & \cdots\cdots ㉠ \\ 2x+y=520 & \cdots\cdots ㉡ \end{cases}$$

㉠과 ㉡을 연립하여 풀면

$x=130$, $y=260$

따라서 필요한 합금 A의 양은 130 g, 합금 B의 양은 260 g이므로 두 합금의 양의 차는 130 g이다.

22 작년의 남학생 수를 x명, 작년의 여학생 수를 y명이라고 하자.

작년의 전체 학생 수는 1000명이고 올해는 작년보다 22명이 증가했으므로

$$\begin{cases} x+y=1000 \\ -\frac{2}{100}x+\frac{5}{100}y=22 \end{cases}$$

$$\Rightarrow \begin{cases} x+y=1000 & \cdots\cdots ㉠ \\ -2x+5y=2200 & \cdots\cdots ㉡ \end{cases}$$

㉠과 ㉡을 연립하여 풀면

$x=400$, $y=600$

따라서 올해의 남학생 수는

$\left(1-\frac{2}{100}\right)\times 400=392$(명)이다.

23 은솔이네 반의 남학생 수를 x명, 여학생 수를 y명이라고 하자.

은솔이네 반의 학생 수는 25명이고 학급에서 안경을 쓰지 않은 학생의 비율이 72 %이므로, 학급에서 안경을 쓴 사람의 비율은 28 %이다.

$$\begin{cases} x+y=25 \\ \frac{40}{100}x+\frac{20}{100}y=\frac{28}{100}\times 25 \end{cases}$$

$$\Rightarrow \begin{cases} x+y=25 & \cdots\cdots ㉠ \\ 2x+y=35 & \cdots\cdots ㉡ \end{cases}$$

㉠과 ㉡을 연립하여 풀면

$x=10$, $y=15$

따라서 은솔이네 반의 여학생 수는 15명이다.

24 전체 일의 양을 1로 놓고 장훈이와 소윤이가 하루에 할 수 있는 일의 양을 각각 x, y라고 하자.

둘이서 함께 일을 같이 하면 완료하는 데 8일이 걸리고 소윤이가 먼저 4일 동안 일을 하고 장훈이가 12일 동안 일을 하면 마칠 수 있으므로

$$\begin{cases} 8(x+y)=1 \\ 12x+4y=1 \end{cases}$$

$$\Rightarrow \begin{cases} 8x+8y=1 & \cdots\cdots ㉠ \\ 12x+4y=1 & \cdots\cdots ㉡ \end{cases}$$

㉠과 ㉡을 연립하여 풀면

$x=\frac{1}{16}$, $y=\frac{1}{16}$

따라서 장훈이와 소윤이가 하루에 할 수 있는 일의 양은 둘 다 $\frac{1}{16}$이므로, 장훈이가 먼저 7일간 작업했을 때, 나머지 일은 $\frac{9}{16}$이므로, 소윤이가 남은 일을 혼자 해서 마치는 데 9일이 걸린다.

고난도 집중 연습

본문 104~105쪽

1 85점	**1-1** 25명
2 38500원	**2-1** 230명
3 58	**3-1** 100 m
4 시속 2 km	**4-1** 1시간 15분

1 풀이 전략 합격한 응시생의 성적의 평균과 불합격한 응시생의 성적의 평균을 각각 미지수 x, y를 사용하여 연립방정식을 세운다.

합격한 응시생 성적의 평균을 x점, 불합격한 응시생 성적의 평균을 y점이라고 하자. 합격한 응시생 수는 50명, 불합격한 응시생 수는 750명이므로, 800명의 응시생 전체의 성적의 평균은 $\frac{50x+750y}{800}$(점)이다.

최저 합격 점수는 응시생 800명의 성적의 평균보다 12점 높고, 합격한 응시생의 성적의 평균보다 3점 낮으므로

$\frac{50x+750y}{800}+12=x-3$ …… ㉠

불합격한 응시생 성적의 평균의 3배와 합격한 응시생 성적의 평균의 2배의 차는 40점이므로

$3y-2x=40$ …… ㉡

또는 $2x-3y=40$ …… ㉢

㉠과 ㉡을 연립하여 풀면

$x=88$, $y=72$

㉠과 ㉢을 연립하여 풀면

$x=8$, $y=-8$이므로, 조건을 만족시키지 않는다.

따라서 합격한 응시생 성적의 평균은 88점, 불합격한 응시생 성적의 평균은 72점이므로 최저 합격 점수는 88점보다 3점 낮은 85점이다.

1-1 풀이 전략 남학생 수와 여학생 수를 각각 미지수 x, y를 사용하여 연립방정식을 세운다.

이 학급의 남학생 수를 x명, 여학생 수를 y명이라고 하자. 전체 학생 수는 $(x+y)$명이므로 학급 전체 학생의 수학 점수의 평균을 구하면

$\frac{85x+80y}{x+y}=82$ …… ㉠

남학생 수와 여학생 수의 차는 5명이므로

$x-y=5$ …… ㉡

또는 $y-x=5$ …… ㉢

㉠과 ㉡을 연립하여 풀면

$x=-10$, $y=-15$이므로, 조건을 만족시키지 않는다.

㉠과 ㉢을 연립하여 풀면

$x=10$, $y=15$

따라서 이 학급의 남학생 수는 10명, 여학생 수는 15명이므로, 전체 학생 수는 25명이다.

2 풀이 전략 은비와 동생이 받은 용돈과 사용한 용돈을 각각 미지수 x, y를 사용하여 연립방정식을 세운다.

은비와 동생이 이번 달에 받은 용돈을 각각 x원, y원이라고 하자.

은비와 동생이 이번 달에 받은 용돈의 비는 6 : 5이므로

$6:5=x:y$에서

$5x=6y$

두 사람에게 남은 용돈의 비는 16 : 17이므로

은비에게 남은 돈은

$\frac{16}{16+17}\times16500=8000$(원)

동생에게 남은 돈은

$\frac{17}{16+17}\times16500=8500$(원)이다.

또한 은비와 동생이 현재까지 사용한 용돈의 비는 4 : 3이므로, $(x-8000):(y-8500)=4:3$에서

$-3x+4y=10000$

즉, $\begin{cases}5x=6y & \cdots\cdots ㉠\\ -3x+4y=10000 & \cdots\cdots ㉡\end{cases}$

㉠과 ㉡을 연립하여 풀면

$x=30000$, $y=25000$

따라서 은비와 동생이 각각 받은 돈은 30000원, 25000원이고, 사용한 돈은 22000원, 16500원이다.

따라서 두 사람이 사용한 용돈의 전체 금액은 38500원이다.

2-1 풀이 전략 입사 지원자의 수와 불합격자의 수를 각각 남녀의 비를 고려하여 미지수 x, y를 사용하여 연립방정식을 세운다.

회사의 지원자 중 남자를 x명, 여자를 y명이라고 하자.

합격자 중 남자는 $\frac{3}{3+2}\times50=30$(명)이고, 여자는 $\frac{2}{3+2}\times50=20$(명)이다.

지원자의 남녀의 비는 12 : 11이므로

$x:y=12:11$에서 $11x=12y$

또한 불합격자의 남녀의 비는 1 : 1이므로

$(x-30):(y-20)=1:1$에서 $x-y=10$

즉, $\begin{cases} 11x=12y & \cdots\cdots ㉠ \\ x-y=10 & \cdots\cdots ㉡ \end{cases}$

㉠과 ㉡을 연립하여 풀면

$x=120$, $y=110$

따라서 입사 지원자 중 남자는 120명, 여자는 110명이므로, 전체 지원자의 수는 230명이다.

3 **풀이 전략** 지하철이 다리를 완전히 통과할 때까지 달린 거리는 지하철의 길이와 다리의 길이의 합임을 이용하여 연립방정식을 세운다.

지하철이 길이가 1.02 km인 다리를 통과할 때 달린 거리는 $(1020+y)$m이고, 걸린 시간은 50초이므로

$1020+y=50x$

지하철이 길이가 800 m인 다리를 통과할 때 달린 거리는 $(800+y)$m이고, 걸린 시간은 40초이므로

$800+y=40x$

즉, $\begin{cases} 1020+y=50x & \cdots\cdots ㉠ \\ 800+y=40x & \cdots\cdots ㉡ \end{cases}$

㉠과 ㉡을 연립하여 풀면

$x=22$, $y=80$

따라서 $|x-y|=58$이다.

3-1 **풀이 전략** 기차가 터널을 완전히 통과할 때까지 달린 거리는 기차의 길이와 터널의 길이의 합임을 이용하여 연립방정식을 세운다.

기차의 속력을 초속 x m, 기차의 길이를 y m라고 하자. 기차가 길이 620 m인 터널을 통과할 때 달린 거리는 $(620+y)$m이고, 걸린 시간은 18초이므로

$620+y=18x$

기차가 길이가 500 m인 터널을 통과할 때 달린 거리는 $(500+y)$ m이고, 걸린 시간은 15초이므로

$500+y=15x$

즉, $\begin{cases} 620+y=18x & \cdots\cdots ㉠ \\ 500+y=15x & \cdots\cdots ㉡ \end{cases}$

㉠과 ㉡을 연립하여 풀면

$x=40$, $y=100$

따라서 기차의 길이는 100 m이다.

4 **풀이 전략** 흐르지 않는 물에서의 배의 속력과 강물의 속력을 각각 시속 x km, y km라고 할 때, 강물을 거슬러 올라갈 때의 속력은 시속 $(x-y)$km임을 활용하여 연립방정식을 세운다.

흐르지 않는 물에서의 배의 속력을 시속 x km, 강물의 속력을 시속 y km라고 하자.

강물을 따라 내려올 때의 속력은 시속 $(x+y)$km이고, 1시간 30분이 걸렸으므로

$\frac{3}{2}(x+y)=24$

강물을 거슬러 올라갈 때의 속력은 시속 $(x-y)$km이고, 2시간이 걸렸으므로

$2(x-y)=24$

즉, $\begin{cases} x+y=16 & \cdots\cdots ㉠ \\ x-y=12 & \cdots\cdots ㉡ \end{cases}$

㉠과 ㉡을 연립하여 풀면

$x=14$, $y=2$

따라서 강물의 속력은 시속 2 km이다.

4-1 **풀이 전략** 흐르지 않는 물에서의 배의 속력과 평소의 강물의 속력을 각각 시속 x km, y km라 하고, 연립방정식을 세운다.

흐르지 않는 물에서의 배의 속력을 시속 x km, 평소의 강물의 속력을 각각 시속 y km라고 하자.

강을 따라 내려갈 때의 속력은 시속 $(x+y)$km이고 강을 거슬러 올라갈 때의 강물의 속력은 시속 $\frac{3}{2}y$ km이므로

$\begin{cases} x+y=20 \\ \frac{4}{3}\left(x-\frac{3}{2}y\right)=20 \end{cases}$

$\Rightarrow \begin{cases} x+y=20 & \cdots\cdots ㉠ \\ 2x-3y=30 & \cdots\cdots ㉡ \end{cases}$

㉠과 ㉡을 연립하여 풀면

$x=18$, $y=2$

따라서 평소에 강을 거슬러 올라갈 때의 속력은 $x-y=16$이므로 시속 16 km이다.

따라서 걸리는 시간은 $\frac{20}{16}=\frac{5}{4}$시간, 즉 1시간 15분이 걸린다.

서술형 집중 연습

본문 106~107쪽

예제 1 31살 **유제 1** 56살
예제 2 24 **유제 2** 86
예제 3 4 km **유제 3** 6.25 km
예제 4 180명 **유제 4** 176명

예제 1 올해 어머니의 나이를 x살, 아들의 나이를 y살이라고 하자. ··· 1단계

3년 전 어머니와 아들의 나이의 합이 55살이었으므로

$(x-3)+(y-3)=55$ ······ ㉠

10년 후에 어머니의 나이는 아들의 나이의 2배보다 6살 많으므로

$x+10=2(y+10)+6$ ······ ㉡

··· 2단계

㉠과 ㉡을 연립하여 풀면

$x=46$, $y=15$ ··· 3단계

따라서 $x-y=31$이므로, 어머니와 아들의 나이의 차는 31살이다. ··· 4단계

채점 기준표

단계	채점 기준	비율
1단계	어머니와 아들의 나이를 각각 미지수로 놓은 경우	20 %
2단계	조건에 맞는 연립방정식을 세운 경우	40 %
3단계	연립방정식을 올바로 푼 경우	30 %
4단계	문제에 알맞은 답을 구한 경우	10 %

유제 1 올해 할아버지의 나이를 x살, 손녀의 나이를 y살이라고 하자. ··· 1단계

2년 전에 할아버지의 나이는 손녀의 나이의 5배이므로

$x-2=5(y-2)$ ······ ㉠

12년 후에 할아버지의 나이는 손녀의 나이의 3배이므로

$x+12=3(y+12)$ ······ ㉡ ··· 2단계

㉠과 ㉡을 연립하여 풀면

$x=72$, $y=16$ ··· 3단계

따라서 $x-y=56$이므로, 할아버지와 손녀의 나이의 차는 56살이다. ··· 4단계

채점 기준표

단계	채점 기준	비율
1단계	할아버지와 손녀의 나이를 각각 미지수로 놓은 경우	20 %
2단계	조건에 맞는 연립방정식을 세운 경우	40 %
3단계	연립방정식을 올바로 푼 경우	30 %
4단계	문제에 알맞은 답을 구한 경우	10 %

예제 2 십의 자리의 숫자를 x, 일의 자리의 숫자를 y라고 하자. ··· 1단계

이 수는 각 자리의 숫자의 합의 4배이므로

$10x+y=4(x+y)$ ······ ㉠

이 수의 십의 자리의 숫자와 일의 자리의 숫자를 바꾼 수는 처음 수보다 18만큼 크므로

$10y+x=10x+y+18$ ······ ㉡ ··· 2단계

㉠과 ㉡을 연립하여 풀면

$x=2$, $y=4$ ··· 3단계

따라서 처음 수는 24이다. ··· 4단계

채점 기준표

단계	채점 기준	비율
1단계	십의 자리의 숫자와 일의 자리의 숫자를 각각 미지수로 놓은 경우	20 %
2단계	조건에 맞는 연립방정식을 세운 경우	40 %
3단계	연립방정식을 올바로 푼 경우	30 %
4단계	문제에 알맞은 답을 구한 경우	10 %

유제 2 십의 자리의 숫자를 x, 일의 자리의 숫자를 y라고 하자. ··· 1단계

이 수의 각 자리의 숫자의 합이 14이므로

$x+y=14$ ······ ㉠

이 수의 십의 자리의 숫자와 일의 자리의 숫자를 바꾼 수는 처음 수보다 18만큼 작다고 했으므로

$10y+x=10x+y-18$ ······ ㉡ ··· 2단계

㉠과 ㉡을 연립하여 풀면

$x=8$, $y=6$ ··· 3단계

따라서 처음 수는 86이다. ··· 4단계

채점 기준표

단계	채점 기준	비율
1단계	십의 자리의 숫자와 일의 자리의 숫자를 각각 미지수로 놓은 경우	20 %
2단계	조건에 맞는 연립방정식을 세운 경우	40 %
3단계	연립방정식을 올바로 푼 경우	30 %
4단계	문제에 알맞은 답을 구한 경우	10 %

예제 3 승윤이가 시속 4 km로 걸은 거리를 x km, 시속 3 km로 걸은 거리를 y km라고 하자. ··· 1단계

승윤이의 집에서 약속 장소까지의 거리는 $\boxed{5}$ km이므로

$x+y=\boxed{5}$ ······ ㉠

집에서 약속 장소까지 가는데 걸린 총 시간이 1시간 50분이므로

$\frac{x}{4}+\boxed{\frac{1}{2}}+\frac{y}{3}=\boxed{\frac{11}{6}}$ ······ ㉡ ··· 2단계

㉠과 ㉡을 연립하여 풀면

$x=\boxed{4}$, $y=\boxed{1}$ ··· 3단계

따라서 승윤이가 문구점에 도착하기 전까지 걸은 거리는 $\boxed{4}$ km이다. ··· 4단계

채점 기준표

단계	채점 기준	비율
1단계	승윤이가 구간에 따라 걸은 거리를 각각 미지수로 놓은 경우	20 %
2단계	조건에 맞는 연립방정식을 세운 경우	40 %
3단계	연립방정식을 올바로 푼 경우	30 %
4단계	문제에 알맞은 답을 구한 경우	10 %

유제 3 승훈이가 집에서 약수터에 갈 때 걸은 거리를 x km, 약수터에서 집으로 돌아올 때 걸은 거리를 y km라고 하자. ··· 1단계

승훈이가 약수터에 갔다 오는데 걸린 전체 시간이 1시간 30분이므로

$\frac{x}{5}+\frac{1}{12}+\frac{y}{3}=\frac{3}{2}$ ······ ㉠

약수터에 갈 때 걸었던 거리는 약수터에서 돌아올 때 걸었던 거리의 4배였으므로

$x=4y$ ······ ㉡ ··· 2단계

㉠과 ㉡을 연립하여 풀면

$x=5$, $y=\frac{5}{4}$ ··· 3단계

따라서 $x+y=5+\frac{5}{4}=\frac{25}{4}=6.25$이므로 걸은 총 거리는 6.25 km이다. ··· 4단계

채점 기준표

단계	채점 기준	비율
1단계	승훈이가 구간에 따라 걸은 거리를 각각 미지수로 놓은 경우	20 %
2단계	조건에 맞는 연립방정식을 세운 경우	40 %
3단계	연립방정식을 올바로 푼 경우	30 %
4단계	문제에 알맞은 답을 구한 경우	10 %

예제 4 올해의 남학생 수를 x명, 올해의 여학생 수를 y명이라고 하자. ··· 1단계

올해의 전체 학생 수는 $\boxed{400}$명이므로

$x+y=\boxed{400}$ ······ ㉠

내년의 예상 학생 수는 올해의 학생 수에 비해 1% 증가할 예정이므로, $400\times\frac{1}{100}=4$에서 $\boxed{4}$명이 증가할 예정이다. 따라서

$\boxed{-\frac{10}{100}}x+\boxed{\frac{10}{100}}y=\boxed{4}$ ······ ㉡ ··· 2단계

㉠과 ㉡을 연립하여 풀면

$x=\boxed{180}$, $y=\boxed{220}$이다. ··· 3단계

따라서 올해의 남학생 수는 $\boxed{180}$명이다. ··· 4단계

채점 기준표

단계	채점 기준	비율
1단계	올해의 남학생과 여학생 수를 각각 미지수로 놓은 경우	20 %
2단계	조건에 맞는 연립방정식을 세운 경우	40 %
3단계	연립방정식을 올바로 푼 경우	30 %
4단계	문제에 알맞은 답을 구한 경우	10 %

유제 4 작년의 남학생 수를 x명, 작년의 여학생 수를 y명이라고 하자. ··· 1단계

작년의 전체 학생 수는 600명이었으므로

$x+y=600$ ······ ㉠

올해 전체 학생 수는 변함이 없으므로

$\frac{6}{100}x-\frac{12}{100}y=0$ ······ ㉡ ··· 2단계

㉠과 ㉡을 연립하여 풀면

$x=400$, $y=200$ ··· 3단계

따라서 올해의 여학생 수는

$\left(1-\frac{12}{100}\right)\times200=176$(명)이다. ··· 4단계

채점 기준표

단계	채점 기준	비율
1단계	작년의 남학생과 여학생 수를 각각 미지수로 놓은 경우	20 %
2단계	조건에 맞는 연립방정식을 세운 경우	40 %
3단계	연립방정식을 올바로 푼 경우	30 %
4단계	문제에 알맞은 답을 구한 경우	10 %

중단원 실전 테스트 1회

본문 108~110쪽

01 ③ 02 ② 03 ① 04 ③ 05 ①
06 ② 07 ⑤ 08 ③ 09 ⑤ 10 ③
11 ④ 12 ④
13 남학생 수: 13명, 여학생 수: 12명
14 당근: 100 g, 브로콜리: 200 g
15 올라갈 때: 2 km, 내려올 때: 3 km
16 보트: 시속 40 km, 강물: 시속 8 km

01 두 정수 중 큰 수를 x, 작은 수를 y라고 하면

$\begin{cases} x+y=69 & \cdots\cdots ㉠ \\ x=5y+3 & \cdots\cdots ㉡ \end{cases}$

㉡을 ㉠에 대입하면

$5y+3+y=69$, $y=11$

$y=11$을 ㉡에 대입하여 x를 구하면

$x=58$

02 처음 수의 십의 자리의 숫자를 x, 일의 자리의 숫자를 y라고 하면

$\begin{cases} 10x+y=2(x+y) \\ 10y+x=10x+y+63 \end{cases}$

➡ $\begin{cases} 8x-y=0 & \cdots\cdots ㉠ \\ -x+y=7 & \cdots\cdots ㉡ \end{cases}$

㉠+㉡을 하면

$7x=7$, $x=1$

$x=1$을 ㉠에 대입하여 y를 구하면

$y=8$

따라서 처음 수는 18이다.

03 볼펜을 x자루, 연필을 y자루 샀다고 하면

$\begin{cases} x+y=13 \\ 800x+500y+1100=10000 \end{cases}$

➡ $\begin{cases} x+y=13 & \cdots\cdots ㉠ \\ 8x+5y=89 & \cdots\cdots ㉡ \end{cases}$

㉡$-5\times$㉠을 하면

$3x=24$, $x=8$

$x=8$을 ㉠에 대입하여 y를 구하면

$y=5$

따라서 볼펜은 8자루, 연필은 5자루를 샀다.

04 현재 아버지의 나이를 x살, 아들의 나이를 y살이라고 하면

$\begin{cases} x-10=6(y-10)+2 \\ x+10=2(y+10)+6 \end{cases}$

➡ $\begin{cases} x-6y=-48 & \cdots\cdots ㉠ \\ x-2y=16 & \cdots\cdots ㉡ \end{cases}$

㉠$-$㉡을 하면

$-4y=-64$, $y=16$

$y=16$을 ㉡에 대입하여 x를 구하면

$x=48$

따라서 현재 아버지의 나이는 48살, 아들의 나이는 16살이므로 합은 64살이다.

05 지원이가 이긴 횟수를 x회, 진 횟수를 y회라고 하면, 지수가 이긴 횟수는 y회, 진 횟수는 x회이므로

$\begin{cases} x+y=12 & \cdots\cdots ㉠ \\ 2x-y=15 & \cdots\cdots ㉡ \end{cases}$

㉠+㉡을 하면

$3x=27$, $x=9$

$x=9$를 ㉠에 대입하여 y를 구하면

$y=3$

따라서 지원이와 지수의 이긴 횟수의 차는 $9-3=6$(회)이다.

06 전체 일의 양을 1이라고 하면 선생님과 학생이 한 시간 동안 할 수 있는 일의 양은 각각 $\frac{1}{6}$, $\frac{1}{8}$이다. 이 팀에 있는 선생님의 수를 x명, 학생의 수를 y명이라고 하면

$\begin{cases} x+y=7 \\ \frac{1}{6}x+\frac{1}{8}y=1 \end{cases}$ ➡ $\begin{cases} x+y=7 & \cdots\cdots ㉠ \\ 4x+3y=24 & \cdots\cdots ㉡ \end{cases}$

$3\times$㉠$-$㉡을 하면

$-x=-3$, $x=3$

$x=3$을 ㉠에 대입하여 y를 구하면

$y=4$

따라서 이 팀에는 선생님이 3명, 학생이 4명이 있다.

07 처음 직사각형의 가로의 길이를 x cm, 세로의 길이를 y cm라고 하면

$\begin{cases} 2x+2y=48 \\ 2(x-4)+2\times 3y=52 \end{cases}$

➡ $\begin{cases} x+y=24 & \cdots\cdots ㉠ \\ x+3y=30 & \cdots\cdots ㉡ \end{cases}$

㉠$-$㉡을 하면

$-2y=-6$, $y=3$

$y=3$을 ㉠에 대입하여 x를 구하면

$x=21$

따라서 처음 직사각형의 가로의 길이는 21 cm, 세로의 길이는 3 cm이므로, 바뀐 직사각형의 가로의 길이는 17 cm, 세로의 길이는 9 cm이다.

따라서 구하는 넓이는 $17\times9=153(\text{cm}^2)$이다.

08 남학생 수를 x명, 여학생 수를 y명이라고 하면

$\begin{cases} x+y=30 \\ \frac{3}{7}x+\frac{3}{4}y=18 \end{cases}$ ➡ $\begin{cases} x+y=30 & \cdots\cdots ㉠ \\ 4x+7y=168 & \cdots\cdots ㉡ \end{cases}$

$4\times$㉠$-$㉡을 하면

$-3y=-48$, $y=16$

$y=16$을 ㉠에 대입하여 x를 구하면

$x=14$

따라서 남학생 수는 14명, 여학생 수는 16명이므로 차는 2명이다.

09 작년의 고구마의 생산량을 x kg, 감자의 생산량을 y kg이라고 하면

$\begin{cases} x+y=1500 \\ \frac{10}{100}x+\frac{(-6)}{100}y=38 \end{cases}$

➡ $\begin{cases} x+y=1500 & \cdots\cdots ㉠ \\ 5x-3y=1900 & \cdots\cdots ㉡ \end{cases}$

㉠$\times3+$㉡을 하면

$8x=6400$, $x=800$

$x=800$을 ㉠에 대입하여 y를 구하면

$y=700$

따라서 올해 고구마의 생산량은 880 kg이고 감자의 생산량은 658 kg이므로 그 차는

$880-658=222(\text{kg})$이다.

10 과일 3개, 채소 2단을 정가에서 24 %로 싼 가격으로 모두 7600원에 구입했으므로 정가를 m원이라고 하면

$m\times\left(1-\frac{24}{100}\right)=7600$에서 $m=10000$

과일 한 개의 정가를 x원, 채소 한 단의 정가를 y원이라고 하면

$\begin{cases} 3x+2y=10000 \\ 3\left(1-\frac{20}{100}\right)x+2\left(1-\frac{30}{100}\right)y=7600 \end{cases}$

➡ $\begin{cases} 3x+2y=10000 & \cdots\cdots ㉠ \\ 12x+7y=38000 & \cdots\cdots ㉡ \end{cases}$

$4\times$㉠$-$㉡을 하면

$y=2000$

$y=2000$을 ㉠에 대입하여 x를 구하면

$x=2000$

따라서 과일 한 개와 채소 한 단의 정가의 합은 4000원이다.

11 4 %의 소금물의 양을 x g, 9 %의 소금물의 양을 y g이라고 하면

$\begin{cases} x+y+300=2800 \\ \frac{4}{100}\times x+\frac{9}{100}\times y=\frac{7}{100}\times2800 \end{cases}$

➡ $\begin{cases} x+y=2500 & \cdots\cdots ㉠ \\ 4x+9y=19600 & \cdots\cdots ㉡ \end{cases}$

$4\times$㉠$-$㉡을 하면

$-5y=-9600$, $y=1920$

$y=1920$을 ㉠에 대입하여 x를 구하면

$x=580$

따라서 4 %의 소금물은 580 g, 9 %의 소금물은 1920 g을 섞어야 한다.

12 영효의 속력을 시속 x km, 성원이의 속력을 시속 y km라고 하면

$\begin{cases} 1.5x-1.5y=4.5 \\ 0.5x+0.5y=4.5 \end{cases}$ ➡ $\begin{cases} x-y=3 & \cdots\cdots ㉠ \\ x+y=9 & \cdots\cdots ㉡ \end{cases}$

㉠$+$㉡을 하면

$2x=12$, $x=6$

$x=6$을 ㉠에 대입하여 y를 구하면

$y=3$

따라서 영효의 속력은 시속 6 km이고, 성원이의 속력은 시속 3 km이다.

13 남학생 수를 x명, 여학생 수를 y명이라고 하면

$\begin{cases} x+y=25 \\ \frac{62x+67y}{25}=64.4 \end{cases}$ · · · 1단계

➡ $\begin{cases} x+y=25 & \cdots\cdots ㉠ \\ 62x+67y=1610 & \cdots\cdots ㉡ \end{cases}$

$62\times$㉠$-$㉡을 하면

$-5y=-60$, $y=12$

$y=12$를 ㉠에 대입하여 x를 구하면

$x=13$ ··· 2단계

따라서 남학생 수는 13명, 여학생 수는 12명이다.

··· 3단계

채점 기준표

단계	채점 기준	비율
1단계	x, y에 대한 연립방정식을 세운 경우	40 %
2단계	x, y의 값을 구한 경우	40 %
3단계	문제 조건에 맞게 답을 구한 경우	20 %

14 사용된 당근의 무게를 x g, 브로콜리의 무게를 y g이라고 하면

$$\begin{cases} x+y=300 \\ \frac{36}{100}x+\frac{42}{100}y=120 \end{cases}$$ ··· 1단계

$$\Rightarrow \begin{cases} x+y=300 & \cdots\cdots ㉠ \\ 6x+7y=2000 & \cdots\cdots ㉡ \end{cases}$$

㉡$-6\times$㉠을 하여 y를 구하면

$y=200$

$y=200$을 ㉠에 대입하여 x를 구하면

$x=100$ ··· 2단계

따라서 사용된 당근의 무게는 100 g, 브로콜리의 무게는 200 g이다. ··· 3단계

채점 기준표

단계	채점 기준	비율
1단계	x, y에 대한 연립방정식을 세운 경우	40 %
2단계	x, y의 값을 구한 경우	40 %
3단계	문제 조건에 맞게 답을 구한 경우	20 %

15 올라갈 때 걸은 거리를 x km, 내려올 때 걸은 거리를 y km라고 하면 $\frac{20}{60}=\frac{1}{3}$(시간)동안 쉬었으므로

$$\begin{cases} x+y=5 \\ \frac{x}{3}+\frac{1}{3}+\frac{y}{2}=\frac{5}{2} \end{cases}$$ ··· 1단계

$$\Rightarrow \begin{cases} x+y=5 & \cdots\cdots ㉠ \\ 2x+3y=13 & \cdots\cdots ㉡ \end{cases}$$

㉡$-2\times$㉠을 하여 y를 구하면

$y=3$

$y=3$을 ㉠에 대입하여 x를 구하면

$x=2$ ··· 2단계

따라서 태웅이가 올라갈 때 걸은 거리는 2 km이고, 내려올 때 걸은 거리는 3 km이다. ··· 3단계

채점 기준표

단계	채점 기준	비율
1단계	x, y에 대한 연립방정식을 세운 경우	40 %
2단계	x, y의 값을 구한 경우	40 %
3단계	문제 조건에 맞게 답을 구한 경우	20 %

16 정지한 물에서의 보트의 속력을 시속 x km, 강물의 속력을 시속 y km라고 하면

$$\begin{cases} 2(x+y)=96 \\ 3(x-y)=96 \end{cases}$$ ··· 1단계

$$\Rightarrow \begin{cases} x+y=48 & \cdots\cdots ㉠ \\ x-y=32 & \cdots\cdots ㉡ \end{cases}$$

㉠+㉡을 하여 x를 구하면

$2x=80$, $x=40$

$x=40$을 ㉠에 대입하여 y를 구하면

$y=8$ ··· 2단계

따라서 정지한 물에서의 보트의 속력은 시속 40 km, 강물의 속력은 시속 8 km이다. ··· 3단계

채점 기준표

단계	채점 기준	비율
1단계	x, y에 대한 연립방정식을 세운 경우	40 %
2단계	x, y의 값을 구한 경우	40 %
3단계	문제 조건에 맞게 답을 구한 경우	20 %

중단원 실전 테스트 2회

본문 111~113쪽

01 ② 02 ② 03 ③ 04 ① 05 ②
06 ① 07 ④ 08 ② 09 ④ 10 ①
11 ⑤ 12 ①
13 민구: 200만 원, 서진: 100만 원
14 식품 A: 400 g, 식품 B: 300 g
15 고속도로: 시속 90 km, 지방도로: 시속 60 km
16 45분

01 두 정수 중 큰 수를 x, 작은 수를 y라고 하면

$$\begin{cases} x-y=19 & \cdots\cdots \text{㉠} \\ x=4y+7 & \cdots\cdots \text{㉡} \end{cases}$$

㉡을 ㉠에 대입하면

$4y+7-y=19$, $y=4$

$y=4$를 ㉡에 대입하여 x를 구하면

$x=23$

따라서 두 수의 합은 $23+4=27$이다.

02 처음 수의 십의 자리의 숫자를 x, 일의 자리의 숫자를 y라고 하면

$$\begin{cases} x+y=13 \\ 10y+x=(10x+y)+45 \end{cases}$$

$$\Rightarrow \begin{cases} x+y=13 & \cdots\cdots \text{㉠} \\ -x+y=5 & \cdots\cdots \text{㉡} \end{cases}$$

㉠+㉡을 하면

$2y=18$, $y=9$

$y=9$를 ㉠에 대입하여 x를 구하면

$x=4$

따라서 처음 수는 49이고, 처음 자연수를 처음 자연수의 일의 자리의 숫자로 나눈 나머지는 $49=9\times5+4$이므로 4이다.

03 이날 입장한 선생님의 수를 x명, 학생의 수를 y명이라고 하면

$$\begin{cases} x+y=67 \\ 2000x+1500y=104000 \end{cases}$$

$$\Rightarrow \begin{cases} x+y=67 & \cdots\cdots \text{㉠} \\ 4x+3y=208 & \cdots\cdots \text{㉡} \end{cases}$$

㉡$-3\times$㉠을 하면

$x=7$

$x=7$을 ㉠에 대입하여 y를 구하면

$y=60$

따라서 선생님의 수는 7명, 학생의 수는 60명이므로 구하는 차는 $60-7=53$(명)이다.

04 올해 아버지의 나이를 x살, 민서 나이를 y살이라고 하면

$$\begin{cases} x=3y+2 \\ x-8=6(y-8)-3 \end{cases}$$

$$\Rightarrow \begin{cases} x=3y+2 & \cdots\cdots \text{㉠} \\ x-6y=-43 & \cdots\cdots \text{㉡} \end{cases}$$

㉠을 ㉡에 대입하여 정리하면

$-3y=-45$, $y=15$

$y=15$를 ㉠에 대입하여 x를 구하면

$x=47$

따라서 올해 아버지의 나이는 47살, 민서 나이는 15살이므로 구하는 나이의 차는 $47-15=32$(살)이다.

05 우식이가 맞힌 문제의 개수를 x개, 틀린 문제의 개수를 y개라고 하면

$$\begin{cases} x+y=20 & \cdots\cdots \text{㉠} \\ 5x-3y=68 & \cdots\cdots \text{㉡} \end{cases}$$

$3\times$㉠+㉡을 하면

$8x=128$, $x=16$

$x=16$을 ㉠에 대입하여 y를 구하면

$y=4$

따라서 우식이가 틀린 문제의 개수는 4개이다.

06 합격한 응시생 성적의 평균을 x점, 불합격한 응시생 성적의 평균을 y점이라고 하면

응시생 80명의 성적의 평균은 $\frac{20x+60y}{80}$점이므로

최저 합격 점수는 $\frac{20x+60y}{80}+\frac{3}{2}=x-15$

이를 이용하여 식을 세우면

$$\begin{cases} \frac{20x+60y}{80}+\frac{3}{2}=x-15 \\ 2x=3y-22 \end{cases}$$

$$\Rightarrow \begin{cases} x-y=22 & \cdots\cdots \text{㉠} \\ 2x-3y=-22 & \cdots\cdots \text{㉡} \end{cases}$$

$2\times$㉠$-$㉡을 하면

$y=66$

$y=66$을 ㉠에 대입하여 x를 구하면

$x=88$

따라서 최저 합격 점수는 $x-15=88-15=73$(점)이다.

07 긴 줄의 길이를 x cm, 짧은 줄의 길이를 y cm라고 하면

$$\begin{cases} x+y=112 & \cdots\cdots ㉠ \\ x=4y+12 & \cdots\cdots ㉡ \end{cases}$$

㉡을 ㉠에 대입하여 y를 구하면

$5y=100$, $y=20$

$y=20$을 ㉡에 대입하여 x를 구하면

$x=92$

따라서 긴 줄의 길이는 92 cm이고, 짧은 줄의 길이는 20 cm이므로 차는 $92-20=72$(cm)이다.

08 찬성한 회원 수를 x명, 반대한 회원 수를 y명이라고 하면

$$\begin{cases} x-y=5 \\ x=\frac{3}{5}(x+y) \end{cases} \Rightarrow \begin{cases} x-y=5 & \cdots\cdots ㉠ \\ 2x-3y=0 & \cdots\cdots ㉡ \end{cases}$$

$2\times$㉠$-$㉡을 하면

$y=10$

$y=10$을 ㉠에 대입하여 x를 구하면

$x=15$

따라서 찬성한 회원 수는 15명, 반대한 회원 수는 10명이므로 이 수학 동아리의 전체 회원 수는

$15+10=25$(명)이다.

09 지난달 민수의 휴대 전화 요금을 x원, 성주의 휴대 전화 요금을 y원이라고 하면

$$\begin{cases} x+y=80000 \\ \frac{6}{100}x+\frac{(-6)}{100}y=\frac{3}{1000}\times 80000 \end{cases}$$

$$\Rightarrow \begin{cases} x+y=80000 & \cdots\cdots ㉠ \\ x-y=4000 & \cdots\cdots ㉡ \end{cases}$$

㉠+㉡을 하면

$2x=84000$, $x=42000$

$x=42000$을 ㉠에 대입하여 y를 구하면

$y=38000$

따라서 지난달 민수의 휴대 전화 요금은 42000원, 이번 달 민수의 휴대 전화 요금은

$42000+42000\times\frac{6}{100}=44520$(원)

이므로 그 합은 86520원이다.

10 두 종류의 마스크 한 박스의 원가를 각각 x원, y원이라고 하면 $(x>y)$

$$\begin{cases} \left(1+\frac{20}{100}\right)x+\left(1+\frac{20}{100}\right)y=28800 \\ x-y=2000 \end{cases}$$

$$\Rightarrow \begin{cases} x+y=24000 & \cdots\cdots ㉠ \\ x-y=2000 & \cdots\cdots ㉡ \end{cases}$$

㉠+㉡을 하면

$2x=26000$, $x=13000$

$x=13000$을 ㉠에 대입하여 y를 구하면

$y=11000$

따라서 두 마스크 한 박스의 정가는 각각

$13000\times\left(1+\frac{20}{100}\right)=15600$(원),

$11000\times\left(1+\frac{20}{100}\right)=13200$(원)

이므로 두 마스크 한 박스의 정가의 차는 2400원이다.

11 6 %의 소금물의 양을 x g, 더 넣은 소금의 양을 y g이라고 하면

$$\begin{cases} x+y=500 \\ \frac{6}{100}\times x+y=\frac{154}{1000}\times 500 \end{cases}$$

$$\Rightarrow \begin{cases} x+y=500 & \cdots\cdots ㉠ \\ 3x+50y=3850 & \cdots\cdots ㉡ \end{cases}$$

$3\times$㉠$-$㉡을 하면

$-47y=-2350$, $y=50$

$y=50$을 ㉠에 대입하여 x를 구하면

$x=450$

따라서 더 필요한 소금의 양은 50 g이다.

12 태수가 출발한 지 x분 후, 태웅이가 출발한 지 y분 후에 두 사람이 만난다고 하면

$$\begin{cases} x=y+\frac{1000}{200} \\ 200x=250y \end{cases} \Rightarrow \begin{cases} x=y+5 & \cdots\cdots ㉠ \\ 4x=5y & \cdots\cdots ㉡ \end{cases}$$

㉠을 ㉡에 대입하여 y를 구하면

$4(y+5)=5y$, $y=20$

$y=20$을 ㉠에 대입하여 x를 구하면

$x=25$

따라서 태웅이와 태수가 만나는 집에서 학교까지의 거리는 $20\times 250=5000$(m), 즉 5 km이다.

13 민구와 서진이의 총수입 금액을 각각 $10x$(만 원), $9x$(만 원), 총지출 금액을 각각 $4y$(만 원), $5y$(만 원)이라고 하면

$\begin{cases} 10x-4y=120 \\ 9x-5y=80 \end{cases}$ ··· 1단계

➡ $\begin{cases} 5x-2y=60 & \cdots\cdots ㉠ \\ 9x-5y=80 & \cdots\cdots ㉡ \end{cases}$

$5\times$㉠$-2\times$㉡을 하여 x를 구하면

$7x=140$, $x=20$

$x=20$을 ㉠에 대입하여 y를 구하면

$y=20$ ··· 2단계

따라서 민구의 총수입 금액은 $10\times20=200$(만 원)이고, 서진이의 총지출 금액은 $5\times20=100$(만 원)이다.

··· 3단계

채점 기준표

단계	채점 기준	비율
1단계	x, y에 대한 연립방정식을 세운 경우	40 %
2단계	x, y의 값을 구한 경우	40 %
3단계	문제 조건에 맞게 답을 구한 경우	20 %

14 먹어야 하는 식품 A의 양을 x g, 식품 B의 양을 y g이라고 하면

$\begin{cases} \frac{60}{100}x+\frac{20}{100}y=300 \\ \frac{20}{100}x+\frac{50}{100}y=230 \end{cases}$ ··· 1단계

➡ $\begin{cases} 3x+y=1500 & \cdots\cdots ㉠ \\ 2x+5y=2300 & \cdots\cdots ㉡ \end{cases}$

$2\times$㉠$-3\times$㉡을 하여 y를 구하면

$-13y=-3900$, $y=300$

$y=300$을 ㉠에 대입하여 x를 구하면

$x=400$ ··· 2단계

따라서 식품 A는 400 g, 식품 B는 300 g을 먹어야 한다. ··· 3단계

채점 기준표

단계	채점 기준	비율
1단계	x, y에 대한 연립방정식을 세운 경우	40 %
2단계	x, y의 값을 구한 경우	40 %
3단계	문제 조건에 맞게 답을 구한 경우	20 %

15 고속도로로 갈 때의 속력을 시속 x km라 하고 지방도로로 갈 때의 속력을 시속 y km라고 하면

$\begin{cases} x=y+30 \\ \frac{90}{60}x+\frac{50}{60}y=185 \end{cases}$ ··· 1단계

➡ $\begin{cases} x-y=30 & \cdots\cdots ㉠ \\ 9x+5y=1110 & \cdots\cdots ㉡ \end{cases}$

$5\times$㉠$+$㉡을 하여 x를 구하면

$14x=1260$, $x=90$

$x=90$을 ㉠에 대입하여 y를 구하면

$y=60$ ··· 2단계

따라서 지성이네 가족이 자동차로 고속도로로 갈 때의 속력은 시속 90 km이고, 지방도로로 갈 때의 속력은 시속 60 km이다. ··· 3단계

채점 기준표

단계	채점 기준	비율
1단계	x, y에 대한 연립방정식을 세운 경우	40 %
2단계	x, y의 값을 구한 경우	40 %
3단계	문제 조건에 맞게 답을 구한 경우	20 %

16 정지한 물에서의 보트의 속력을 시속 x km, 강물의 속력을 시속 y km라고 하면 강을 거슬러 올라갈 때의 보트의 속력은 시속 $(x-y)$km, 강을 따라 내려올 때의 보트의 속력은 시속 $(x+y)$km이므로

$\begin{cases} (x-y)\times\frac{3}{2}=15 \\ \frac{50}{60}(x+y)=15 \end{cases}$ ··· 1단계

➡ $\begin{cases} x-y=10 & \cdots\cdots ㉠ \\ x+y=18 & \cdots\cdots ㉡ \end{cases}$

㉠$+$㉡을 하여 x를 구하면

$2x=28$, $x=14$

$x=14$를 ㉠에 대입하여 y를 구하면

$y=4$ ··· 2단계

따라서 강물의 속력이 시속 4 km이므로 연꽃이 3 km를 떠내려가는 데 걸리는 시간은 $\frac{3}{4}$시간, 즉 45분이다.

··· 3단계

채점 기준표

단계	채점 기준	비율
1단계	x, y에 대한 연립방정식을 세운 경우	40 %
2단계	x, y의 값을 구한 경우	40 %
3단계	문제 조건에 맞게 답을 구한 경우	20 %

부록

실전 모의고사 1회 (본문 116~119쪽)

01 ②	02 ③	03 ③	04 ①	05 ①
06 ⑤	07 ③	08 ①	09 ⑤	10 ②
11 ②	12 ⑤	13 ③	14 ④	15 ④
16 ④	17 ③	18 ②	19 ④	20 ①
21 9개	22 $5x^2-7x-2$		23 $a>16$	
24 $\frac{11}{3}$	25 120명			

01 $\frac{7}{125}=\frac{7}{5^3}$이므로 분모, 분자에 2^3을 곱하면

$\frac{7\times2^3}{2^3\times5^3}=\frac{56}{10^3}$

따라서 $a=56$, $n=3$이므로 $a+n=56+3=59$

02 ① $\frac{27}{2^2\times3^2\times5}=\frac{3}{2^2\times5}$: 유한소수로 나타낼 수 있다.

② $\frac{6}{2^2\times3\times5^2}=\frac{1}{2\times5^2}$: 유한소수로 나타낼 수 있다.

③ $\frac{3}{2\times3^2\times5}=\frac{1}{2\times3\times5}$: 순환소수로만 나타낼 수 있다.

④ $\frac{45}{2^4\times3^2\times5}=\frac{1}{2^4}$: 유한소수로 나타낼 수 있다.

⑤ $\frac{42}{2\times3\times5^2\times7}=\frac{1}{5^2}$: 유한소수로 나타낼 수 있다.

따라서 유한소수로 나타낼 수 없는 것은 ③이다.

03 $60x-15=25a$에서 $60x=25a+15$

$x=\frac{25a+15}{60}=\frac{5a+3}{12}=\frac{5a+3}{2^2\times3}$

x가 유한소수로 나타내어지기 위해서는 분모의 소인수가 2나 5뿐이어야 하므로 $5a+3$은 3의 배수이어야 한다. 보기의 수 중 $5a+3$에 대입했을 때 3의 배수인 경우는 $a=3$인 경우 뿐이다.

04 순환소수 $0.\dot{a}bcdef\dot{g}$의 순환마디는 $abcdefg$이다.

$33=7\times4+5$이므로 소수점 아래 33번째 자리의 숫자는 순환마디의 다섯 번째 숫자인 e이다.

따라서 $e=3$이다.

$39=7\times5+4$이므로 소수점 아래 39번째 자리의 숫자는 순환마디의 네 번째 숫자인 d이다.

$d=4$

따라서 순환마디는 7914325이므로

$c+f=1+2=3$

05 $(-x)^2\times2x^3y\times(-5y)$

$=x^2\times2x^3y\times(-5y)$

$=-10x^5y^2$

따라서 $a=-10$, $b=5$, $c=2$이므로

$a+b+c=-10+5+2=-3$

06 원기둥의 높이를 h라고 하면

$\pi(2a)^2\times h=20\pi a^3$

따라서 $h=\frac{20\pi a^3}{4\pi a^2}=5a$

07 $ax^2-x+2a-3(2x^2+ax+4)$

$=ax^2-x+2a-6x^2-3ax-12$

$=(a-6)x^2+(-1-3a)x+2a-12$

이므로 $a-6+(-1-3a)=-5$이고

$a=-1$

$a=-1$을 상수항 $2a-12$에 대입하면 -14이다.

08 $-3a+4b-[3a-\{a-2(a+2b)\}]$

$=-3a+4b-\{3a-(-a-4b)\}$

$=-3a+4b-(4a+4b)$

$=-7a$

따라서 a의 계수는 -7이다.

09 어떤 식을 $\square$라고 하면, 주어진 등식은

$\square\div(-xy)=-2xy^2+\frac{1}{2}$이다.

$\square=\left(-2xy^2+\frac{1}{2}\right)\times(-xy)=2x^2y^3-\frac{1}{2}xy$

따라서 바르게 계산하면

$\square=\left(2x^2y^3-\frac{1}{2}xy\right)\times(-xy)$

$=-2x^3y^4+\frac{1}{2}x^2y^2$

10 큰 직육면체의 높이를 h_1, 작은 직육면체의 높이를 h_2라고 하면

$h_1=\frac{24a^2-8ab}{4a\times2}=3a-b$

$h_2=\frac{12a^2-3ab}{3a\times2}=2a-\frac{1}{2}b$

주어진 입체도형의 전체 높이를 h라고 하면

$h=h_1+h_2=3a-b+2a-\frac{1}{2}b=5a-\frac{3}{2}b$

11 $3(x+1)>5x-7$

$3x+3>5x-7$

$-2x>-10$

$x<5$

따라서 만족시키는 자연수는 1, 2, 3, 4로 4개이다.

12 $-2x+a\geq 3(x+6)$

$-2x+a\geq 3x+18$

$-2x-3x\geq 18-a$

$-5x\geq 18-a$

$x\leq \frac{a-18}{5}$

$\frac{a-18}{5}=-1$이어야 하므로 $a=13$

13 어떤 정수를 x라고 하면

$x+(x+2)>20$

$2x+2>20$

$x>9$

따라서 위 부등식을 만족시키는 가장 작은 정수는 10이다.

14 목적지까지의 거리를 x km라고 하면

$\frac{x}{60}-\frac{x}{75}=\frac{5}{60}$

$x=25(\text{km})$

따라서 25 km의 거리를 시속 75 km의 속력으로 이동할 때 걸리는 시간은 20분이므로 약속 시간까지 남은 시간은 30분이다.

구하는 속력을 시속 y km라고 하면

$\frac{25}{y}\leq\frac{30}{60}$, $30y\geq 1500$

$y\geq 50$

즉, 최저 속력은 시속 50 km이다.

15 미지수 x, y에 대한 일차방정식은 상수 a, b, c에 대하여 $ax+by+c=0$의 꼴이다.

① 정리하면 $y=-6$이다.

② x에 대한 일차방정식이다.

③ x, y에 대한 일차방정식이 아니다.

④ x, y에 대한 이차방정식이다.

⑤ x에 대한 일차방정식이 아니다.

16 ①의 해는 $(3, -2)$, ②의 해는 $(-3, 1)$

③의 해는 $(-3, 1)$, ④의 해는 $(3, 2)$

⑤의 해는 $(-1, 3)$이다.

17 $\begin{cases}0.1x-0.5y=0.9\\ \frac{3}{10}x+\frac{1}{5}y=1\end{cases}$ 의 분수와 소수를 정수로 나타내면

$\begin{cases}x-5y=9\\ 3x+2y=10\end{cases}$ 이고 연립방정식을 풀면 $(4, -1)$

따라서 $p=4$, $q=-1$이므로

$pq=4\times(-1)=-4$

18 $\begin{cases}x+y=1\\ 2x+3(y-1)=-2\end{cases}$ 를 풀면

$x=2$, $y=-1$

그러므로 $a=2$, $b=-1$이고 이를

$\begin{cases}2x-by=5\\ \frac{a}{2}x+2by=-5\end{cases}$ 에 대입하면

$\begin{cases}2x+y=5\\ x-2y=-5\end{cases}$

이고 해를 구하면 $x=1$, $y=3$이다.

19 윤지가 이긴 횟수를 x회, 진 횟수를 y회라고 하면 세빈이가 이긴 횟수는 y회, 진 횟수는 x회이다.

이때 연립방정식을 세우면

$\begin{cases}4x-y=36\\ -x+4y=21\end{cases}$ 이고, 이를 풀면 $(11, 8)$이다.

따라서 윤지가 이긴 횟수는 11회이다.

20 합격자의 수를 x명, 불합격자의 수를 y명이라고 하자.

응시생 수와 평균을 이용하여 연립방정식을 세우면

$\begin{cases}x+y=30 & \cdots\cdots ㉠\\ \frac{87x+60y}{30}=69 & \cdots\cdots ㉡\end{cases}$

㉠과 ㉡을 연립하여 풀면

$x=10$, $y=20$

따라서 합격자의 수는 10명이다.

21 $0.0\dot{0}\dot{9}=\frac{1}{110}=\frac{1}{2\times5\times11}$이므로 ··· 1단계

어떤 자연수는 11의 배수이어야 한다. ··· 2단계

이러한 11의 배수 중 구하는 두 자리 자연수는 11, 22, ⋯, 99의 총 9개이다. ··· 3단계

채점 기준표

단계	채점 기준	배점
1단계	순환소수를 분수로 나타낸 경우	1점
2단계	어떤 자연수가 11의 배수임을 보인 경우	2점
3단계	두 자리 자연수의 개수를 구한 경우	2점

22 $x^4\times x^a\div x^7=1$에서 $a=3$ ··· 1단계

$\left(\frac{y^3}{x^2}\right)^b=\frac{y^6}{x^4}$에서 $b=2$이다. ··· 2단계

그러므로 주어진 x에 대한 이차식은

$3x(x+1)-2(-x^2+5x+1)$

이 식을 간단히 하면

$3x(x+1)-2(-x^2+5x+1)$

$=3x^2+3x+2x^2-10x-2$

$=5x^2-7x-2$ ··· 3단계

채점 기준표

단계	채점 기준	배점
1단계	a의 값을 구한 경우	1점
2단계	b의 값을 구한 경우	1점
3단계	x에 대한 이차식을 간단히 나타낸 경우	3점

23 $\frac{x-1}{4}+3x<a$를 풀면

$x<\frac{4a+1}{13}$ ··· 1단계

5개 이상의 자연수가 존재하기 위해서는

$\frac{4a+1}{13}>5$ ······ ㉠ ··· 2단계

이 경우 1, 2, 3, 4, 5를 포함한 5개 이상의 자연수가 위의 범위에 존재하게 된다.

따라서 ㉠을 풀면 $a>16$이다. ··· 3단계

채점 기준표

단계	채점 기준	배점
1단계	x에 대한 일차부등식을 푼 경우	1점
2단계	a에 대한 일차부등식을 세운 경우	2점
3단계	a의 값의 범위를 구한 경우	2점

24 $\begin{cases} 2x+y=5 & \cdots\cdots ㉠ \\ 4x+ay=5 & \cdots\cdots ㉡ \end{cases}$에서

x의 값은 4이므로 이를 ㉠에 대입하면

$y=-3$ ··· 1단계

$x=4$, $y=-3$을 ㉡에 대입하면

$a=\frac{11}{3}$ ··· 2단계

채점 기준표

단계	채점 기준	배점
1단계	y의 값을 구한 경우	2점
2단계	a의 값을 구한 경우	3점

25 작년 남학생 수를 x명, 여학생 수를 y명이라고 하면

$\begin{cases} x+y=400 \\ \frac{1}{5}x-\frac{1}{10}y=-10 \end{cases}$ ··· 1단계

이 연립방정식을 풀면

$x=100$, $y=300$ ··· 2단계

올해 남학생의 수는 작년에 비해 20 % 증가하였으므로

$\left(100+\frac{20}{100}\times100\right)$명이다.

따라서 올해 남학생 수는 120명이다. ··· 3단계

채점 기준표

단계	채점 기준	배점
1단계	연립방정식을 바르게 세운 경우	2점
2단계	작년 남녀 학생 수를 구한 경우	1점
3단계	올해 남학생 수를 구한 경우	2점

실전 모의고사 2회

본문 120~123쪽

01 ④	**02** ④	**03** ⑤	**04** ⑤	**05** ⑤
06 ②	**07** ①	**08** ⑤	**09** ⑤	**10** ④
11 ⑤	**12** ③	**13** ③	**14** ⑤	**15** ③
16 ⑤	**17** ③	**18** ①	**19** ④	**20** ④
21 6개	**22** $a=1$, $b=8$, $c=16$	**23** $a=1$, $b=15$		
24 5일	**25** 43개월			

01 ④ $\frac{66}{3\times5\times11}=\frac{2}{5}$이므로 유한소수로 나타낼 수 있다.

02 $a=0.72565656\cdots$이므로

$1000a=725.65656\cdots$

따라서 순환마디는 65이다.

03 $\frac{x}{70}=\frac{x}{2\times5\times7}$이므로 x는 7의 배수이고, 기약분수로 고치면 분자에 2가 남으므로 x는 소인수분해했을 때 $x=2^2\times7\times p^n$ (단, p는 1 또는 2가 아닌 소수, n은 자연수)의 꼴이다.

x가 20 보다 크고 30 보다 작을 때 이를 만족시키는 x의 값은 28이다.

$\frac{28}{70}=\frac{2}{5}$이므로 $x=28$, $y=5$

따라서 $x+y=28+5=33$

04 $\{(a^2)^3\}^2=a^{2\times3\times2}=a^{12}$

05 $(-2x^2)^3\times\frac{1}{8}x^2y\times\left(-\frac{3}{4}xy\right)$

$=(-8x^6)\times\frac{1}{8}x^2y\times\left(-\frac{3}{4}xy\right)$

$=\frac{3}{4}x^9y^2$

06 $-2x-[x+y-\{2x-5y-(5x-y)\}]$
$=-2x-\{x+y-(-3x-4y)\}$
$=-2x-(4x+5y)$
$=-6x-5y$
따라서 x의 계수는 -6, y의 계수는 -5이므로 그 합은 -11이다.

07 $\frac{5x^2-7x}{2x}-\frac{6x-2}{4}$
$=\frac{5}{2}x-\frac{7}{2}-\frac{3}{2}x+\frac{1}{2}$
$=x-3$

08 $x(1-x)+(2x^3-10x^2+4x)\div 2x$
$=x-x^2+x^2-5x+2=-4x+2$
$a=0$, $b=-4$, $c=2$이므로
$a-b+c=0-(-4)+2=6$

09 ⑤ $2+x>4$는 $x-2>0$으로 $ax+b>0$ $(a\neq 0)$의 꼴이므로 일차부등식이다.

10 $\frac{3}{2}+\frac{4}{3}x\leq\frac{5}{2}x-2$의 해는 $x\geq 3$
이를 수직선 위에 나타내면 다음과 같다.

3

11 세로의 길이를 x cm라고 하면
$2(x+15)\leq 68$, $x\leq 19$
그러므로 20 cm는 조건에 맞지 않는다.

12 x개월 후에 언니의 예금액이 동생의 예금액의 2배보다 많아진다고 하면
$4000+3000x>2(10000+1000x)$
$4000+3000x>20000+2000x$
$1000x>16000$, $x>16$
따라서 17개월 후부터 언니의 예금액이 많아진다.

13 $ax+y-1=0$에 $x=3$, $y=4$를 대입하면 $a=-1$이다. 그러므로 주어진 일차방정식은
$-x+y-1=0$
$y=2$를 대입하면
$-x+2-1=0$, $x=1$

14 $\begin{cases} ax+y=7 & \cdots\cdots ㉠ \\ 3x-by=3 & \cdots\cdots ㉡ \end{cases}$에서
㉠에 $x=2$, $y=3$을 대입하면
$2a+3=7$, $a=2$
㉡에 $x=2$, $y=3$을 대입하면
$6-3b=3$, $b=1$
따라서 $a+b=2+1=3$

15 $\begin{cases} x+2y=3 & \cdots\cdots ㉠ \\ x-3y=-2 & \cdots\cdots ㉡ \end{cases}$에서
㉠$\times 2-$㉡을 하면
$x+7y=8$로 x, y 모두 없어지지 않는다.

16 $\begin{cases} ax+2by=8 & \cdots\cdots ㉠ \\ bx=2ay+6 & \cdots\cdots ㉡ \end{cases}$에서
선호는 ㉠식만 잘못 보고 풀었으므로 $(1, 2)$는 ㉡식의 해 중 하나이다.
그러므로 $(1, 2)$를 ㉡식에 대입하면
$b=4a+6$ $\cdots\cdots$ ㉢
또한 재준이는 ㉡식을 잘못 보고 풀었으므로
$(0, -2)$는 ㉠식의 해 중 하나이다.
그러므로 $(0, -2)$를 ㉠식에 대입하면
$-4b=8$
따라서 $b=-2$이고 이를 ㉢에 대입하면 $a=-2$이다.
$a=-2$, $b=-2$를 처음 주어진 연립방정식에 대입하면
$\begin{cases} -2x-4y=8 & \cdots\cdots ㉠ \\ -2x=-4y+6 & \cdots\cdots ㉡ \end{cases}$이고 이를 풀면
$x=-\frac{7}{2}$, $y=-\frac{1}{4}$

17 $\begin{cases} 4x+y=a \\ 2x-y=5 \end{cases}$의 해가 일차방정식 $y=-3x$의 해이므로
$2x-y=5$와 $y=-3x$의 해가 $4x+y=a$의 해가 된다.
그러므로 $\begin{cases} 2x-y=5 \\ y=-3x \end{cases}$를 풀면 $(1, -3)$이고,
이를 $4x+y=a$에 대입하면 $a=4\times 1+(-3)=1$이다.

18 $\begin{cases} 3x+y=3 & \cdots\cdots ㉠ \\ ax-3y=ab & \cdots\cdots ㉡ \end{cases}$의 해가 무수히 많으므로
㉠$\times(-3)$은 ㉡과 같아야 한다. 그러므로
$\begin{cases} -9x-3y=-9 \\ ax-3y=ab \end{cases}$에서
$a=-9$, $b=1$이므로 $a+b=-9+1=-8$

19 주어진 조건으로 연립방정식을 세우면

$$\begin{cases} 3x+y=7 \\ y=\dfrac{1}{2}x \end{cases}$$

이다. 이를 풀면 $x=2$, $y=1$이므로

$x+y=2+1=3$

20 1학년 학생 수를 x명, 3학년 학생수를 y명이라 하고, 찬성한 학생들의 인원과 비율을 표로 정리하면 다음과 같다.

학년	전체 인원(명)	찬성 인원(명)	비율
1	x	$\frac{19}{20}x$	95 %
2	240	168	70%
3	y	$\frac{9}{20}y$	45%
계	730	511	70%

그러므로 전체 인원과 찬성 인원으로 연립방정식을 세우면

$$\begin{cases} x+y=490 \\ \dfrac{19}{20}x+\dfrac{9}{20}y=343 \end{cases}$$

연립방정식을 풀면

$x=245$, $y=245$

따라서 3학년 학생 수는 245명이다.

21 $\dfrac{33}{50\times x}=\dfrac{3\times 11}{2\times 5^2\times x}$이므로 주어진 분수가 유한소수가 되기 위해서는 기약분수로 나타냈을 때 분모의 소인수가 2 또는 5 뿐이어야 한다. 또한 x는 두 자리의 홀수이어야 하므로 x는 다음의 꼴 중 하나이어야 한다.

(i) $x=3\times 5^n$의 꼴: 3×5, 3×5^2 ··· 1단계

(ii) $x=11\times 5^n$의 꼴: 11×5 ··· 2단계

(iii) $x=3\times 11$의 꼴: 3×11 ··· 3단계

(iv) $x=5^n$의 꼴: 5^2 ··· 4단계

(v) $x=11$

따라서 조건을 만족시키는 x는 6개이다. ··· 5단계

채점 기준표

단계	채점 기준	배점
1단계	$x=3\times 5^n$인 경우를 구한 경우	1점
2단계	$x=11\times 5^n$인 경우를 구한 경우	1점
3단계	$x=3\times 11$인 경우를 구한 경우	1점
4단계	$x=5^n$인 경우를 구한 경우	1점
5단계	x의 개수를 구한 경우	1점

22 지수법칙을 이용하여 괄호를 풀어 간단히 하면

$\left(-\dfrac{y^2}{2x^{2a}}\right)^4=\dfrac{y^{2\times 4}}{2^4x^{2a\times 4}}=\dfrac{y^8}{16x^{8a}}$ ··· 1단계

$\dfrac{y^8}{16x^{8a}}=\dfrac{y^b}{cx^8}$이므로

$a=1$, $b=8$, $c=16$ ··· 2단계

채점 기준표

단계	채점 기준	배점
1단계	지수법칙을 이용하여 괄호를 푼 경우	2점
2단계	a, b, c의 값을 각각 구한 경우	3점

23 주어진 방정식에서

$$\begin{cases} \dfrac{2x+y}{9}=3x-y & \cdots\cdots ㉠ \\ \dfrac{4x-ay+6}{5}=3x-y & \cdots\cdots ㉡ \end{cases}$$

㉠×9, ㉡×5를 하여 식을 정리하여 나타내면

$$\begin{cases} 2x+y=27x-9y & \cdots\cdots ㉢ \\ 4x-ay+6=15x-5y & \cdots\cdots ㉣ \end{cases}$$ ··· 1단계

㉢에 $x=6$, $y=b$를 대입하면

$12+b=162-9b$, $b=15$ ··· 2단계

㉣에 $x=6$, $y=15$를 대입하면

$24-15a+6=15$, $a=1$ ··· 3단계

채점 기준표

단계	채점 기준	배점
1단계	연립방정식의 꼴로 나타낸 경우	1점
2단계	b의 값을 구한 경우	2점
3단계	a의 값을 구한 경우	2점

24 A가 하루 동안 할 수 있는 일의 양을 x, B가 하루 동안 할 수 있는 일의 양을 y, 두 사람이 완성해야 하는 전체 일의 양을 1이라고 하자.

주어진 조건을 연립방정식으로 나타내면

$$\begin{cases} 4x+7y=1 \\ 6x+2y=1 \end{cases}$$ ··· 1단계

연립방정식을 풀면

$x=\dfrac{5}{34}$, $y=\dfrac{1}{17}$ ··· 2단계

A와 B가 동시에 함께 일을 시작해서 함께 하는 기간을 k일이라고 하면

$\left(\dfrac{5}{34}+\dfrac{1}{17}\right)k\geq 1$이어야 하므로 ··· 3단계

$k\geq\dfrac{34}{7}=4\dfrac{6}{7}$

따라서 5일째 되는 날 일을 완성할 수 있다. ··· 4단계

채점 기준표

단계	채점 기준	배점
1단계	상황을 연립방정식으로 나타낸 경우	1점
2단계	하루 동안 할 수 있는 일의 양을 구한 경우	1점
3단계	두 사람이 함께 하는 상황을 식으로 세운 경우	1점
4단계	기간을 구한 경우	2점

25 36개월을 사용했을때의 금액은 A 정수기는 54만 원, B 정수기는 52만 원으로 A 정수기가 유리하지 않으므로 36개월보다 더 오랫동안 사용해야 한다.

만약 정수기를 x개월 사용한다고 하면

(i) A 정수기를 구입하여 사용할 때의 금액은

$15000x$(원) ··· 1단계

(ii) B 정수기를 구입하여 사용할 때의 금액은

$20000\times36-200000+18000(x-36)$(원)

정리하면 $18000x-128000$(원)이다. ··· 2단계

그러므로 부등식을 세우면

$15000x<18000x-128000$ ··· 3단계

$x>42.666\cdots$

따라서 43개월부터 A 정수기를 사용하는 것이 더 유리하다. ··· 4단계

채점 기준표

단계	채점 기준	배점
1단계	A 정수기를 사용할 때의 요금을 식으로 나타낸 경우	1점
2단계	B 정수기를 사용할 때의 요금을 식으로 나타낸 경우	1점
3단계	A 정수기가 유리한 상황을 부등식으로 나타낸 경우	1점
4단계	기간을 구한 경우	2점

실전 모의고사 3회

본문 124~127쪽

01 ④	**02** ⑤	**03** ①	**04** ②	**05** ④
06 ③	**07** ①	**08** ③	**09** ①	**10** ⑤
11 ③	**12** ④	**13** ③	**14** ③	**15** ⑤
16 ⑤	**17** ②	**18** ①	**19** ③	**20** ③
21 126	**22** 64	**23** 6 cm	**24** $x=3$, $y=1$	
25 시속 5 km				

01 ① 0.343434…의 순환마디는 34

② 1.414141…의 순환마디는 41

③ 0.87666…의 순환마디는 6

⑤ 0.369369369…의 순환마디는 369

02 $\frac{2}{7}=0.\dot{2}8571\dot{4}$이므로 순환마디의 숫자는 6개이다.

$100=6\times16+4$이므로 순환마디의 4번째 숫자가 소수점 아래 100번째 자리의 숫자이다. 따라서 소수점 아래 100번째 자리의 숫자는 7이다.

03 $1.\dot{6}\times\frac{b}{a}=0.\dot{2}$의 순환소수를 분수로 나타내면

$\frac{5}{3}\times\frac{b}{a}=\frac{2}{9}$, $\frac{b}{a}=\frac{2}{9}\times\frac{3}{5}=\frac{2}{15}$

$a=15$, $b=2$이므로 $b-a=2-15=-13$

04 $(-1)\times(-1)^2\times(-1)^3\times\cdots\times(-1)^{10}$

$=(-1)^{1+2+3+\cdots+10}$

$=(-1)^{55}$

$=-1$

05 ㄴ. $a^2\times b^5\times a^3\times b^3=a^5b^8$이므로 옳지 않다.

06 ① $\left(\frac{x^2}{y^3}\right)^3=\frac{x^6}{y^9}$

② $\left(-\frac{2y}{x}\right)^4=\frac{16y^4}{x^4}$

④ $\left(-\frac{y^4}{7x}\right)^2=\frac{y^8}{49x^2}$

⑤ $\left(-\frac{3a}{2}\right)^2=\frac{9a^2}{4}$

따라서 옳은 것은 ③이다.

07 $9^x\times(3^x+3^x+3^x+3^x)=3^{2x}\times4\times3^x$

$=4\times3^{3x}$

$4\times3^{3x}=108$이므로 $3^{3x}=27$

$x=1$

08 $(x^2y)^a \div xy^b \times x^4y^3 = x^9y^3$을 간단히 하면

$x^{2a}y^a \div xy^b \times x^4y^3 = x^9y^3$

$x^{2a}y^a \div xy^b = x^5$

$2a-1=5$, $a=3$

이를 위의 식에 대입하면 $b=3$이다.

따라서 $a-b=3-3=0$

09 $-x(5x-2)+(3x^3-x^2)\div(-x)$

$=-5x^2+2x-3x^2+x$

$=-8x^2+3x$

따라서 $a=-8$, $b=3$이므로

$ab=(-8)\times 3=-24$

10 원기둥의 밑넓이는 $9\pi a^2$이므로, 높이를 h라 하고 등식을 세우면

$9\pi a^2 \times h = 30\pi a^3 - 9\pi a^2 b$

$h=\dfrac{30\pi a^3-9\pi a^2 b}{9\pi a^2}=\dfrac{10}{3}a-b$

11 ③ x km의 거리를 시속 80 km로 가면 2시간을 넘지 않는다: '넘지 않는다'는 '작거나 같다'를 의미하므로 $\dfrac{x}{80}\le 2$이어야 한다.

12 ① $4a+3<4b+3$

② $-2a-3>-2b-3$

③ $a-1<b-1$

⑤ $8a-3<8b-3$

따라서 옳은 것은 ④이다.

13 ③ $\dfrac{x-4}{3}-\dfrac{x}{2}>0$을 풀면 $x<-8$이므로 1은 해가 아니다.

14 $x+2y=7$의 해는 x, y가 자연수이므로

$(1, 3)$, $(3, 2)$, $(5, 1)$이다.

(i) $(1, 3)$이 $ax-y=7$의 해인 경우: $a=10$

(ii) $(3, 2)$가 $ax-y=7$의 해인 경우: $a=3$

(iii) $(5, 1)$이 $ax-y=7$의 해인 경우: $a=\dfrac{8}{5}$

a가 5 이상의 자연수이므로 해는 $(1, 3)$이고 이때 $a=10$이다.

15 주어진 연립방정식의 해는

$\begin{cases} 2x+y=7 \\ 9x-4y=6 \end{cases}$의 해와 같다.

그러므로 주어진 연립방정식의 해는 $(2, 3)$이다.

이를 $ax-y=3$에 대입하면 $a=3$

$9x+by=15$에 대입하면 $b=-1$이다.

그러므로 $a+b=3+(-1)=2$

16 $\begin{cases} x=3y-1 & \cdots\cdots ㉠ \\ 4x-y=7 & \cdots\cdots ㉡ \end{cases}$에서 ㉠을 ㉡에 대입하면

$4(3y-1)-y=7$, $11y=11$이므로

$a=11$

17 ② $\begin{cases} -3x-6y=12 \\ x=-2y+4 \end{cases}$에서 $-3x-6y=12$의 양변을 -3으로 나누면

$\begin{cases} x+2y=-4 \\ x=-2y+4 \end{cases}$이므로 해는 없다.

18 십의 자리 숫자를 x, 일의 자리 숫자를 y라고 하면

$\begin{cases} x=y-3 \\ x+y=13 \end{cases}$

두 식을 연립하여 풀면

$x=5$, $y=8$

따라서 구하는 두 자리 자연수는 58이다.

19 한 모둠이 4명인 모둠의 수를 x개, 한 모둠이 5명인 모둠의 수를 y개라 하고 주어진 조건을 연립방정식으로 나타내면

$\begin{cases} x+y=6 \\ 4x+5y=27 \end{cases}$

두 식을 연립하여 풀면

$x=3$, $y=3$

따라서 한 모둠이 5명인 모둠은 3개이다.

20 지안이의 용돈을 x원, 동훈이의 용돈을 y원이라고 하자. 지안이와 진혁이의 용돈은 같으므로 진혁이의 용돈은 x원이고, 수현이는 진혁이보다 2만 원이 더 많으므로 $(x+20000)$원이다.

세 번째, 네 번째 설명으로부터 연립방정식을 세우면

$\begin{cases} x+y=2x+30000 \\ 3x+y+20000=170000 \end{cases}$

두 식을 연립하여 풀면

$x=30000$, $y=60000$

그러므로 진혁이가 모은 용돈은 30000원, 동훈이가 모은 용돈은 60000원이다.

21 $\frac{x}{2^2\times3\times7}$가 유한소수이므로

x는 3과 7의 공배수이어야 한다. ··· 1단계

또한 x는 2와 3의 공배수이므로

x는 2와 3과 7의 공배수이어야 한다.

그러므로 x는 $42=2\times3\times7$의 배수이어야 한다. ··· 2단계

42의 배수 중 가장 작은 세 자리 수는 126이므로

x는 126이다. ··· 3단계

채점 기준표

단계	채점 기준	배점
1단계	x가 3과 7의 공배수임을 보인 경우	2점
2단계	x가 2와 3과 7의 공배수임을 보인 경우	2점
3단계	x의 값을 구한 경우	1점

22 $ab=2^{2x}\times2^{2y}$

$=2^{2x+2y}=2^{2(x+y)}$ ··· 1단계

$x+y=3$이므로

$ab=2^{2\times3}=2^6=64$ ··· 2단계

채점 기준표

단계	채점 기준	배점
1단계	지수법칙을 이용하여 주어진 식을 간단히 나타낸 경우	2점
2단계	ab의 값을 구한 경우	3점

23 윗변의 길이를 x cm라 하고 사다리꼴의 넓이를 이용해 부등식을 세우면

$\frac{1}{2}(x+8)\times6\geq42$ ··· 1단계

$x\geq6$

따라서 윗변의 최소의 길이는 6 cm이다. ··· 2단계

채점 기준표

단계	채점 기준	배점
1단계	넓이를 이용해 일차부등식을 세운 경우	2점
2단계	윗변의 최소의 길이를 구한 경우	3점

24 $\begin{cases}0.\dot{1}x-0.\dot{2}y=0.\dot{1}\\0.\dot{2}x+0.\dot{5}y=1.\dot{2}\end{cases}$에서 순환소수를 분수로 고치면

$\begin{cases}\frac{1}{9}x-\frac{2}{9}y=\frac{1}{9}\\\frac{2}{9}x+\frac{5}{9}y=\frac{11}{9}\end{cases}$ ··· 1단계

연립방정식을 풀면

$x=3$, $y=1$ ··· 2단계

채점 기준표

단계	채점 기준	배점
1단계	연립방정식의 순환소수를 분수로 나타낸 경우	2점
2단계	연립방정식의 해를 구한 경우	3점

25 승훈이의 속력을 시속 x km, 선해의 속력을 시속 y km라고 하자. 승훈이가 1.5 km 앞서서 출발하였으므로 같은 방향으로 걸어서 선해를 만났을 때 승훈이는 선해보다 한 바퀴에서 1.5 km가 부족한 만큼을 더 많이 걸었다. 그러므로 식을 세우면

$3x-3y=7.5$ ··· 1단계

반대 방향으로 걸었을 때는 승훈이와 선해가 걸은 거리의 합이 한 바퀴에서 1.5 km가 부족한 만큼 걸었을 때 만나게 되므로 식을 세우면

$x+y=7.5$ ··· 2단계

이를 연립하면

$\begin{cases}3x-3y=7.5\\x+y=7.5\end{cases}$

연립방정식을 풀면

$x=5$, $y=2.5$

따라서 승훈이의 속력은 시속 5 km이다. ··· 3단계

채점 기준표

단계	채점 기준	배점
1단계	같은 방향으로 걸은 상황을 식으로 나타낸 경우	2점
2단계	반대 방향으로 걸은 상황을 식으로 나타낸 경우	2점
3단계	승훈이의 속력을 구한 경우	1점

최종 마무리 50제

본문 128~135쪽

01 ④	02 ⑤	03 42	04 ③	05 ⑤
06 6	07 ②	08 ④	09 ⑤	10 ③
11 ③	12 ③	13 21	14 ②	15 ②
16 ④	17 ⑤	18 ②	19 ③	20 ⑤
21 12	22 ②	23 ③	24 ㄱ. 2, ㄴ. 2	
25 ①	26 ③	27 ①	28 −1	29 ⑤
30 ①	31 ④	32 ④	33 1 km	34 ⑤
35 8회	36 $x>3$	37 ②	38 ⑤	39 ⑤
40 ④	41 ①	42 ②	43 ①	44 ①
45 56	46 ⑤	47 4 %	48 270명	
49 (1) ⑤ (2) 6시간 40분			50 27000원	

01 ㄴ. 순환하지 않는 무한소수는 분수로 나타낼 수 없으므로 유리수가 아니다.
ㄷ. 무한소수 중에 순환소수는 분수로 나타낼 수 있으므로 유리수이다.
ㄹ. 모든 유리수는 분모가 0이 아닌 분수로 나타낼 수 있다.

02 $\frac{54}{3^2\times5^2\times x}$를 유한소수로 나타낼 수 없을 때는 기약분수로 나타냈을 때 분모에 2나 5 이외의 소인수가 있어야 한다.
$x=14$이면
$\frac{54}{3^2\times5^2\times14}=\frac{3}{5^2\times7}$
으로 분모에 2나 5 이외의 소인수 7이 있으므로 유한소수로 나타낼 수 없다.

03 조건 (가)에서 x는 3의 배수이고, 조건 (나)에서 x는 7의 배수이므로 x는 3과 7의 공배수, 즉 21의 배수이다. 따라서 두 조건을 모두 만족시키는 가장 큰 두 자리 자연수 x의 값은 $21\times2=42$이다.

04 주어진 분수를 소수로 나타내어 순환마디를 구하면
① $\frac{7}{3}=2.333\cdots$ ➡ 3
② $\frac{11}{6}=1.8333\cdots$ ➡ 3
③ $\frac{10}{7}=1.428571428571\cdots$ ➡ 428571
④ $\frac{10}{11}=0.909090\cdots$ ➡ 90
⑤ $\frac{13}{15}=0.8666\cdots$ ➡ 6
따라서 순환마디를 이루는 숫자의 개수가 가장 많은 것은 ③이다.

05 $x=0.1546546546\cdots$이라고 하면
$$\begin{array}{rl} 10000x=&1546.546546546\cdots \\ -)\quad 10x=&1.546546546\cdots \\ \hline 9990x=&1545 \end{array}$$
따라서 $x=\frac{1545}{9990}$

06 $0.\dot{4}6\dot{7}$의 순환마디는 467이고, $32=3\times10+2$이므로 소수점 아래 32번째 자리의 숫자는 순환마디의 2번째 숫자인 6이다.

07 ② $8.787878\cdots=8.\dot{7}\dot{8}$

08 ④ $1.4\dot{3}=\frac{143-14}{90}=\frac{129}{90}=\frac{43}{30}$

09 ① $x^2+x^2+x^2=3x^2$ ② $x^6\div x^2=x^4$
③ $(x^3)^4=x^{12}$ ④ $(xy)^4=x^4y^4$

10 $a^7\div a^4\div a^2=a^3\div a^2=a$
① $a^5\div(a^5\div a^2)=a^5\div a^3=a^2$
② $a^5\times a^4\div a^3=a^9\div a^3=a^6$
③ $a^7\div(a^3\times a^3)=a^7\div a^6=a$
④ $a^7\times(a^4\div a^2)=a^7\times a^2=a^9$
⑤ $a^7\div a^5\times a^3=a^2\times a^3=a^5$
따라서 계산 결과가 같은 것은 ③이다.

11 ③ $-25xy^3\div5x^2y^2=-\frac{5y}{x}$

12 $\frac{3x^3}{2y^3}\times(-2xy^2)^2\div\square=\frac{3x}{2y^2}$에서
$\frac{3x^3}{2y^3}\times4x^2y^4\div\square=\frac{3x}{2y^2}$
$6x^5y\times\frac{1}{\square}=\frac{3x}{2y^2}$
$\frac{1}{\square}=\frac{3x}{2y^2}\times\frac{1}{6x^5y}$

$\frac{1}{\square}=\frac{1}{4x^4y^3}$, $\square=4x^4y^3$

13 $2^{23}\times5^{19}=2^{19}\times5^{19}\times2^4=(2\times5)^{19}\times2^4$

$=2^4\times10^{19}=16\times10^{19}$

16×10^{19}은 21자리 자연수이므로

$n=21$

14 $75^6=(3\times5^2)^6=3^6\times5^{12}$

$=(3^3)^2\times(5^2)^6=x^2y^6$

15 $\left(\frac{1}{6}x-\frac{1}{2}y\right)-\left(\frac{5}{2}x-\frac{1}{3}y\right)$

$=\frac{1}{6}x-\frac{5}{2}x-\frac{1}{2}y+\frac{1}{3}y$

$=\frac{1}{6}x-\frac{15}{6}x-\frac{3}{6}y+\frac{2}{6}y$

$=-\frac{14}{6}x-\frac{1}{6}y=-\frac{7}{3}x-\frac{1}{6}y$

16 ④ $(5x^2y+20xy)\div\frac{5x}{2y}=2xy^2+8y^2$

17 $-2y(x-5)+(27x^2+45x^2y+18x^3)\div(3x)^2$

$=-2xy+10y+(27x^2+45x^2y+18x^3)\div(9x^2)$

$=-2xy+10y+3+5y+2x$

$=-2xy+15y+2x+3$

따라서 $a=2$, $b=15$이므로

$a+b=2+15=17$

18 $4x-\{x+2y-3(-2x+y)\}$

$=4x-(x+2y+6x-3y)$

$=4x-7x+y=-3x+y$

19 $A=(10x^2y-5xy^2)\div\frac{5}{2}xy$

$=(10x^2y-5xy^2)\times\frac{2}{5xy}$

$=4x-2y$

$B=(-9x^2-15xy)\div(-3x)$

$=(-9x^2-15xy)\times\left(\frac{1}{-3x}\right)$

$=3x+5y$

$2A-B=2(4x-2y)-(3x+5y)$

$=8x-4y-3x-5y$

$=5x-9y$

20 어떤 다항식을 A라고 하면

$4x^2-3x+6+A=-4x^2+3x-6$

$A=-4x^2+3x-6-(4x^2-3x+6)$

$=-4x^2+3x-6-4x^2+3x-6$

$=-8x^2+6x-12$

(바르게 계산한 식)

$=4x^2-3x+6-(-8x^2+6x-12)$

$=12x^2-9x+18$

21 (가) $\frac{5^4+5^4+5^4+5^4+5^4}{125}=\frac{5\times5^4}{125}=\frac{5^5}{5^3}=5^2=5^a$

$a=2$

(나) $A=2^{x+1}=2^x\times2$에서 $2^x=\frac{A}{2}$

$64^x=(2^6)^x=2^{6x}=(2^x)^6=\left(\frac{A}{2}\right)^6=\frac{A^6}{64}=\frac{A^b}{64}$

$b=6$

따라서 $ab=2\times6=12$

22 ② (작지 않다.)=(크거나 같다.)=(이상이다.)

➡ $2x+4y\geq50$

23 $a+c<b+d$의 양변에 a를 더하면

$2a+c<a+b+d$

조건 (다) $a+b=c+d$를 부등식의 우변에 대입하면

$2a+c<c+2d$

$a<d$

$a+c<b+d$의 양변에 b를 더하면

$a+b+c<2b+d$

조건 (다) $a+b=c+d$를 부등식의 좌변에 대입하면

$2c+d<2b+d$

$c<b$

따라서 $c<b<a<d$

24 ㄱ. $4(x-5)+1<-6x+7$

괄호를 풀면

$4x-19<-6x+7$

$10x<26$

$x<2.6$

따라서 부등식을 만족시키는 가장 큰 정수는 2이다.

ㄴ. $\frac{1}{6}x-2(x-2)\geq-(x-1)+\frac{2}{3}x$

양변에 6을 곱하면

$x-12(x-2)\geq-6(x-1)+4x$

$x-12x+24\geq-6x+6+4x$

$-9x\geq-18$, $x\leq2$

따라서 부등식을 만족시키는 가장 큰 정수는 2이다.

25 $0.6x+0.4\geq-0.1x-1$의 양변에 10을 곱하면

$6x+4\geq-x-10$

$7x\geq-14$, $x\geq-2$

26 괄호를 풀면 $2x-2a>ax+6$

$-2a$와 ax를 각각 이항하여 정리하면

$(2-a)x>2a+6$

양변을 $2-a$로 나누면 일차부등식의 해가 $x>2$이므로 $2-a>0$이고

$x>\dfrac{2a+6}{2-a}$

즉, $\dfrac{2a+6}{2-a}=2$

$2a+6=4-2a$

$4a=-2$, $a=-\dfrac{1}{2}$

27 $2+(a-1)x>2a$에서 $(a-1)x>2a-2$

$a-1>0$이므로

$x>\dfrac{2(a-1)}{a-1}$, $x>2$

28 양변에 6을 곱하면

$x-2<6-2(1-3x)$

$x-2<6-2+6x$

$-5x<6$

$x>-\dfrac{6}{5}$

따라서 가장 작은 정수는 -1이다.

29 $-4x-3>-x-a$

-3과 $-x$를 각각 이항하여 정리하면

$-3x>-a+3$

$x<\dfrac{a-3}{3}$

이를 만족시키는 가장 큰 정수가 -2이므로

$-2<\dfrac{a-3}{3}\leq-1$

각 변에 3을 곱하면

$-6<a-3\leq-3$

각 변에 3을 더하면

$-6+3<a\leq-3+3$

$-3<a\leq0$

30 $\dfrac{3x-a}{2}\leq x-1$에서

$3x-a\leq2x-2$, $x\leq a-2$

이 부등식을 만족시키는 자연수가 1개이려면

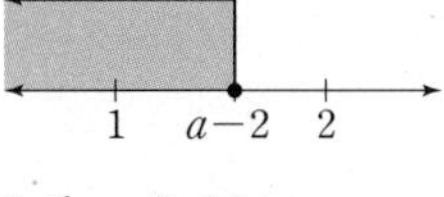

$1\leq a-2<2$

각변에 2를 더하면

$3\leq a<4$

31 입장객의 수를 x명이라고 하면

$20\leq x<30$일 때

$15000\times0.8\times30<15000\times0.9\times x$에서

$x>\dfrac{80}{3}=26.6\cdots$

따라서 27명 이상이면 30명의 단체 입장권을 사는 것이 유리하다.

32 물건의 정가를 x원이라고 하면

$0.8x\geq8000\left(1+\dfrac{15}{100}\right)$

양변에 10을 곱하면

$8x\geq800\times115$, $x\geq11500$

따라서 정가는 11500원 이상이어야 한다.

33 구하고자 하는 거리를 x km라고 하면 물건을 사는 데 걸리는 시간은 $\dfrac{1}{6}$시간, 문구점까지 달려가는 데 걸린 시간은 $\dfrac{x}{6}$시간이고, 전체 걸리는 시간이 $\dfrac{1}{2}$시간 이내여야 하므로

$\dfrac{x}{6}\times2+\dfrac{1}{6}\leq\dfrac{1}{2}$

$2x+1\leq3$, $2x\leq2$, $x\leq1$

따라서 문구점까지의 거리가 1 km 이내이면 된다.

34 소금물을 x g 퍼낸다고 하면

(소금의 양)$=\dfrac{16}{100}\times(400-x)$

$\frac{16}{100}\times(400-x)\le\frac{10}{100}\times400$

양변에 100을 곱하면

$6400-16x\le4000$

$-16x\le-2400$

$x\ge150$

따라서 소금물을 150 g 이상 퍼내면 된다.

35 놀이 기구를 x회 탄다고 하면

$20000+5000(x-4)>35000$

양변을 1000으로 나누면

$20+5(x-4)>35$

괄호를 풀면

$5x>35,\ x>7$

따라서 놀이 기구를 8회 이상 탈 경우 자유 이용권을 이용하는 것이 유리하다.

36 삼각형의 가장 긴 변의 길이가 나머지 두 변의 길이의 합보다 작아야 한다.

즉, $(x+3)+(x+1)>x+7$

$2x+4>x+7,\ x>3$

37 ㄴ. $2x^2-3y=7$은 미지수가 2개인 일차방정식이 아니다.

ㄷ. $15y+5=0$은 미지수가 2개인 일차방정식이 아니다.

ㄹ. $x+xy+1=0$은 x에 대한 일차방정식이 아니다.

ㅁ. $4x-y+3=0$은 미지수가 2개인 일차방정식이다.

ㅂ. $\frac{1}{x}-y=2$는 x에 대한 일차방정식이 아니다.

따라서 미지수가 2개인 일차방정식은 ㄱ, ㅁ이다.

38 $x=2,\ y=5$를 대입하면

ㄱ. $5\times2-5\ne9$ (거짓)

ㄴ. $2-4\times5\ne10$ (거짓)

ㄷ. $5=2\times2+1$ (참)

ㄹ. $3\times2-2\times5+4=0$ (참)

ㅁ. $\frac{2}{2}+\frac{5}{5}=2$ (참)

39 $x=-1,\ y=k$를 $x+4y=7$에 대입하면

$-1+4k=7,\ k=2$

40 $y=3x$를 두 일차방정식에 각각 대입하여 정리하면

$\begin{cases}5x=a+1 & \cdots\cdots ㉠\\ 4x=a & \cdots\cdots ㉡\end{cases}$

$a=4x$를 ㉠에 대입하면

$5x=4x+1$

$x=1$

따라서 $a=4$

41 $x=-3,\ y=4$를 $-2x+ay=8$에 대입하면

$6+4a=8,\ a=\frac{1}{2}$

$x=-3,\ y=4$를 $bx-4y=8$에 대입하면

$-3b-16=8,\ -3b=24,\ b=-8$

따라서 $ab=\frac{1}{2}\times(-8)=-4$

42 괄호를 풀어 정리하면

$\begin{cases}6x+2y=-8 & \cdots\cdots ㉠\\ 3x-2y=-10 & \cdots\cdots ㉡\end{cases}$

㉠+㉡을 하면

$9x=-18$

$x=-2=a$

$x=-2$를 ㉠에 대입하면

$-12+2y=-8$

$y=2=b$

따라서 $a+b=-2+2=0$

43 ㉠×10, ㉡×20을 하여 주어진 연립방정식을 변형하면

$\begin{cases}5x-4y=-20\\ 5x-4y=20a\end{cases}$

해가 없으면 $-20\ne20a$이므로

$a\ne-1$

44 $x=2,\ y=4$를 $ax-y=-8$에 대입하면

$2a-4=-8,\ a=-2$

$x=2,\ y=4$를 $bx+cy=-6$에 대입하면

$2b+4c=-6$ ⋯⋯ ㉠

$x=-2,\ y=2$를 $bx+cy=-6$에 대입하면

$-2b+2c=-6$ ⋯⋯ ㉡

㉠+㉡을 하면

$6c=-12,\ c=-2$

$b=1$

따라서 $a+b+c=-2+1+(-2)=-3$

45 처음 수의 십의 자리의 숫자를 x, 일의 자리의 숫자를 y라고 하면

$\begin{cases}x+y=11\\ 10y+x=2(10x+y)-47\end{cases}$

$$\Rightarrow \begin{cases} x+y=11 & \cdots\cdots ㉠ \\ 19x-8y=47 & \cdots\cdots ㉡ \end{cases}$$

㉠×8+㉡을 하면

$27x=135$, $x=5$

$x=5$를 ㉠에 대입하면

$5+y=11$, $y=6$

따라서 처음 수는 56이다.

46 민정이가 달린 거리를 x km, 미영이가 달린 거리를 y km라고 하면

$$\begin{cases} x+y=45 \\ \frac{x}{10}=\frac{y}{8} \end{cases} \Rightarrow \begin{cases} x+y=45 & \cdots\cdots ㉠ \\ 4x-5y=0 & \cdots\cdots ㉡ \end{cases}$$

㉠×4−㉡을 하면

$9y=180$, $y=20$

$y=20$을 ㉠에 대입하면

$x+20=45$, $x=25$

따라서 민정이가 달린 거리는 25 km이다.

47 설탕물 A의 농도를 x %, 설탕물 B의 농도를 y %라고 하면

$$\begin{cases} \frac{x}{100}\times100+\frac{y}{100}\times100=\frac{18}{100}\times200 \\ \frac{x}{100}\times300+\frac{y}{100}\times100=\frac{19}{100}\times400 \end{cases}$$

$$\Rightarrow \begin{cases} x+y=36 & \cdots\cdots ㉠ \\ 3x+y=76 & \cdots\cdots ㉡ \end{cases}$$

㉡−㉠을 하면

$2x=40$, $x=20$

$x=20$을 ㉠에 대입하면

$20+y=36$, $y=16$

따라서 두 설탕물의 농도의 차는 $20-16=4(\%)$이다.

48 작년의 남학생 수와 여학생 수를 각각 x명, y명이라고 하면

$$\begin{cases} x+y=525 & \cdots\cdots ㉠ \\ \frac{8}{100}x-\frac{4}{100}y=9 & \cdots\cdots ㉡ \end{cases}$$

㉡×100을 하면

$$\begin{cases} x+y=525 & \cdots\cdots ㉠' \\ 8x-4y=900 & \cdots\cdots ㉡' \end{cases}$$

㉠′×4+㉡′을 하면

$12x=3000$, $x=250$, $y=275$

작년 남학생 수는 250명, 여학생 수는 275명이다.

따라서 올해의 남학생 수는

$x(1+0.08)=250\times\frac{108}{100}=270$(명)

49 (1) 전체 일의 양을 1로 놓으면 솔지와 명원이가 1시간 동안 할 수 있는 일의 양은 각각 $\frac{1}{10}$, $\frac{1}{20}$이다.

솔지가 x시간, 명원이가 y시간 일을 했다고 하면

$$\begin{cases} \frac{1}{10}x+\frac{1}{20}y=1 \\ x+y=14 \end{cases}$$

$$\Rightarrow \begin{cases} 2x+y=20 & \cdots\cdots ㉠ \\ x+y=14 & \cdots\cdots ㉡ \end{cases}$$

㉠−㉡을 하면

$x=6$

$x=6$을 ㉡에 대입하면

$6+y=14$, $y=8$

따라서 솔지가 일한 시간은 6시간이다.

(2) 솔지와 명원이가 함께 일하는 시간을 a라고 하면

$\frac{1}{10}a+\frac{1}{20}a=1$

$2a+a=20$

$3a=20$

$a=\frac{20}{3}=6\frac{2}{3}$(시간)

즉, 6시간 40분 걸린다.

50 할인하기 전의 티셔츠의 가격을 x원, 바지의 가격을 y원이라고 하면

$$\begin{cases} x+y=64000 \\ \frac{25}{100}x+\frac{10}{100}y=11800 \end{cases}$$

$$\Rightarrow \begin{cases} x+y=64000 & \cdots\cdots ㉠ \\ 5x+2y=236000 & \cdots\cdots ㉡ \end{cases}$$

㉠×2−㉡을 하면

$-3x=-108000$

$x=36000$

$x=36000$을 ㉠에 대입하면

$36000+y=64000$

$y=28000$

따라서 25 % 할인한 후의 티셔츠의 가격은

$36000\left(1-\frac{25}{100}\right)=27000$(원)

memo

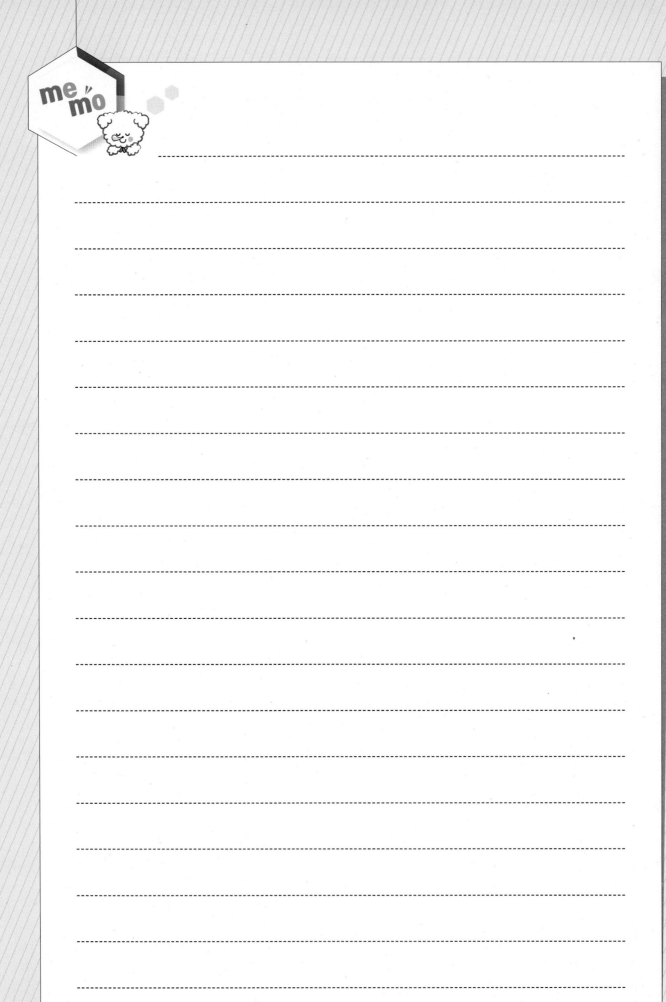